高职高专通信类专业系列教材

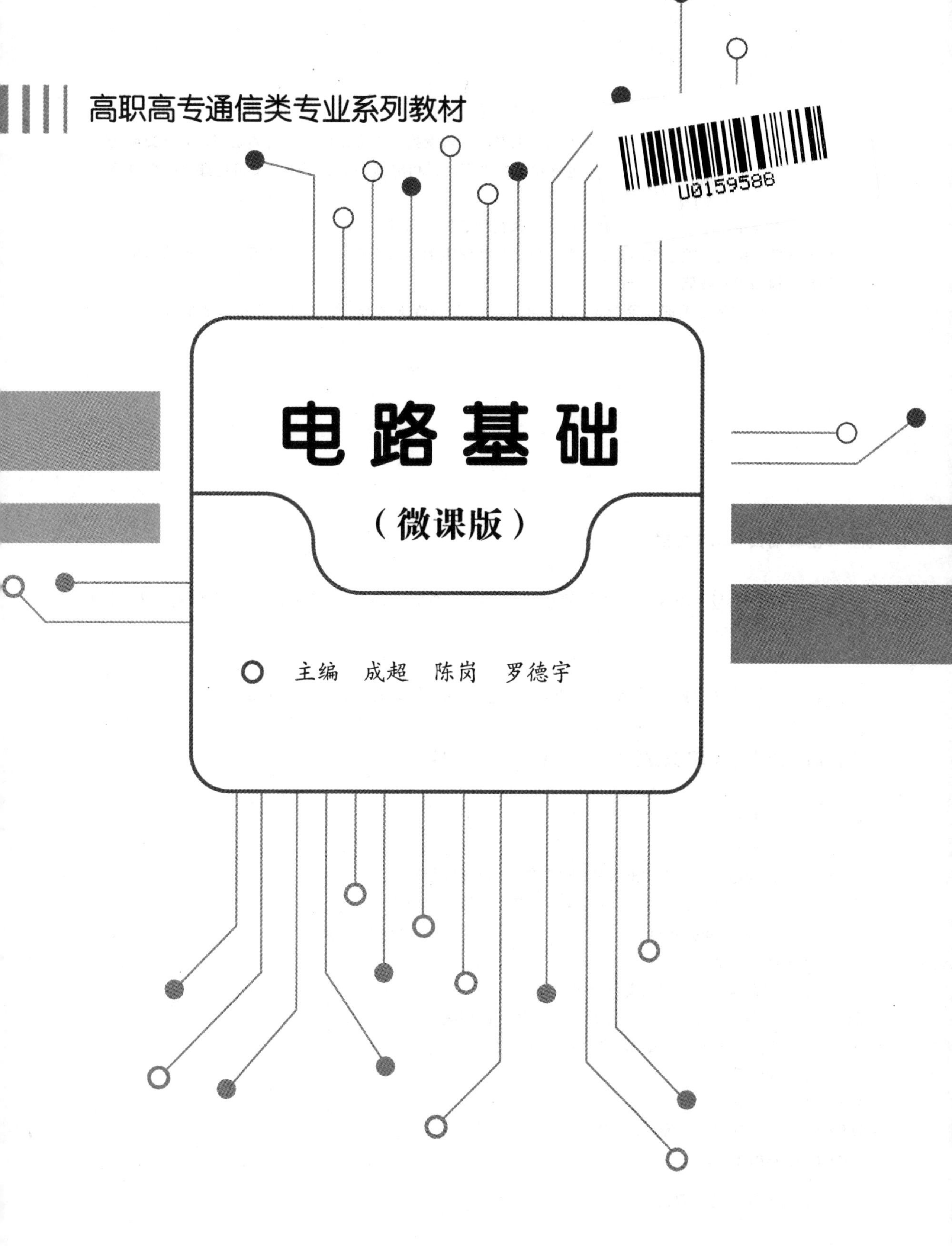

电路基础

（微课版）

主编　成超　陈岗　罗德宇

西安电子科技大学出版社

内 容 简 介

本书主要内容包括电路的基本概念、电路的等效变换、电路分析的方法和定理、正弦交流电路基础、正弦稳态电路分析、耦合电感和谐振电路、三相电路、非正弦周期交流电路、线性电路的动态分析、二端口网络。

本书提供了丰富的配套资源，包括微课视频、教学课件、习题答案、试题库等。这些资源不仅能帮助教师更好地组织和开展教学，也能激发学生的学习兴趣，提高其学习效率，帮助学生更好地掌握知识和技能。

本书可作为高等职业院校电气类、电子信息类等专业的教材，也可供相关专业的技术人员参考。

图书在版编目(CIP)数据

电路基础：微课版／成超，陈岗，罗德宇主编. --西安：西安电子科技大学出版社，2024.4
ISBN 978-7-5606-7203-8

Ⅰ. ①电… Ⅱ. ①成… ②陈… ③罗… Ⅲ. ①电路理论 Ⅳ. ①TM13

中国国家版本馆 CIP 数据核字(2024)第 044313 号

策　　划　明政珠
责任编辑　许青青
出版发行　西安电子科技大学出版社(西安市太白南路 2 号)
电　　话　(029)88202421　88201467　　邮　　编　710071
网　　址　www.xduph.com　　电子邮箱　xdupfxb001@163.com
经　　销　新华书店
印刷单位　陕西天意印务有限责任公司
版　　次　2024 年 4 月第 1 版　2024 年 4 月第 1 次印刷
开　　本　787 毫米×1092 毫米　1/16　印张　13
字　　数　303 千字
定　　价　38.00 元
ISBN 978-7-5606-7203-8/TM

XDUP 7505001-1

＊＊＊如有印装问题可调换＊＊＊

前言

“电路基础”课程是各级院校电气类、电子信息类等专业的基础课程，是电类专业学生知识结构和思维能力的重要组成部分，在人才培养中起着十分重要的作用。本书在编写过程中，从高等职业教育的规律和要求出发，力求简化理论推导，突出实践应用。

本书具有下列特点。

(1) 本书根据高职教育重在实践、理论够用的特点，重点突出电路的等效变换、电路分析的方法和定理、正弦稳态电路分析、线性电路的动态分析等核心内容，简化关于非正弦周期交流电路、二端口网络等理论难度过深的内容。

(2) 本书内容以应用为主，重点介绍了电路分析的方法和技巧，减少了原理性的推导，简化了烦琐的运算。书中的例题和习题全部经过精心设计，突出解题的思路和方法，尽量避免烦琐的运算，注重解题过程的条理性和简洁性，以保证学生思路清晰、流畅。

(3) 本书配套了全新开发的立体化教学资源，包括微课视频、教学课件、习题答案、试题库等，给教师的教和学生的学带来了便利。

广东轻工职业技术学院的成超、陈岗、罗德宇担任本书主编。全书编写分工如下：陈岗编写第 1 章、第 2 章和第 10 章，成超编写第 3 章、第 4 章、第 5 章、第 6 章和第 9 章，罗德宇编写第 7 章和第 8 章。成超负责全书的统稿工作。

由于编者水平有限，书中难免存在不妥之处，恳请读者批评指正。

编　者

2024 年 1 月

CONTENTS

目 录

第 1 章　电路的基本概念

本章主要介绍电路的基本概念、基本物理量以及基本定律。电路的基本概念主要包括电路的组成和分类、理想电路元件以及电路模型等。电路的基本物理量包括电流、电压、电位、电功和电功率等。电路的基本定律主要包括欧姆定律和基尔霍夫定律，它们是电路分析计算的基本依据。

1.1　电路和电路模型

根据一定的任务，把所需的元器件用导线相连即组成电路。实际元器件的电磁特性往往比较复杂，为了便于分析，常使用理想化的元器件来对实际的元器件进行抽象。用理想化的导线将理想化的元器件连接起来就构成了电路模型。

1.1.1　电路及其分类

电路一般由电源(或信号源)、负载和中间环节三部分组成。其中，电源(信号源)是将其他形式的能量(信号)转换为电能(电信号)的装置，如干电池、光电池、发电机、信号发生器等。负载是使用电能或者将电能转换为其他形式能量的装置，如电灯、电动机、扬声器等。中间环节连接电源与负载，是传送、控制电能(电信号)的部分，包括传输导线、各类控制开关、电路安全保护设备等。

实际电路根据其功能的不同可以分为以下两种类型。

(1) 电力电路。对电能进行传输、转换和分配的电路称为电力电路。电力电路的特点是电路中的电流、电压和功率都比较大。一种典型的电力电路如图 1.1 所示。图中发电机产生的电能在远距离传输之前，先经过升压变压器将电压提高，以降低传输过程中的线路损耗。在用电侧，经过降压变压器将电压降低后再提供给各类用电设备(如电灯、电炉、电动机等)使用。

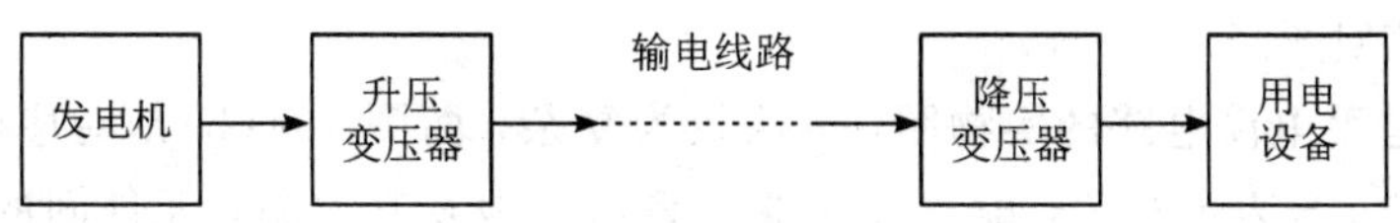

图 1.1　电力电路示意图

(2) 电子电路。对微小的电信号进行传递、变换、存储和处理的电路称为电子电路。电子电路的特点是电路中的电流、电压和功率都非常小。一种典型的电子电路如图 1.2 所示。

图中，话筒是信号源，它将外界的声音转变为音频信号(微弱的电信号)；音频处理模块的作用一般是对音频信号进行滤波、降噪、均衡、压缩等处理，使得音频信号的质量得到提升；功率放大器将微弱的音频信号放大后推动扬声器发出声音。

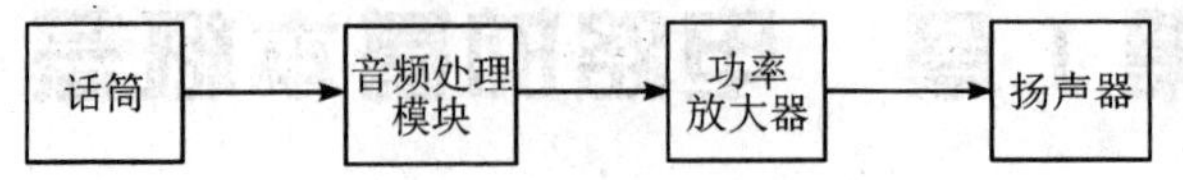

图 1.2　电子电路示意图

本书主要讨论电力电路。

1.1.2　理想电路元件和电路模型

实际电路中常见的元器件有电阻器、电容器、电感线圈、导线、开关、发电机、电动机、变压器、二极管、三极管、运算放大器等。如前所述，这些元器件的电磁特性往往多元而且复杂，并随着外部条件的改变而改变。为了便于分析和研究，常常在一定条件下将实际元器件进行理想化处理，只关注其主要的电磁特性，而忽略其次要因素，把它们近似地看作理想电路元件，简称电路元件。

电路元件是用数学关系式严格定义的假想元件。每一种电路元件都可以表示实际元器件的一种主要电磁特性。电路元件的数学关系反映了实际电路元器件的基本物理规律。电路元件用统一规定的图形符号表示。图 1.3 所示的是五种常见的电路元件及其图形符号。

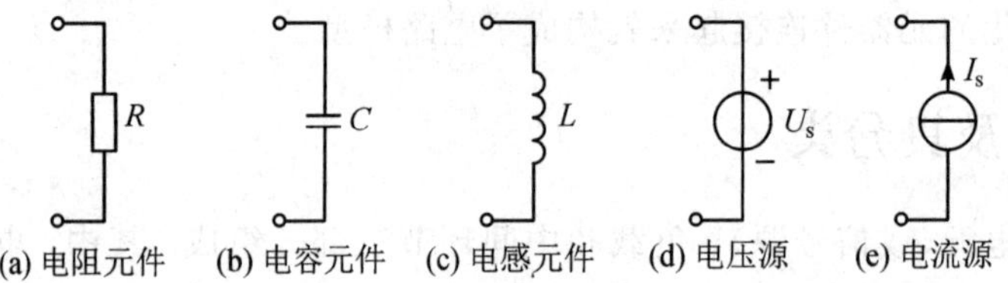

图 1.3　常见的理想电路元件

图 1.3(a)所示是理想电阻元件，仅表征该元件吸收电能并转换成非电能的特性。图 1.3(b)是理想电容元件，仅表征该元件存储或释放电场能量的特性。图 1.3(c)是理想电感元件，仅表征该元件存储或释放磁场能量的特性。图 1.3(d)和图 1.3(e)是两种电源元件，表征它们向电路提供电能的特性。其中，图 1.3(d)是理想电压源，它向电路提供一定的电压；图 1.3(e)是理想电流源，它向电路提供一定的电流。显然，上述五种理想电路元件的特性单一、确切。

由一个或若干个电路元件经理想导线连接起来就构成了电路模型。电路理论是建立在电路模型上的，其研究的对象是电路模型，而不是实际电路。图 1.4 是一个简单的手电筒电路及其电路模型图。

图 1.4(a)是手电筒电路的实物图，画法较为复杂，而图 1.4(b)是对应的电路模型图，其中 R 表示灯泡，S 表示开关，虚线框内部分表示电池及其内阻，元件间的线段则表示理想导线。很显然，电路模型图不仅便于绘制，而且清晰直观，便于后续分析研究。

需要指出的是，上述电路模型又称为集总参数电路模型，只适用于低、中频电路的分析。在低、中频电路中，实际元器件的尺寸远小于电路正常工作所对应的电磁波波长，元器

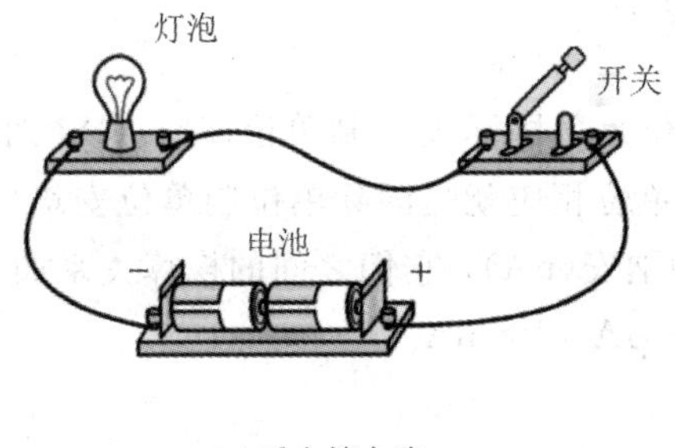

(a) 手电筒电路

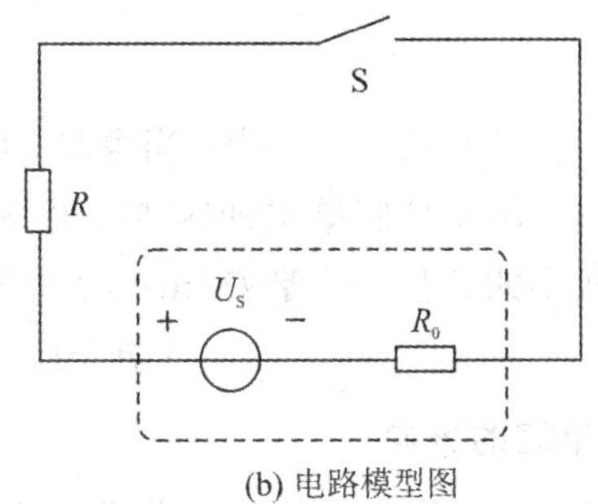

(b) 电路模型图

图 1.4　手电筒电路及其电路模型

件的电磁过程都是集中在元器件内部进行的。而在高频和超高频电路中，元器件上的电磁过程并不集中在元器件内部进行，因此要用分布参数电路模型来抽象和描述。本书所涉及的电路分析和定律均在集总参数电路模型下使用。

【思考与练习】

1. 电路可分为哪几种？各有什么特征？

2. 除了图 1.3 所示的五种电路元件外，你还知道哪些电路元件？画出它们的图形符号。

3. 什么是集总参数电路模型？其适用范围是什么？

1.2　电路的基本物理量

电路的功能，无论是输送和分配能量，还是传输和处理信号，都要通过电压、电流、电功和电功率来实现。因此，在电路分析中，人们所关心的物理量主要是电流、电压、电功和电功率，在分析和计算电路之前，首先要建立并深刻理解这些物理量及其相互关系。

1.2.1　电流

电流是电路最重要的物理量之一。在分析电路时，需要确定电流的大小和方向。

1. 电流的定义

电荷的有规则的定向移动形成电流。若电流随时间而变化，称为交流电流(AC)，用 i 表示。若电流不随时间变化，则称为直流电流(DC)，用大写字母 I 表示。电流的大小由电流强度来反映。单位时间内通过导体横截面的电荷量称为电流强度，简称电流。对于交流电流，有

$$i=\frac{\mathrm{d}q}{\mathrm{d}t} \tag{1-1}$$

相应地，对于直流电流，有

$$I = \frac{Q}{t} \tag{1-2}$$

式(1-1)和式(1-2)中，当电量 $q(Q)$ 的单位采用国际单位制单位库仑(C)、时间 t 的单位采用国际单位制单位秒(s)时，电流 $i(I)$ 的单位相应就是国际单位制单位安培(A)。电流还有较小的单位——毫安(mA)、微安(μA)和纳安(nA)，它们之间的换算关系如下：

$$1\ \mathrm{A} = 10^3\ \mathrm{mA} = 10^6\ \mu\mathrm{A} = 10^9\ \mathrm{nA} \tag{1-3}$$

2. 电流的方向

习惯上，规定正电荷定向移动的方向为电流的实际方向。电流的方向是客观存在的，但在实际电路的分析过程中，对于较为复杂的电路，往往难以事先判断出某个元件或者某条支路上的电流方向。此外，对于交流电流，其大小和方向都随时间而变化，无法用一个固定的方向来表示其实际方向。为了解决这个问题，通常先任意假设一个方向为电流的方向，并使用箭头在电路图中进行标注，称为电流的参考方向，如图 1.5 所示。

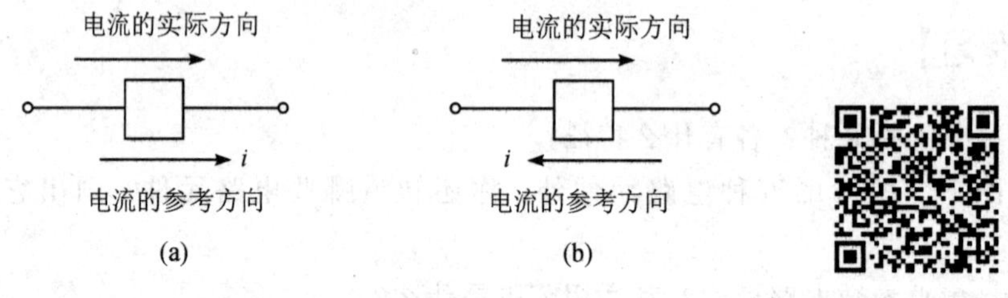

图 1.5 电流的参考方向

电流方向

电流的参考方向是任意指定的。当电流的实际方向与参考方向一致时，如图 1.5(a)所示，电流为正值；反之，当电流的实际方向与参考方向相反时，如图 1.5(b)所示，电流为负值。

例 1.1 指出图 1.6 中各个元件上电流的实际方向。

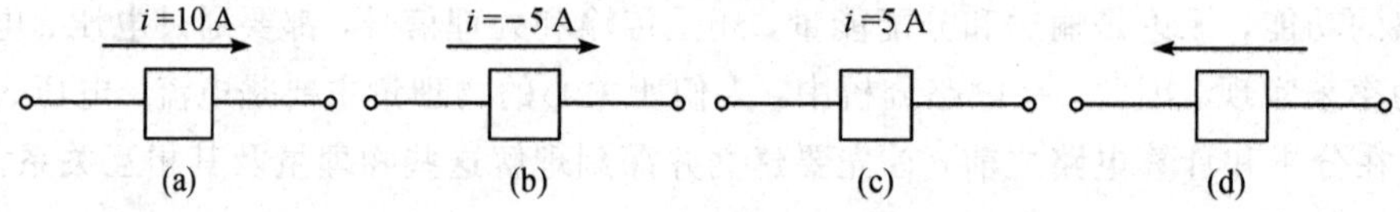

图 1.6 例 1.1 电路图

解 根据图 1.6 中给出的电流参考方向和电流的正负值可以判断出电流的实际方向。

图 1.6(a)中，电流值为正，则电流的实际方向与参考方向一致，为从左向右。

图 1.6(b)中，电流值为负，则电流的实际方向与参考方向相反，为从右向左。

图 1.6(c)中只给出了电流值，没有给出电流的参考方向，故无法判断电流的实际方向。

图 1.6(d)中只给出了电流的参考方向，没有给出电流值，故无法判断电流的实际方向。

1.2.2 电压和电位

电压和电位是描述电场力做功的物理量。

1. 电压的定义

在电路中，电荷能定向移动是因为电路中存在电场。在电场力的作用下，单位正电荷从电路中的 a 点运动到 b 点，电场对电荷所做的功，称为从 a 点到 b 点的电压，可以表示为

$$u_{ab}=\frac{dW_{ab}}{dq} \tag{1-4}$$

式中，dW_{ab} 为电场力将电荷从 a 点移动到 b 点所做的功；dq 为从 a 点移动到 b 点的电荷量。

随时间变化的电压叫交流电压，用小写字母 u 表示；不随时间变化的电压叫直流电压，用大写字母 U 表示。与直流电流的定义类似，直流电压的定义可简化为

$$U_{ab}=\frac{W_{ab}}{q} \tag{1-5}$$

式(1-4)和式(1-5)中，当电荷量的单位采用国际单位制单位库仑(C)、电功的单位采用国际单位制单位焦耳(J)时，电压的单位相应就是国际单位制单位伏特(V)。电压常用的单位还有毫伏(mV)、微伏(μV)和千伏(kV)，它们之间的换算关系如下：

$$1\ \text{V}=10^{-3}\ \text{kV}=10^{3}\ \text{mV}=10^{6}\ \mu\text{V} \tag{1-6}$$

2. 电压的方向

电压也是有方向的，习惯上规定电场力对正电荷做正功的方向为电压的实际方向。与电流类似，在实际电路分析中，可任意选定一个方向为电压的参考方向。在电路图中，可用箭头、双下标或者正负极性标出电压的参考方向，如图 1.7 所示。

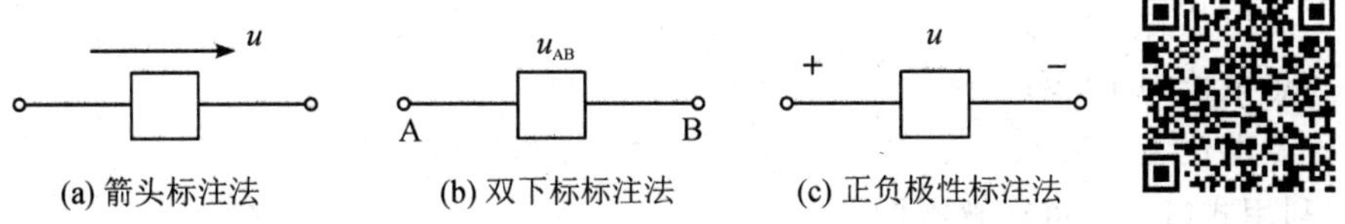

图 1.7　电压的参考方向　　　电压方向

图 1.7(a)所示沿箭头方向为该元件两端电压的参考方向，图 1.7(b)所示从 A 点到 B 点为该元件两端电压的参考方向，图 1.7(c)所示从"＋"端到"－"端为该元件两端电压的参考方向。

与电流类似，当电压的参考方向与电压的实际方向一致时，电压值为正；当电压的参考方向与电压的实际方向相反时，电压值为负。

例 1.2　指出图 1.8 中各个元件上电压的实际极性。

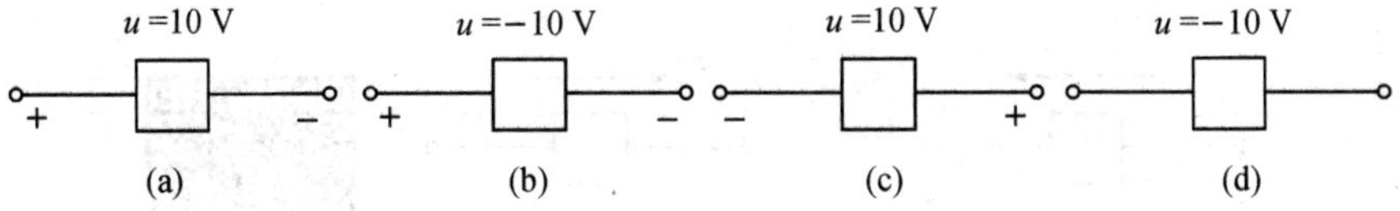

图 1.8　例 1.2 电路图

解　根据图 1.8 中给出的电压的参考极性和电压的正负值可以判断出电压的实际

极性。

图 1.8(a)中，电压值为正，则电压的实际极性与参考极性一致，左端为“+”，右端为“-”。

图 1.8(b)中，电压值为负，则电压的实际极性与参考极性相反，右端为“+”，左端为“-”。

图 1.8(c)中，电压值为正，则电压的实际极性与参考极性一致，右端为“+”，左端为“-”。

图 1.8(d)中只给出了电压值，没有给出电压的参考极性，故无法判断电压的实际极性。

3. 电位

在给定的电路图中，若选取一点 o 作为参考点，则由电路中的某点 n 到参考点的电压就称为 n 点的电位，用 U_n 表示。电位参考点可以任意选取，工程应用中常选择大地、设备外壳或接地点作为参考点。参考点的电位为零。电路的参考点一旦选定，电路中其余各点的电位也随之得到确定。若某点电位为正，说明正电荷从该点移动到参考点时电场力对电荷做正功，习惯上说该点的电位高于参考点的电位；若某点电位为负，说明正电荷从该点移动到参考点时电场力对电荷做负功，习惯上说该点电位低于参考点的电位。

根据电位和电压的定义可知，电路中任意两点之间的电压等于这两点的电位之差，即

$$U_{ab}=U_a-U_b \tag{1-7}$$

选取不同的参考点，同一点的电位值将不同，但两点之间的电压与参考点的位置无关。

例 1.3 若 a、b 之间的电压为 10 V，在下面三种情况下分别求 b 点电位。

(1) a 点电位为 20 V；

(2) a 点电位为 10 V；

(3) a 点电位为 −5 V。

解 利用式(1-7)可求解本题。

(1) $U_b=U_a-U_{ab}=20\ \text{V}-10\ \text{V}=10\ \text{V}$；

(2) $U_b=U_a-U_{ab}=10\ \text{V}-10\ \text{V}=0\ \text{V}$；

(3) $U_b=U_a-U_{ab}=-5\ \text{V}-10\ \text{V}=-15\ \text{V}$。

4. 电流和电压的关联参考方向

在电路的分析和计算中，电流和电压的参考方向是任意假设的。为了方便起见，元件上的电流与电压常取关联参考方向。若电流的参考方向由电压的正极流入，经过元件由电压的负极流出，即电流与电压的参考方向一致，则假设的参考方向为关联参考方向，如图 1.9(a)所示；否则，为非关联方向，如图 1.9(b)所示。

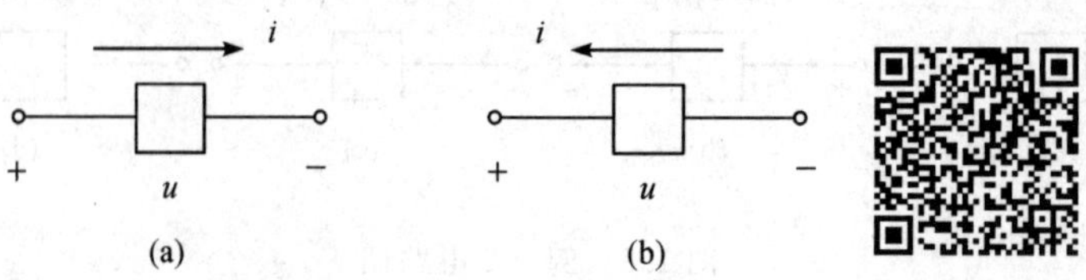

图 1.9 关联参考方向和非关联参考方向　　关联参考方向

1.2.3　电功和电功率

电流能将电能转换成其他形式的能量。电功和电功率是描述这种能量转换过程的物理量。

1. 电功

电流经过电路时，电场力对运动电荷所做的功称为电功。若某个元件的电流与电压的实际方向相同，则正电荷由高电位端移向低电位端，电场力做正功，该元件吸收电能；若相反，则正电荷由低电位端移向高电位端，电场力做负功，该元件输出电能。根据式(1-1)和式(1-4)可知，从 t_0 到 t 时刻，电功为

$$w=\int_{t_0}^{t} u\,\mathrm{d}q=\int_{t_0}^{t} ui\,\mathrm{d}t \tag{1-8}$$

在直流的情况下，有

$$W=UI(t-t_0) \tag{1-9}$$

式(1-8)和式(1-9)中，当电压的单位采用国际单位制单位伏特(V)、电流的单位采用国际单位制单位安培(A)、时间 t 的单位采用国际单位制单位秒(s)时，电功的单位相应就是国际单位制单位焦耳(J)。

在工程实际中，常常采用千瓦时(kWh)作为电功的计量单位，它等于1千瓦功率的用电设备在1个小时内所吸收的电功，简称1度电，即

$$1\ \text{kWh}=1\times10^3\ \text{W}\times3600\ \text{s}=3.6\times10^6\ \text{J}=3.6\ \text{MJ}$$

2. 电功率

单位时间内电场力所做的功(即做功的速率)为电功率，用字母 p(直流情况下用 P)表示。由式(1-8)和式(1-9)可得电功率的表达式为

$$p=\frac{\mathrm{d}w}{\mathrm{d}t}=ui \tag{1-10}$$

相应地，在直流的情况下，有

$$P=UI \tag{1-11}$$

当电压的单位采用国际单位制单位伏特(V)、电流的单位采用国际单位制单位安培(A)时，电功率的单位相应就是国际单位制单位瓦特(W)。电功率常用的单位还有毫瓦(mW)、千瓦(kW)和兆瓦(MW)，它们之间的换算关系如下：

$$1\ \text{MW}=10^3\ \text{kW}=10^6\ \text{W}=10^9\ \text{mW} \tag{1-12}$$

需要注意的是，式(1-10)和式(1-11)都是电流和电压取关联方向的情况下得到的电功率表达式。若电流和电压取非关联方向，则电功率的表达式为

$$p=-ui \tag{1-13}$$

相应地，在直流的情况下，有

$$P=-UI \tag{1-14}$$

由于电压和电流的值都有正负之分，因此使用式(1-10)～式(1-14)计算得到的电功率也有正负之分：当一个元件上的电功率为正值时，表示该元件吸收电能，该元件相当于是一个负载；当一个元件上的电功率为负值时，表示该元件输出电能，该元件相当于是一

个电源。

例 1.4 求图 1.10 中各个元件的功率。

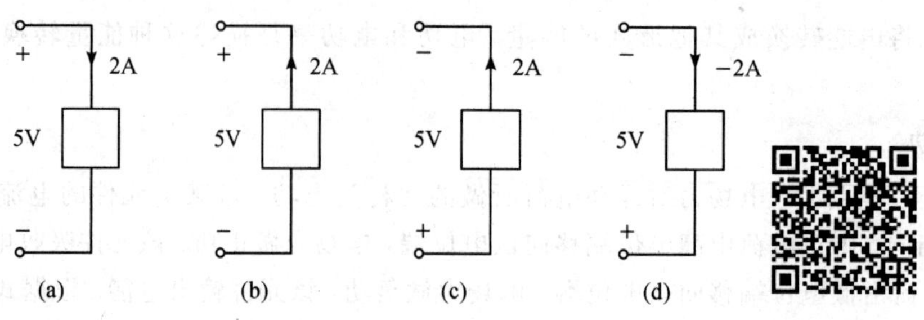

图 1.10 例 1.4 电路图

功率求解

解 观察电路图中各个元件的电压、电流的参考方向是否为关联方向，进而选择式(1-11)或式(1-14)计算电功率。

图 1.10(a)中，电压、电流为关联参考方向，根据式(1-11)，可得

$$P=UI=5\ \text{V}\times 2\ \text{A}=10\ \text{W}$$

图 1.10(b)中，电压、电流为非关联参考方向，根据式(1-14)，可得

$$P=-UI=-5\ \text{V}\times 2\ \text{A}=-10\ \text{W}$$

图 1.10(c)中，电压、电流为关联参考方向，根据式(1-11)，可得

$$P=UI=5\ \text{V}\times 2\ \text{A}=10\ \text{W}$$

图 1.10(d)中，电压、电流为非关联参考方向，根据式(1-14)，可得

$$P=-UI=-5\ \text{V}\times(-2\ \text{A})=10\ \text{W}$$

【思考与练习】

1. 电路分析中，引入参考方向的目的是什么？参考方向与实际方向有什么联系？
2. 什么是关联参考方向？什么是非关联参考方向？
3. 电功率的正负有什么物理意义？
4. 功率大的设备消耗的电能一定多，这种说法正确吗？为什么？
5. 一只额定值为“220 V，1600 W”的电吹风，工作时电流为多大？
6. 一只额定值为“220 V，12 W”的灯管连续工作一星期消耗多少度电？

1.3 电路基本定律

欧姆定律、基尔霍夫电流定律以及基尔霍夫电压定律称为电路的三大基本定律。电路基本定律是电路分析的基础。

1.3.1 欧姆定律

欧姆定律是说明导体伏安特性的重要定律，它可以表述为：当导体温度不变时，导体

中的电流 i 和导体两端的电压 u 成正比。当导体的电流和电压取关联方向时，如图 1.11(a)所示，欧姆定律可以表示为

$$i=\frac{u}{R} \tag{1-15}$$

当导体的电流和电压取非关联方向时，如图 1.11(b)所示，欧姆定律可以表示为

$$i=-\frac{u}{R} \tag{1-16}$$

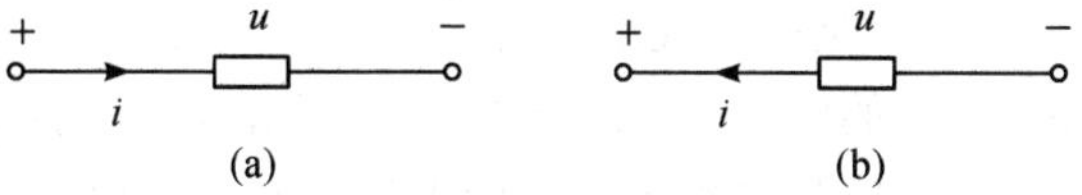

图 1.11　关联方向和非关联方向下的欧姆定律

式(1-15)和式(1-16)中的 R 称为导体的电阻。在国际单位制中，电阻的单位是欧姆，以符号“Ω”表示，常用的单位还有千欧(kΩ)和兆欧(MΩ)。电阻的大小反映了导体对电流的阻碍作用。

式(1-15)可以写成另一种形式：

$$i=u\times G \tag{1-17}$$

式中，G 称为导体的电导，它反映了导体对电流的导通作用。电导的单位为西门子(S)。很显然，电导与电阻互为倒数，即

$$G=\frac{1}{R} \tag{1-18}$$

在导体中，电荷做定向移动时会受到一定的阻力。反映导体对电流运动呈现阻碍作用的电路参数称为电阻。电阻元件有两个端子与外部电路相连，是一种二端元件。二端元件的电气特性可用元件二端子之间的电压和元件中流过的电流之间的关系来表征。表示电压与电流之间关系的曲线称为伏安特性曲线。电阻元件的伏安特性曲线是一条经过原点的曲线，曲线上任一点切线的斜率就是电阻元件工作在该点电压和电流下的电阻值。

电阻元件的电阻值可以是线性的或非线性的、时变的或非时变的，如图 1.12 所示。

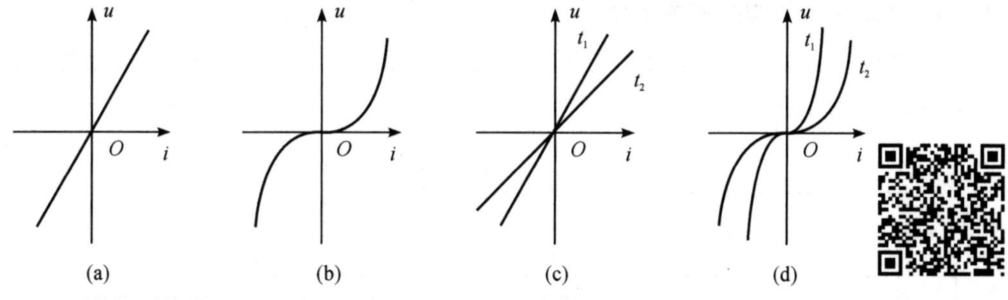

图 1.12　电阻的伏安特性曲线

电阻的伏安特性

图 1.12(a)所示为线性时不变电阻，图 1.12(b)所示为非线性时不变电阻，图 1.12(c)所示为线性时变电阻，图 1.12(d)所示为非线性时变电阻。本书主要研究线性电路，若无特殊说明，本书提到的电阻都是指线性时不变电阻，它的伏安特性曲线如图 1.12(a)所示，是一条经过原点的直线。

电阻的阻值可以是从零到无穷大范围内的任意值。当电阻的阻值为零时，不管通过电阻的电流为多大，其两端电压总是为零，称之为“短路”，此时电阻可以用一根理想导线替代。当电阻的阻值为无穷大时，此时不管电阻的两端电压多大，流过电阻的电流总是为零，称之为“断路”或“开路”，此时电阻可以用断开替代。

利用式(1-10)和式(1-15)或者式(1-13)和式(1-16)可得到电阻的功率为

$$p = ui = \frac{u^2}{R} = i^2 \times R \tag{1-19}$$

可见，电阻的功率恒为正，电阻是一种耗能元件。

例 1.5 一只阻值为 10 Ω 的电阻器，两端施加 50 V 的电压，此时流过电阻器的电流是多少？功率是多少？若在电阻两端施加 200 V 的电压，电流和功率又分别是多少？

解 若电阻两端施加 50 V 电压，根据欧姆定律求得电流为

$$I = \frac{U}{R} = \frac{50\ \text{V}}{10\ \Omega} = 5\ \text{A}$$

根据式(1-19)可求得功率为

$$P = \frac{U^2}{R} = \frac{(50\ \text{V})^2}{10\ \Omega} = 250\ \text{W}$$

同理，若电阻两端施加的电压为 200 V，则有

$$I = \frac{U}{R} = \frac{200\ \text{V}}{10\ \Omega} = 20\ \text{A}$$

$$P = \frac{U^2}{R} = \frac{(200\ \text{V})^2}{10\ \Omega} = 4000\ \text{W}$$

1.3.2 基尔霍夫定律

电路中的每一个单独元件的电流和它两端的电压存在约束关系，如电阻元件的欧姆定律就是它的伏安约束关系。而电路的拓扑结构对于整个电路的电流和电压也存在约束关系。表示这类拓扑约束关系的就是基尔霍夫定律。

1. 描述电路拓扑结构的相关名词

描述电路拓扑结构的名词主要有支路、节点、回路和网孔。下面以图 1.13 为例，分别对上述名词进行介绍。

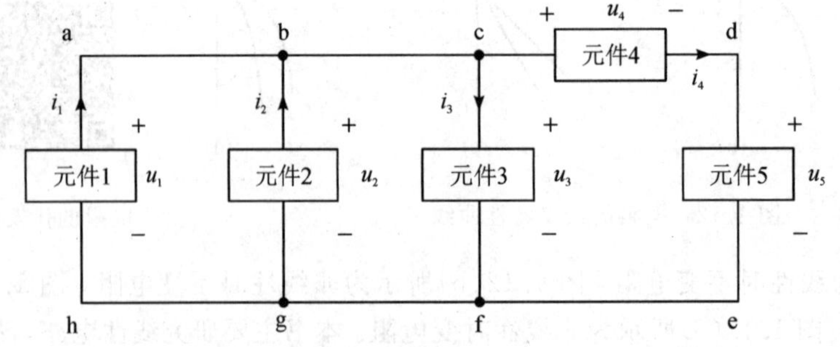

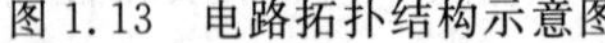
图 1.13 电路拓扑结构示意图

电路拓扑结构

(1) 支路：流过同一个电流、没有分支的一段电路。一条支路由一个或若干个二端元件串联而构成。图 1.13 中共有 4 条支路：bahg、bg、cf 和 cdef。

(2) 节点：电路中 3 条或 3 条以上支路的汇集连接点。图 1.13 中，b、c、f 和 g 为节点，a、d、e 和 h 不是节点。需要注意的是，在电路中用理想导线连接的点可以看作同一个节点。图 1.13 中，b 和 c 实际上是同一个节点，同理 f 和 g 也是同一个节点，因此图 1.13 中的节点总数是 2 个。电路图中的节点通常用粗圆点标注出来。

(3) 回路：电路中任一闭合的路径。图 1.13 中共有 6 条回路：abgh、bcfg、cdef、abcfgh、bcdefg 和 abcdefgh。

(4) 网孔：平面电路中，内部不含任何支路的回路。图 1.13 中的回路 abgh、bcfg 以及 cdef 是网孔，回路 abcfgh、bcdefg 和 abcdefgh 不是网孔。

2. 基尔霍夫电流定律

基尔霍夫电流定律

基尔霍夫电流定律(Kirchhoff's Current Law，KCL)又称为基尔霍夫第一定律，表述为：对于任意集总参数电路，在任一时刻，任一节点的所有支路电流的代数和恒等于零。因为该定律是针对电路的节点的，所以又称为节点定律，其数学表达式为

$$\sum i=0 \tag{1-20}$$

如果规定流入节点的电流取正，流出节点的电流取负，图 1.13 中节点 b(注意把 b 和 c 看成同一个点)的基尔霍夫电流定律方程为

$$i_1+i_2-i_3-i_4=0 \tag{1-21}$$

该方程也可以写成

$$i_1+i_2=i_3+i_4 \tag{1-22}$$

观察式(1-22)可知：方程左边是流入节点的全部电流之和，方程右边是流出节点的全部电流之和。因此，基尔霍夫电流定律也可以表述为：对于任意集总参数电路的任一节点，在任一时刻流入该节点的电流之和恒等于流出该节点的电流之和。

基尔霍夫电流定律不但适用于电路中的节点，还可以推广运用到电路中的任一闭合面(广义节点)。图 1.14 中虚线框内部分作为一个整体，可以看作一个广义节点，该广义节点关联的电流满足基尔霍夫定律，即 $i_{\text{in}}-i_{\text{out}}=0$ 或 $i_{\text{in}}=i_{\text{out}}$。

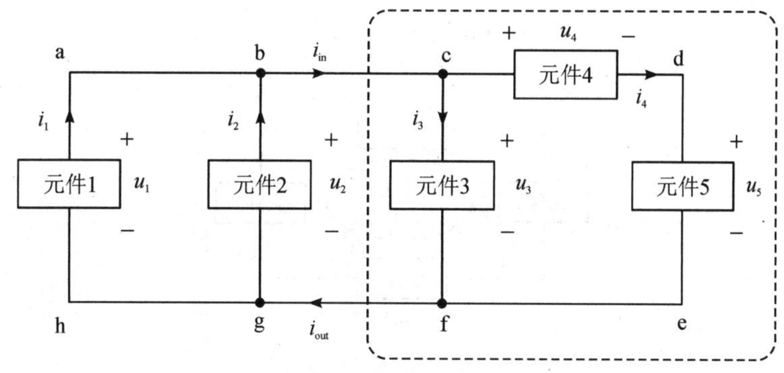

图 1.14 广义节点的基尔霍夫电流定律

例 1.6 求图 1.15 中的电流 I_1 和 I_2。

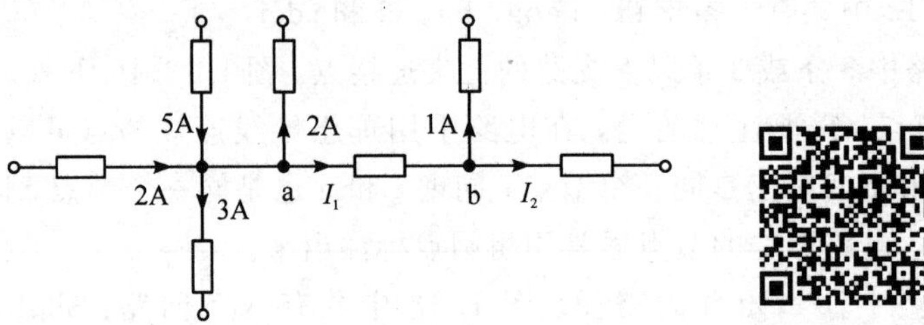

图 1.15 例 1.6 电路图

基尔霍夫电流定律的应用

解 首先对节点 a 运用基尔霍夫电流定律，得

$$2\ \mathrm{A}+5\ \mathrm{A}-3\ \mathrm{A}-2\ \mathrm{A}-I_1=0$$

解得

$$I_1=2\ \mathrm{A}$$

接着对节点 b 运用基尔霍夫电流定律，得

$$I_1-1\ \mathrm{A}-I_2=0$$

解得

$$I_2=1\ \mathrm{A}$$

3. 基尔霍夫电压定律

基尔霍夫电压定律(Kirchhoff's Voltage Law，KVL)又称为基尔霍夫第二定律，表述为：对于任意集总参数电路，在任一时刻，任一回路所有电压的代数和恒等于零。因为该定律是针对电路的回路的，所以又称为回路定律，其数学表达式为

基尔霍夫电压定律

$$\sum u=0 \tag{1-23}$$

在利用基尔霍夫电压定律构建方程时，为了方便起见，一般先要指定回路的绕行方向。当元件两端的电压参考方向与回路绕行方向相同时，在求和式中对应的电压前取正号；当元件两端的电压参考方向与回路绕行方向相反时，在求和式中对应的电压前取负号。例如，图 1.16 中若指定顺时针方向为回路绕行方向，则基尔霍夫电压定律的方程为

$$u_1+u_2-u_3-u_4=0 \tag{1-24}$$

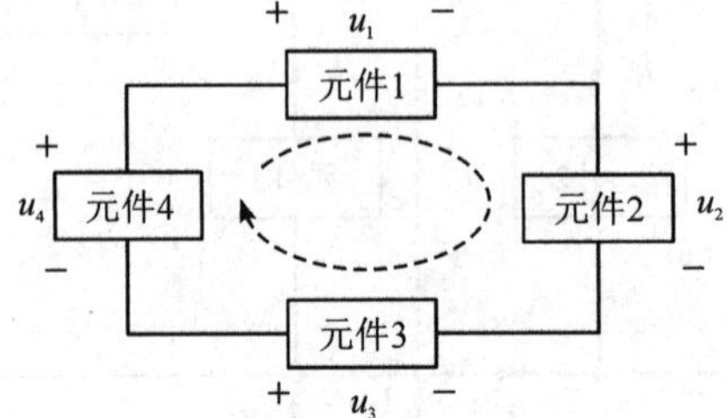

图 1.16 基尔霍夫电压定律举例

基尔霍夫电压定律不但适用于电路中的回路，还可以推广运用于回路的部分电路(广义回路)。图 1.17 中，对广义回路运用基尔霍夫电压定律，可得

$$u_1+u_2-u_3-u=0$$

由此可以求得端口电压为

$$u=u_1+u_2-u_3$$

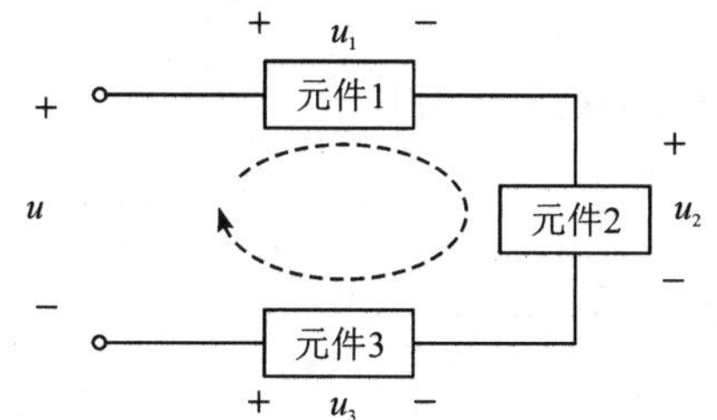

图 1.17　广义回路的基尔霍夫电压定律

基尔霍夫电压定律的应用

例 1.7　求图 1.18 中的电压 U_1 和 U_2。

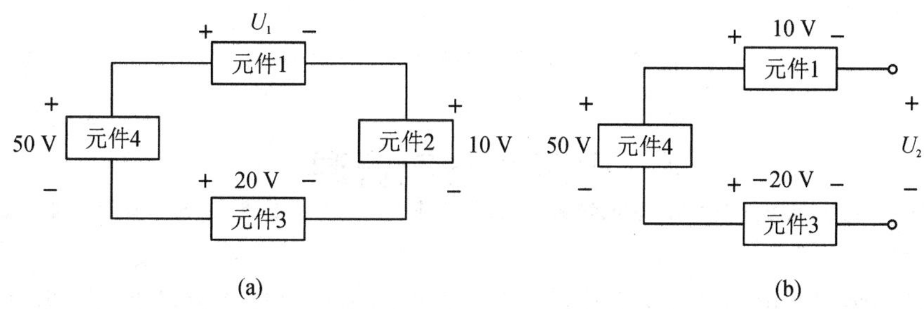

图 1.18　例 1.7 电路图

解　对图 1.18(a)，指定顺时针方向为回路绕行方向，根据基尔霍夫电压定律，得

$$U_1+10\ \text{V}-20\ \text{V}-50\ \text{V}=0$$

解得

$$U_1=60\ \text{V}$$

对图 1.18(b)，指定顺时针方向为广义回路的绕行方向，根据基尔霍夫电压定律，得

$$10\ \text{V}+U_2-(-20\ \text{V})-50\ \text{V}=0$$

解得

$$U_2=20\ \text{V}$$

【思考与练习】

1. 回路与网孔有什么联系和区别？
2. 在写节点的基尔霍夫电流定律方程时，电流的正负值是如何确定的？
3. 在写回路的基尔霍夫电压定律方程时，电压的正负值是如何确定的？
4. 求图 1.19 中的各个电流。

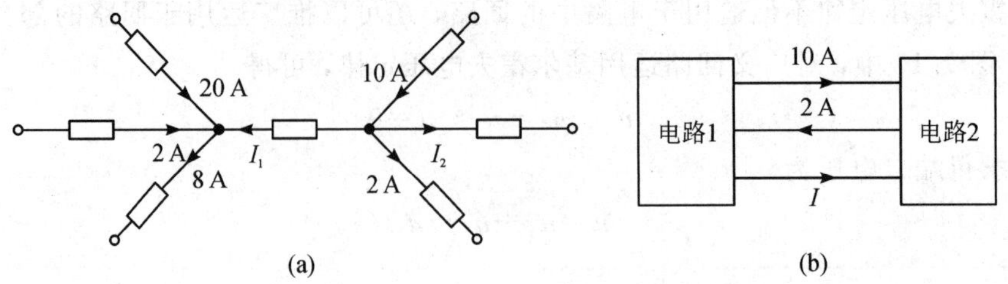

图 1.19 思考与练习题 4 电路图

5. 求图 1.20 中的各个电压。

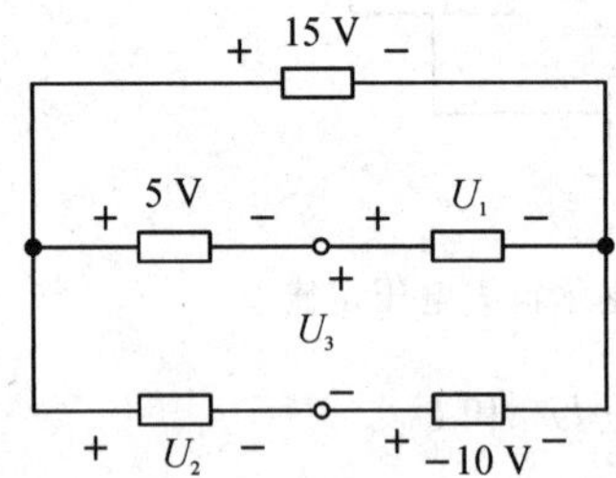

图 1.20 思考与练习题 5 电路图

1.4 电压源与电流源

电源是一种将非电能转换为电能的器件。在电路理论中将这种器件抽象为电压源元件和电流源元件。

1.4.1 理想电压源

有些实际电源在工作时能向外部提供稳定的电压，如干电池、蓄电池、发电机等，这类电源可抽象为理想电压源。理想电压源是一个二端理想元件，其输出电压的大小与负载的大小无关，是一个恒定值或一个仅与时间有关的值。本书中讨论的理想电压源的输出为恒定电压，其值不随时间变化。理想电压源的元件符号和伏安特性曲线如图 1.21 所示。

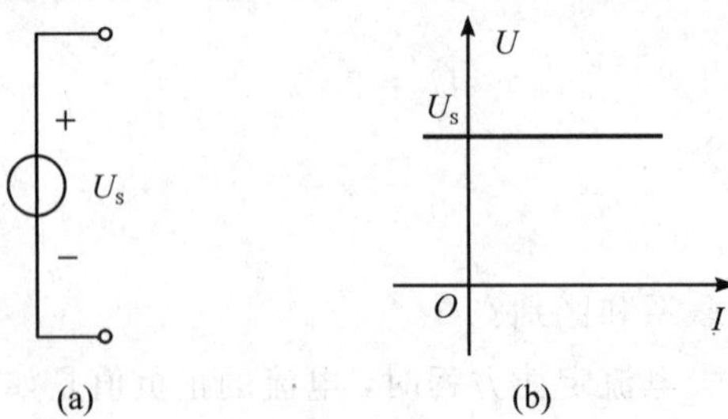

图 1.21 理想电压源的元件符号和伏安特性曲线

图 1.21(a)所示为理想电压源符号。图中，“+”“−”表示理想电压源的参考极性，U_S

是电压源的电压值。若 U_S 为正值，则表示电压源的实际极性与参考极性一致，即"＋"端电位高，"－"端电位低；若 U_S 为负值，则表示电压源的实际极性与参考极性相反，即"＋"端电位低，"－"端电位高。

图 1.21(b)所示为理想电压源的伏安特性曲线。理想电压源对外接电路能够提供一个不随外接电路变化而变化的电压，流过理想电压源的电流取决于电压源的外接电路。

例 1.8　求图 1.22 中各理想电压源的功率。

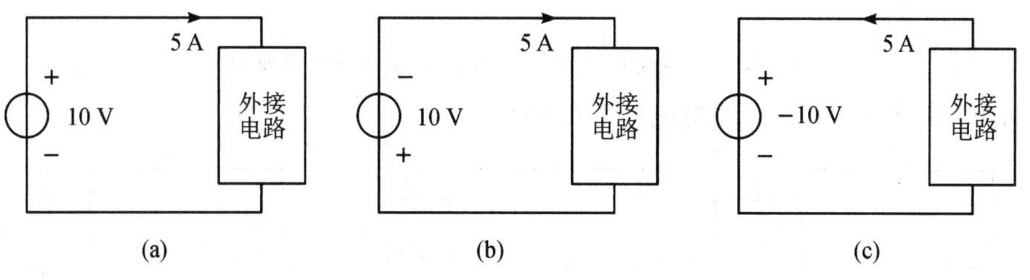

图 1.22　例 1.8 电路图

解　根据理想电压源两端电压的参考极性与流过电压源的电流的参考方向是否为关联方向，选择使用式(1－11)或式(1－14)来求解电压源的功率。

图 1.22(a)中，理想电压源两端电压与流过的电流为非关联方向，根据式(1－14)可得

$$P=-UI=-(10\ \text{V}\times 5\ \text{A})=-50\ \text{W}$$

功率为负，表示电压源输出电能。

图 1.22(b)中，理想电压源两端电压与流过的电流为关联方向，根据式(1－11)可得

$$P=UI=10\ \text{V}\times 5\ \text{A}=50\ \text{W}$$

功率为正，表示电压源吸收电能。

图 1.22(c)中，理想电压源两端电压与流过的电流为关联方向，根据式(1－11)可得

$$P=UI=-10\ \text{V}\times 5\ \text{A}=-50\ \text{W}$$

功率为负，表示电压源输出电能。

由例 1.8 的结果可知，理想电压源在电路中并非一定输出电能，它也可以作为负载吸收电能。

1.4.2　理想电流源

有些实际电源在工作时能向外部提供稳定的电流，如光电池、电子稳流器等，可以把这类电源抽象为理想电流源。理想电流源也是一个二端理想元件，其输出电流的大小与负载的大小无关，是一个恒定值或一个仅与时间有关的值。本书中讨论的理想电流源的输出为恒定电流，其值不随时间变化。理想电流源的元件符号和伏安特性曲线如图 1.23 所示。

图 1.23(a)所示的理想电流源符号，箭头方向表示理想电流源输出电流的参考方向，I_S 是电流源的电流值。若 I_S 为正值，则表示电流源输出电流的实际方向与参考方向一致；若 I_S 为负值，则表示电流源输出电流的实际方向与参考方向相反。

图 1.23(b)是理想电流源的伏安特性曲线。理想电流源对外接电路能够提供一个不随外接电路变化而变化的电流，理想电流源的两端电压取决于电流源的外接电路。

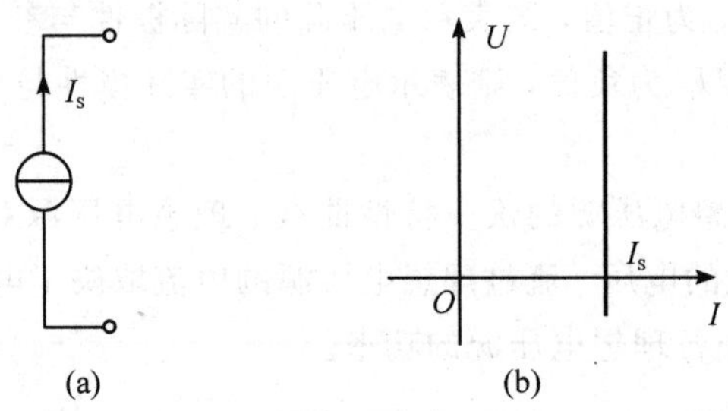

图 1.23　理想电流源的元件符号和伏安特性曲线

例 1.9　求图 1.24 中各理想电流源的功率。

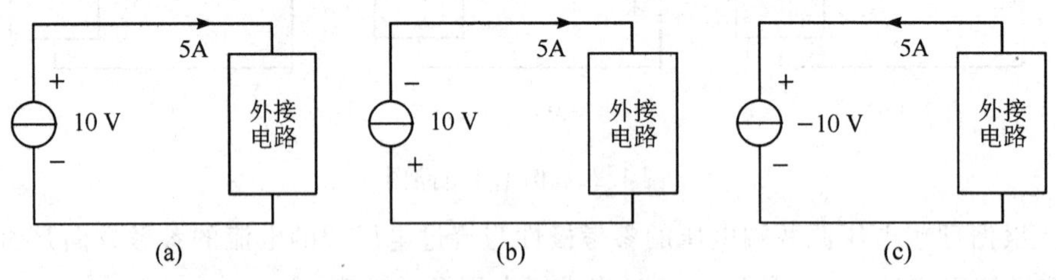

图 1.24　例 1.9 电路图

解　与例 1.8 类似，根据理想电流源电流的参考方向与理想电流源两端电压的参考极性是否为关联方向，选择使用式(1-11)或式(1-14)来求解电流源的功率。

图 1.24(a)中，理想电流源电流与两端电压为非关联方向，根据式(1-14)可得

$$P=-UI=-(10\ \text{V}\times 5\ \text{A})=-50\ \text{W}$$

功率为负，表示电流源输出电能。

图 1.24(b)中，理想电流源两端电压与流过的电流为关联方向，根据式(1-11)可得

$$P=UI=10\ \text{V}\times 5\ \text{A}=50\ \text{W}$$

功率为正，表示电流源吸收电能。

图 1.24(c)中，理想电流源两端电压与流过的电流为关联方向，根据式(1-11)可得

$$P=UI=-10\ \text{V}\times 5\ \text{A}=-50\ \text{W}$$

功率为负，表示电流源输出电能。

由例 1.9 的结果可知，理想电流源在电路中并非一定输出电能，它也可以作为负载吸收电能。

1.4.3　实际电源模型

实际电源模型

实际应用中，考虑到实际电源内电阻(或内电导)的影响，往往把一个理想电压源和一个电阻元件的串联组合作为实际电压源的电路模型；而把一个理想电流源和一个电导元件的并联组合作为实际电流源的电路模型，如图 1.25 所示。

图 1.25(a)所示为实际电压源的模型，其中 U_S 为理想电压源，R_0 为实际电压源的内电阻。由基尔霍夫电压定律，可得

$$U=U_S-I\times R_0$$

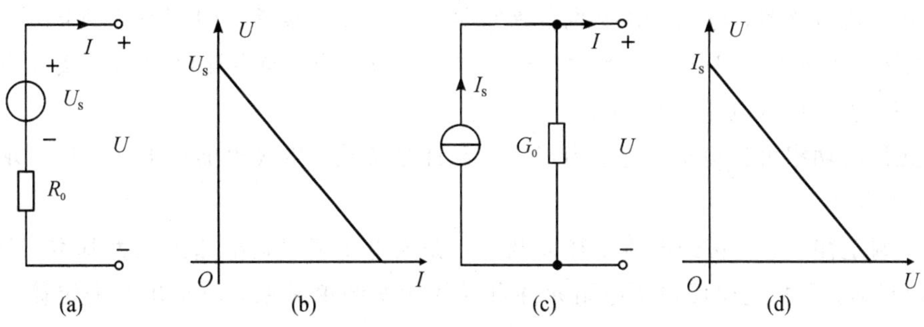

图 1.25　实际电压源模型和实际电流源模型

显然，随着电源输出电流 I 的增加，输出电压 U 将会减小，故实际电压源的伏安特性如图 1.25(b)所示。

图 1.25(c)所示为实际电流源的模型，其中 I_S 为理想电流源，G_0 为实际电流源的内电导。由基尔霍夫电流定律，可得

$$I = I_S - U \times G_0$$

显然，随着电源输出电压 U 的增加，输出电流 I 将会减小，故实际电流源的伏安特性如图 1.25(d)所示。

【思考与练习】

1. 理想电压源和理想电流源各有何特点？它们与实际电源有何区别？

2. 理想电压源和理想电流源是电源元件，它们在电路中一定输出电能，这种说法是否正确？为什么？

3. 实际电压源的电路模型是什么？其伏安特性曲线是什么？

4. 实际电流源的电路模型是什么？其伏安特性曲线是什么？

本章小结

1. 电路一般由电源(或者信号源)、负载和中间环节三部分组成。实际电路根据功能的不同可以分为电力电路和电子电路。

2. 为了便于分析和研究，常常在一定条件下将实际元器件理想化，把它们近似地看作理想电路元件。每一种理想元件都可以表示实际元器件的一种主要电磁特性。理想电路元件的数学关系反映了实际电路元器件的基本物理规律。由一个或若干个理想电路元件经理想导线连接起来就构成了电路模型。电路理论是建立在电路模型上的，其研究的对象是电路模型，而不是实际电路。

3. 电路的基本物理量有电流、电压、电位、电功和电功率。在国际单位制单位中，电流的单位是安培(A)，电压的单位是伏特(V)，电位的单位也是伏特(V)，电功的单位是焦耳(J)，电功率的单位是瓦特(W)。常用的电功单位还有千瓦时(1 千瓦时即 1 度电)。

4. 在分析电路时，电流、电压的参考方向至关重要。参考方向可以任意指定，当电流(电压)的实际方向与参考方向一致时，电流(电压)为正值；当电流(电压)的实际方向与参考方向相反时，电流(电压)为负值。

5. 元件的功率可正可负。功率为正表示元件是负载，吸收电能；功率为负表示元件是电源，输出电能。

6. 欧姆定律、基尔霍夫电流定律以及基尔霍夫电压定律是电路的三大基本定律，是电路分析的基础。欧姆定律反映了电阻元件自身的伏安约束关系，而基尔霍夫定律反映了电路结构的拓扑约束关系。基尔霍夫电流定律应用于节点，基尔霍夫电压定律应用于回路。

7. 理想电压源是一种理想化元件，能向外部提供稳定的电压；理想电流源也是一种理想化元件，能向外部提供稳定的电流。

8. 实际电源有两种电路模型：理想电压源和内电阻串联的模型，理想电流源和内电导并联的模型。

习　题

1. 图 1.26 中各个元件上已经标出电流的参考方向，并且已知图(a)和(b)为关联参考方向，图(c)和(d)为非关联参考方向，请在图中标出各个元件两端电压的参考极性。

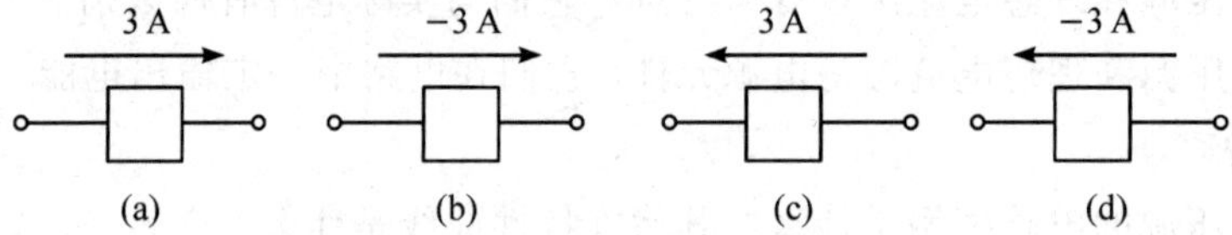

图 1.26　习题 1 电路图

2. 图 1.27 中各个元件上已经标出电压的参考极性，并且已知图(a)和(b)为关联参考方向，图(c)和(d)为非关联参考方向，请在图中标出各个元件电流的参考方向。

图 1.27　习题 2 电路图

3. 求图 1.28 中电阻两端的电压 U_1、U_2、U_3 和 U_4 ($R=10\ \Omega$)。

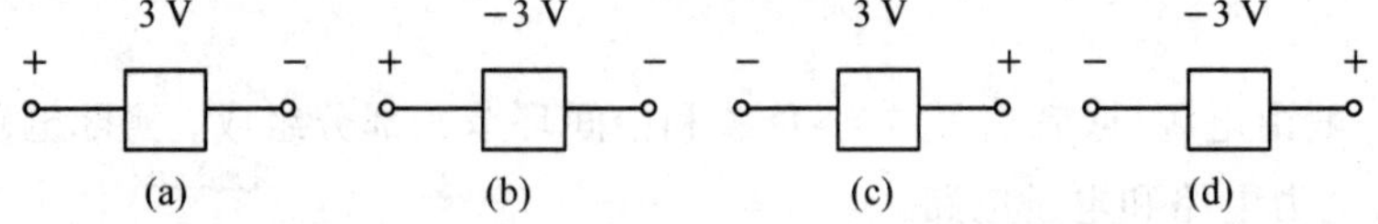

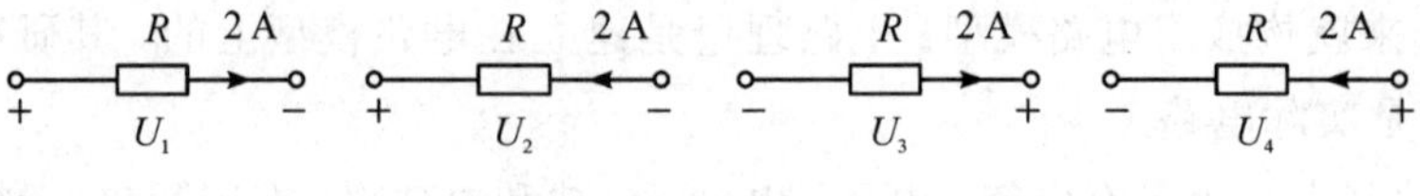

图 1.28　习题 3 电路图

4. 求图 1.29 中电阻的电流 I_1、I_2、I_3 和 I_4 ($R=10\ \Omega$)。

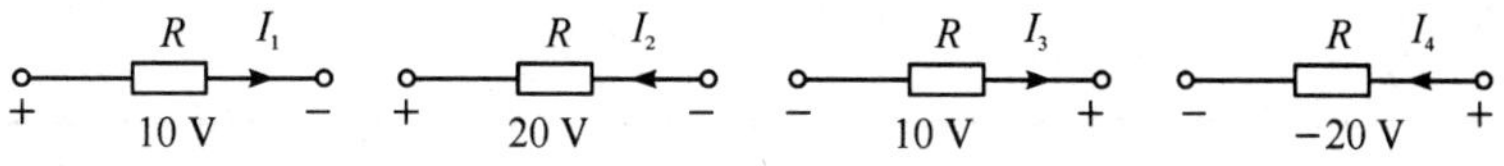

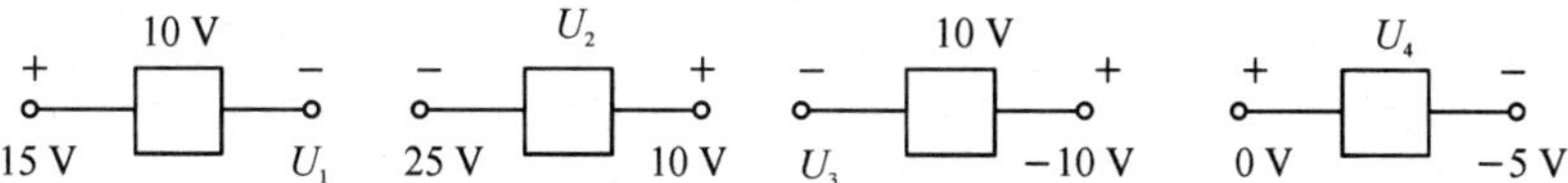

图 1.29　习题 4 电路图

5. 求图 1.30 中标注的各个未知量。

图 1.30　习题 5 电路图

6. 一只额定值为“220 V，16 W”的灯泡，其正常工作时的电流为多少？若将两只上述灯泡串联接入 220 V 的市电，每个灯泡的实际功率是多少？

7. 一只标有“1 kΩ，50 W”的电阻器，工作时容许的最大电压值是多少？容许的最大电流值是多少？

8. 一台功率为“2500 W”的电暖器连续工作一天一夜消耗多少度电？

9. 求图 1.31 中的电流 I 和电压 U。

10. 求图 1.32 中各个元件的功率 P_1、P_2、P_3 和 P_4，并指出哪些元件是吸收电能的，哪些元件是输出电能的。

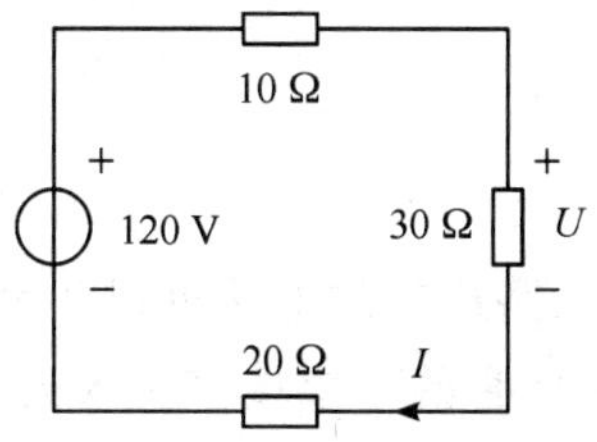

图 1.31　习题 9 电路图

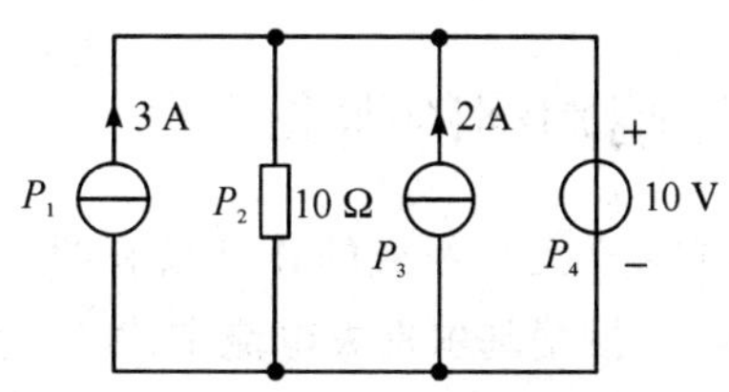

图 1.32　习题 10 电路图

11. 求图 1.33 中的电压 U。

12. 求图 1.34 中电阻上的电流。

13. 求图 1.35 中 A 点和 B 点的电位。

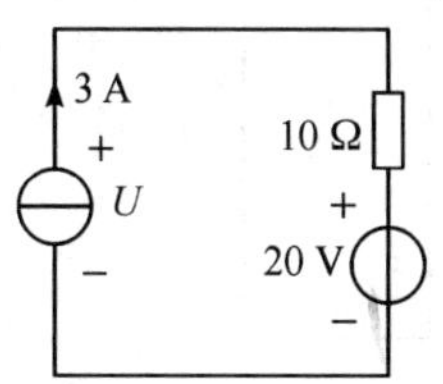

图 1.33　习题 11 电路图

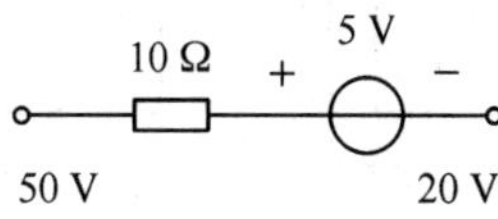

图 1.34　习题 12 电路图

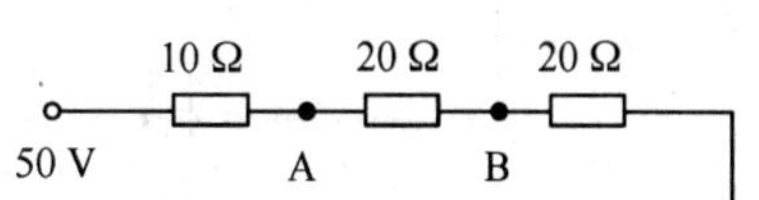

图 1.35　习题 13 电路图

第 2 章 电路的等效变换

电路等效变换是电路分析理论中非常重要的一种思想和方法，通过等效变换可以化简复杂的电路，使电路变得容易分析和计算。本章首先介绍二端网络等效的概念，接着介绍电阻网络的等效变换和电源模型的等效变换。

2.1 电路等效的概念

对电路进行分析和计算时，有时可以把电路中的某一部分简化，即用一个较为简单的电路代替该电路，而电路中其他各处的物理量维持不变，这就是电路等效。本章介绍的电路等效是指二端网络的等效。

2.1.1 二端网络的概念

由一个或多个元件组成的并且只有两个端子与外电路连接的电路可以作为一个整体，称为二端网络。根据基尔霍夫电流定律，一个二端网络从它的一个端子流入的电流一定等于另一个端子流出的电流，称为端口电流。二端网络两个端子之间的电压称为端口电压。图 2.1(a)中虚线框内的部分就是一个二端网络，它一般可以用图 2.1(b)中的模块 N 来表示。

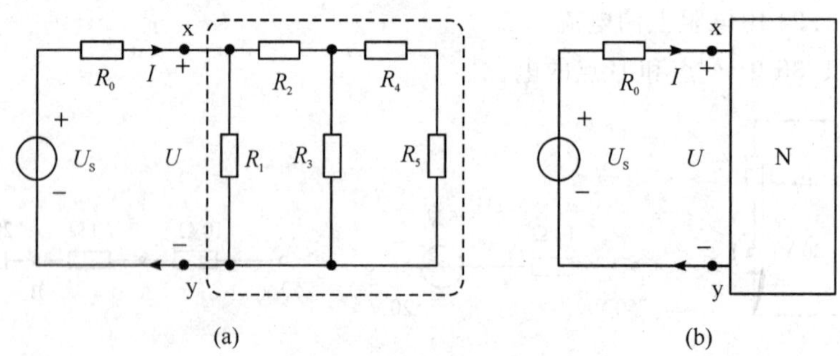

图 2.1 二端网络示意图

图 2.1 中，端子 x 和端子 y 表示二端网络对外连接的端子，I 表示端口电流，U 表示端口电压。二端网络中如果含有电源，则称其为有源二端网络，否则称为无源二端网络。显然，图 2.1 中所示的为无源二端网络。

2.1.2　二端网络的等效变换

一个二端网络在电路中的作用是由它端子上的电压、电流关系(即端口伏安关系)决定的。具有相同端口伏安关系的两个二端网络无论其内部结构是否相同，它们在电路中的作用是完全相同的。因此定义：如果两个二端网络 N_1 和 N_2(如图 2.2 所示)的内部结构和参数不同，它们对应端子的伏安关系完全相同，则称 N_1 和 N_2 是相互等效的二端网络。

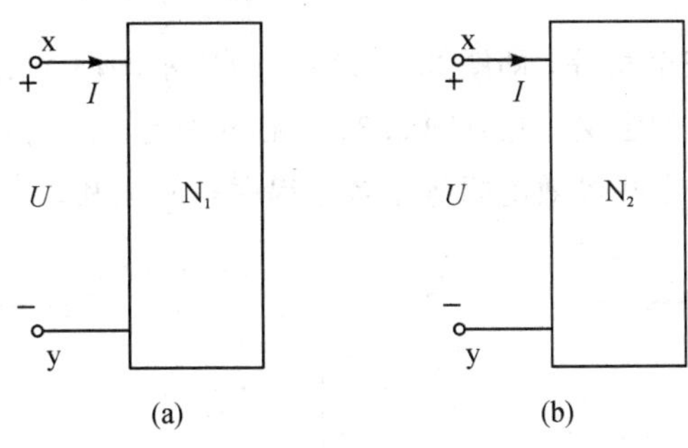

图 2.2　二端网络的等效

根据二端网络等效的定义可知，如果把电路中的某部分电路用其等效电路替代，该电路中未被替代部分的电压和电流均保持不变。需要指出的是，电压和电流保持不变是指等效电路以外的部分，即“外电路”，也就是说这里的“等效”是指“对外等效”。

把电路中的一部分用它的等效电路替换，称为电路的等效变换。电路等效变换是电路分析计算中常用的一种方法，经过适当的等效变换往往可以把电路结构变得更加简单清晰，便于分析求解。常用的电路等效变换形式包括：电阻网络的等效变换和电源的等效变换。

2.2　电阻网络的等效变换

复杂的电阻网络常常可以通过等效变换来进行化简。电阻网络的等效变换包括串并联等效变换、星形连接和三角形连接等效变换。

2.2.1　电阻的串并联及其等效变换

串联和并联是电阻最基本的连接方式。多个电阻的串联或并联都可以通过等效变换来进行化简。

1. 电阻的串联及其等效变换

若电路中有 n 个电阻依次首尾连接起来且中间没有分支，称为电阻的串联。显然，同一电流流过串联的各个电阻。

图 2.3(a)所示为 n 个电阻的串联，根据欧姆定律和基尔霍夫电压定律，有

$$U=U_1+U_2+\cdots+U_n=(R_1+R_2+\cdots+R_n)\times I \tag{2-1}$$

对于图 2.3(b)，根据欧姆定律，有

$$U=R\times I \tag{2-2}$$

如果有

$$R=R_1+R_2+\cdots+R_n=\sum_{i=1}^{n}R_i \tag{2-3}$$

则式(2-1)和式(2-2)完全相等，即图 2.3(a)和(b)所示的两个电路的端口伏安关系完全相同。根据二端网络等效的定义，此时图 2.3(a)和(b)所示的两个电路等效。

式(2-3)表明，电阻串联等效电阻等于各个串联电阻之和。

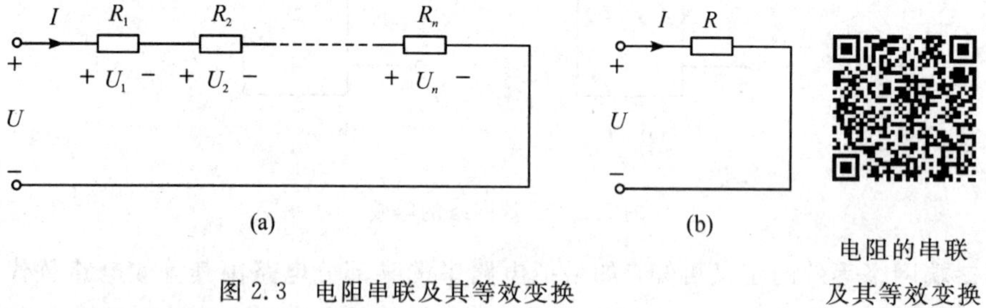

图 2.3 电阻串联及其等效变换

电阻的串联及其等效变换

2. 电阻的并联及其等效变换

若电路中有 n 个电阻的首尾分别连接在两个节点上，称为电阻的并联。显然并联的各个电阻两端电压相同。

图 2.4(a)所示为 n 个电阻的并联，根据欧姆定律和基尔霍夫电流定律，有

$$I=I_1+I_2+\cdots+I_n=\left(\frac{1}{R_1}+\frac{1}{R_2}+\cdots+\frac{1}{R_n}\right)\times U \tag{2-4}$$

对于图 2.4(b)，根据欧姆定律，有

$$I=\frac{U}{R} \tag{2-5}$$

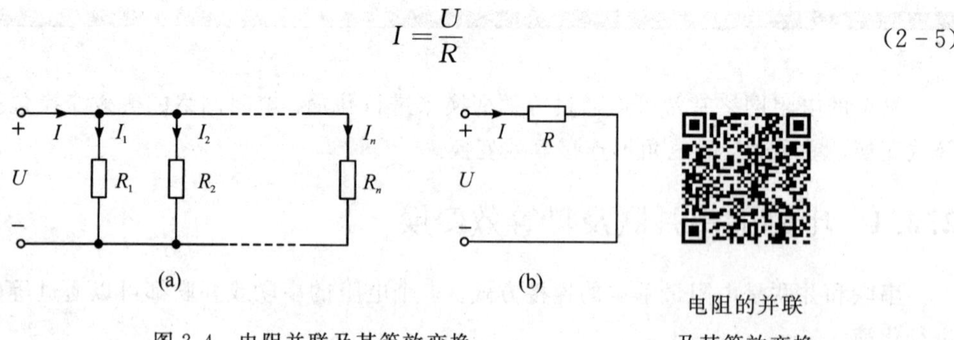

图 2.4 电阻并联及其等效变换

电阻的并联及其等效变换

如果有

$$\frac{1}{R}=\frac{1}{R_1}+\frac{1}{R_2}+\cdots+\frac{1}{R_n}=\sum_{i=1}^{n}\frac{1}{R_i} \tag{2-6}$$

则式(2-4)和式(2-5)完全相等，即图 2.4(a)和(b)所示的两个电路的端口伏安关系完全

相同。根据二端网络等效的定义，此时图 2.4(a)和(b)所示的两个电路等效。

式(2-6)表明，电阻并联，其等效电阻的倒数等于各个并联电阻的倒数之和。由于电导与电阻互为倒数，如果使用电导表示，则有电导并联，其等效电导等于各个并联电导之和。

3. 电阻混联网络的等效变换

当电阻的连接中既有串联又有并联时，称为电阻的混联。电阻的混联电路总可以通过串联等效变换与并联等效变换的方法逐步化简求出其等效电阻。

求解电阻混联电路的关键在于弄清楚各个电阻之间的串并联关系。如图 2.1(a)虚线框内部分是 $R_1 \sim R_5$ 五个电阻的混联电路。经过观察可知，这五个电阻的连接关系是：R_4 和 R_5 串联之后与 R_3 并联，之后再与 R_2 串联，最后与 R_1 并联。

例 2.1　求图 2.5 所示电路中电流 I 和电压 U。

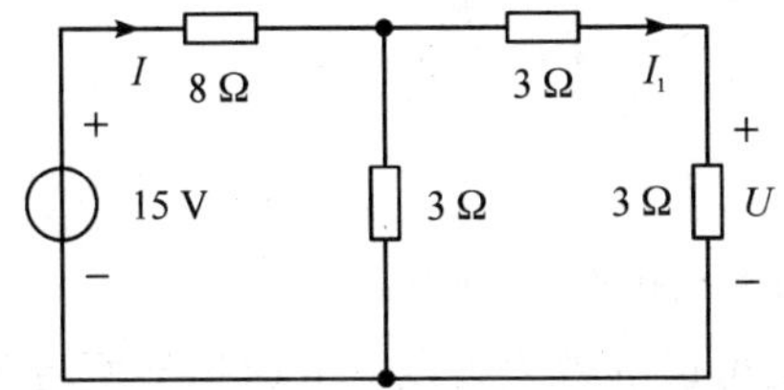

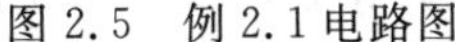
图 2.5　例 2.1 电路图

电阻混联网络的等效变换

解　本题为电阻混联电路，可以通过串并联等效变换化简求解。首先将图 2.5 右侧 3 Ω 电阻和右上方 3 Ω 电阻进行串联等效变换，得到图 2.6(a)。接着将图 2.6(a)中 6 Ω 电阻和中间 3 Ω 电阻进行并联等效变换，得到图 2.6(b)。最后将图 2.6(b)中 8 Ω 电阻和 2 Ω 电阻进行串联等效变换，得到图 2.6(c)。由图 2.6(c)可得

$$I=\frac{15\ \text{V}}{10\ \Omega}=1.5\ \text{A}$$

退回到图 2.6(b)，可得

$$U_1=I\times 2\ \Omega=3\ \text{V}$$

退回到图 2.6(a)，可得

$$I_1=\frac{U_1}{6\ \Omega}=\frac{3\ \text{V}}{6\ \Omega}=0.5\ \text{A}$$

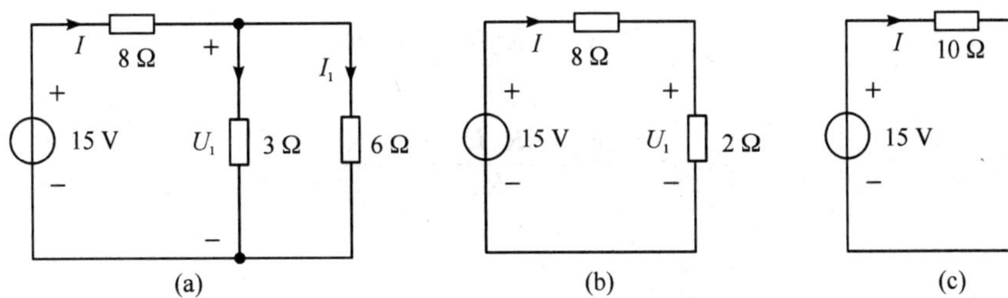

图 2.6　例 2.1 电路等效变换示意图

最后，退回到图 2.5 中，可得

$$U=I_1\times 3\ \Omega=1.5\ \text{V}$$

2.2.2 电阻的星形连接和三角形连接及其等效变换

如果三个电阻的一端连接在一起，另一端分别连接在外电路的三个不同的节点上，称为电阻的星形连接(又称 Y 形连接或 T 形连接)，如图 2.7(a)所示。如果三个电阻首尾相连形成一个闭合的三角形，三角形的三个顶点与外电路的三个节点连接，称为电阻的三角形连接(又称△连接或 π 形连接)，如图 2.7(b)所示。

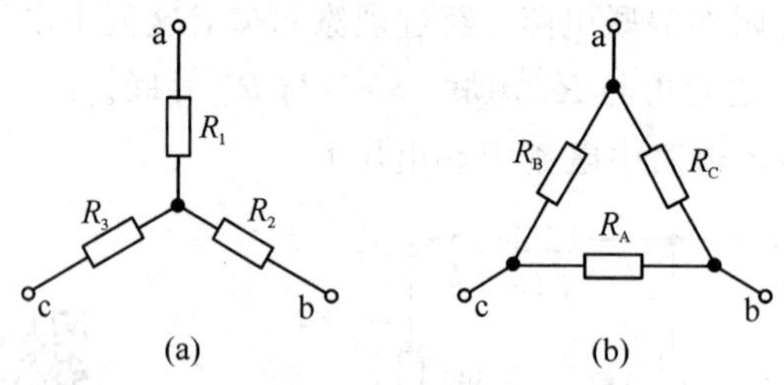

图 2.7 电阻的星形连接和三角形连接

电阻的星形连接和三角形连接之间也是可以等效变换的，下面推导两者等效变换的条件。显然，如果星形连接的电阻和三角形连接的电阻等效，那么对应的任意两个端子间的电阻也应该是等效的。为了方便讨论，设图 2.7(a)和(b)中的 c 点均为开路，根据等效条件，图 2.7(a)和图 2.7(b)对应 a、b 两点间等效电阻应相等，即

$$R_1+R_2=\frac{R_C(R_A+R_B)}{R_A+R_B+R_C}$$

同理，设图 2.7(a)和(b)中的 a 点和 b 点分别开路，得

$$R_2+R_3=\frac{R_A(R_A+R_B)}{R_A+R_B+R_C}$$

以及

$$R_3+R_1=\frac{R_B(R_A+R_B)}{R_A+R_B+R_C}$$

解以上三式，可得

$$\begin{cases} R_A=\dfrac{R_1R_2+R_2R_3+R_3R_1}{R_1} \\ R_B=\dfrac{R_1R_2+R_2R_3+R_3R_1}{R_2} \\ R_C=\dfrac{R_1R_2+R_2R_3+R_3R_1}{R_3} \end{cases} \tag{2-7}$$

以及

$$\begin{cases} R_1 = \dfrac{R_B R_C}{R_A + R_B + R_C} \\ R_2 = \dfrac{R_A R_C}{R_A + R_B + R_C} \\ R_3 = \dfrac{R_B R_A}{R_A + R_B + R_C} \end{cases} \tag{2-8}$$

式(2-7)为电阻星形连接等效变换为三角形连接的计算式，式(2-8)为电阻三角形连接等效变换为星形连接的计算式。

特殊地，当星形连接的三个电阻相等时，即式(2-7)中

$$R_1 = R_2 = R_3 = R_Y$$

则与其等效的三角形连接的三个电阻也相等，有

$$R_\triangle = R_A = R_B = R_C = 3R_Y$$

或

$$R_Y = \frac{1}{3} R_\triangle \tag{2-9}$$

利用电阻的星形和三角形等效变换，常常可以使某些复杂电路得到简化，使之可以进一步利用串并联等效变换进行分析计算。

例 2.2　求图 2.8(a)所示电路中的电流 I。

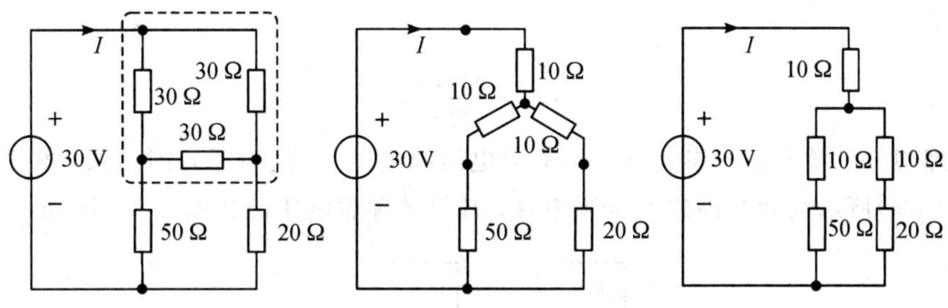

图 2.8　例 2.2 电路图

解　图 2.8(a)中，虚线框内的三个电阻为三角形连接，利用星形和三角形等效变换以及式(2-9)，可将电路等效变换为图 2.8(b)，而后经过整理可得图 2.8(c)。从图 2.8(c)不难求得

$$I = \frac{30\ \text{V}}{10\ \Omega + \dfrac{60\ \Omega \times 30\ \Omega}{60\ \Omega + 30\ \Omega}} = 1\ \text{A}$$

【思考与练习】

1. 串联的各个电阻上流过的电流以及两端的电压都相等，这种说法是否正确？为什么？

2. 并联的各个电阻上流过的电流以及两端的电压都相等，这种说法是否正确？为什么？

3. 求图 2.9 中各个电路端口的等效电阻。

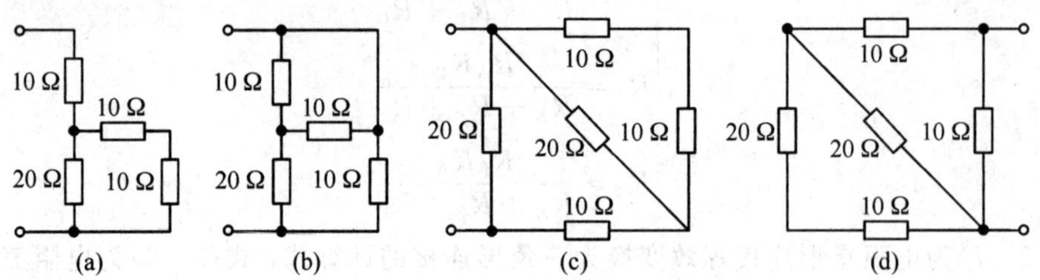

图 2.9 思考与练习题 3 电路图

2.3 电源模型的等效变换

电源模型的等效变换是指电源的串并联等效变换以及电压源和电流源之间的等效变换。

2.3.1 电源的串并联等效变换

n 个理想电压源串联，对外可以等效为一个理想电压源，其电压为各个电压源电压的代数和，即

$$U_{S}=\sum_{k=i}^{n}U_{Sk} \tag{2-10}$$

各个理想电压源 U_{Sk} 的参考方向与等效电压源电压 U_{S} 的参考方向一致，取正，反之取负。图 2.10(a)所示为两个理想电压源串联，其等效理想电压源如图 2.10(b)所示。

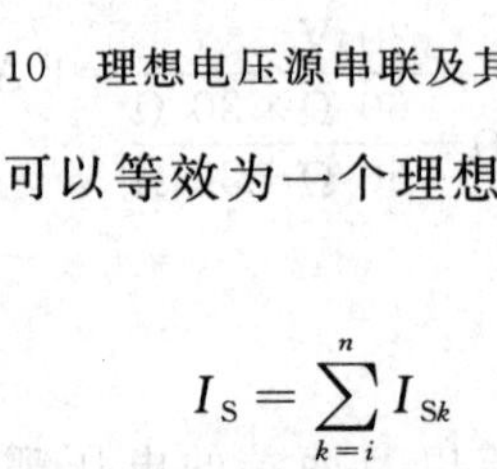

图 2.10 理想电压源串联及其等效电压源

n 个理想电流源并联，对外可以等效为一个理想电流源，其电流为各个电流源电流的代数和，即

$$I_{S}=\sum_{k=i}^{n}I_{Sk} \tag{2-11}$$

各个理想电流源 I_{Sk} 的电流参考方向与等效电流源电流 I_{S} 的参考方向一致，取正，反之取负。图 2.11(a)所示为两个理想电流源并联，其等效理想电流源如图 2.11(b)所示。

只有电压相等且极性一致的理想电压源才允许并联，否则将会违背基尔霍夫电压定

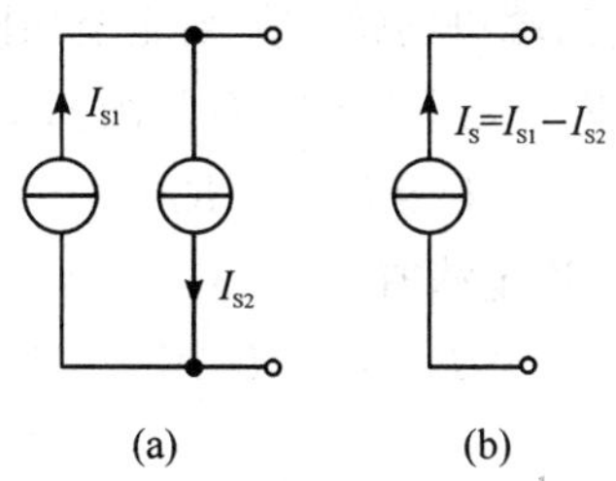

图 2.11　理想电流源并联及其等效电流源

律，其等效电源为其中任一电压源；只有电流相等且方向一致的理想电流源才允许串联，否则将会违背基尔霍夫电流定律，其等效电源为其中任一电流源。

一个理想电流源与理想电压源或者电阻串联，对外就等效为一个理想电流源，如图 2.12(a)所示；一个理想电压源与理想电流源或者电阻并联，对外就等效为一个理想电压源，如图 2.12(b)所示。

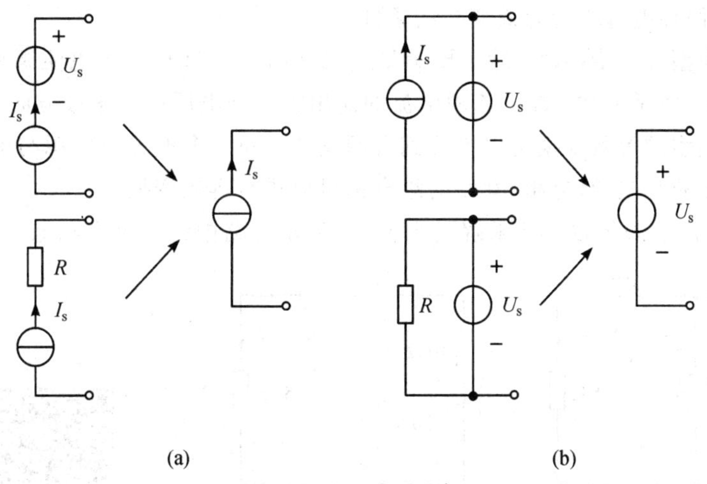

图 2.12　理想电源与支路的串并联

2.3.2　电压源和电流源之间的等效变换

在 2.3.1 小节中已经讨论过，实际电源可以用理想电压源与电阻串联的模型表示，如图 2.13(a)所示，也可以用理想电流源与电导(电阻)并联的模型表示，如图 2.13(b)所示。

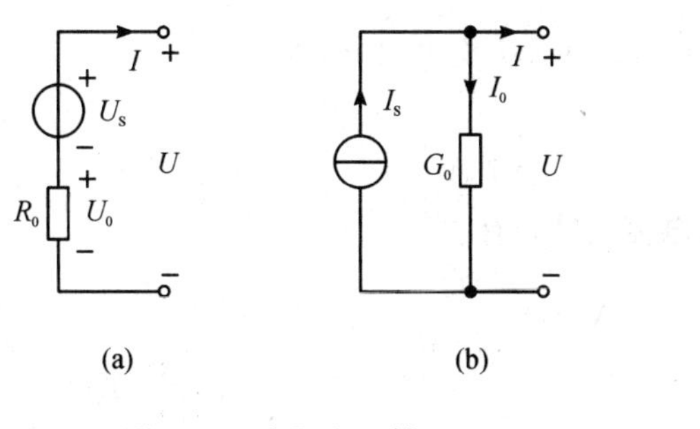

图 2.13　实际电源模型

实际电源模型的等效变换

如果图 2.13(a)和(b)所示电路端口的伏安关系完全相同，则根据二端网络等效的定义可知图中的电压源模型与电流源模型是等效的。对于图 2.13(a)，根据基尔霍夫电压定律有

$$U=U_S-IR_0 \tag{2-12}$$

对于图 2.13(b)，根据基尔霍夫电流定律有

$$I=I_S-UG_0 \tag{2-13}$$

将式(2-12)整理为

$$I=\frac{U_S}{R_0}-\frac{U}{R_0} \tag{2-14}$$

比较式(2-13)和式(2-14)，若要使两者等效，则必须满足

$$\begin{cases} I_S=\dfrac{U_S}{R_0} \\ G_0=\dfrac{1}{R_0} \end{cases} \tag{2-15}$$

式(2-15)就是两种电源模型等效变换的条件。

两种电源模型等效变换时，除了要满足式(2-15)外，还要注意电流源和电压源的参考方向应与图 2.13 所示一致，即电流源电流的流出方向与电压源的正极方向一致。

上述电源模型的等效变换可以推广到含源支路，即一个理想电压源与电阻串联的组合和一个理想电流源与电导(电阻)并联的组合都可以进行等效变换。

例 2.3 利用电源等效变换求解图 2.14(a)所示电路中的电流 I 和电压 U。

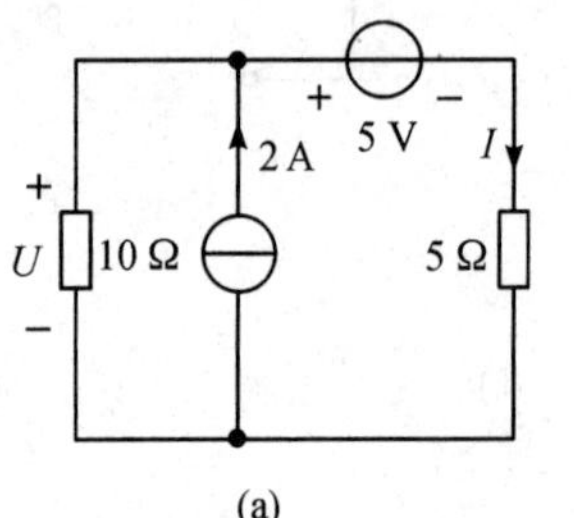

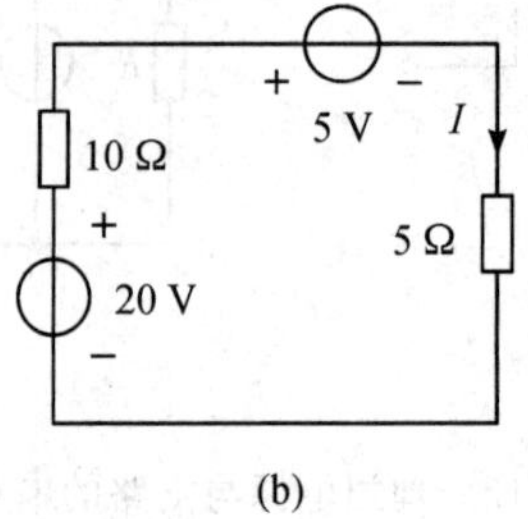

图 2.14 例 2.3 电路图

电源等效变换的应用

解 将图 2.14(a)中左侧理想电流源与电阻并联的组合等效变换为理想电压源与电阻串联的组合，得图 2.14(b)。随后在图 2.14(b)中，选取顺时针方向为回路方向，根据基尔霍夫电压定律，有

$$I\times 5\ \Omega-20\ \text{V}+I\times 10\ \Omega+5\ \text{V}=0$$

解得

$$I=1\ \text{A}$$

回到图 2.14(a)中，根据基尔霍夫电流定律，有

$$2\ \text{A}-I-\frac{U}{10\ \Omega}=0$$

解得

$$U=(2\ \text{A}-1\ \text{A})\times 10\ \Omega=10\ \text{V}$$

【思考与练习】

1. 单独的理想电压源和单独的理想电流源之间能否等效变换？为什么？
2. 电源等效变换的时候，电压源极性和电流源电流方向如何确定？
3. 两个大小不同的理想电压源能否并联？为什么？
4. 两个大小不同的理想电流源能否串联？为什么？
5. 求图 2.15 中各个电源电路的等效电流源或电压源模型。

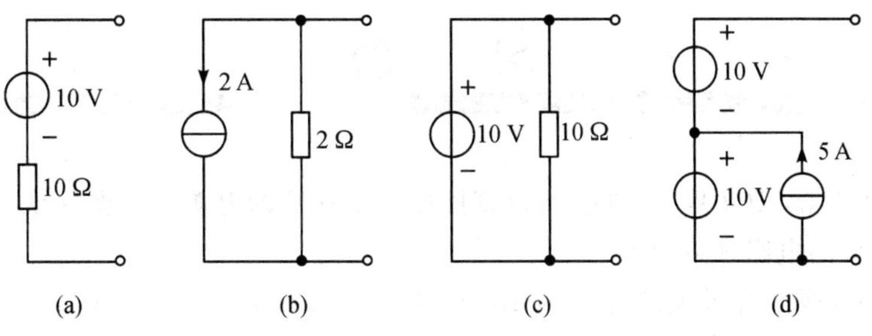

图 2.15 思考与练习题 5 电路图

本 章 小 结

1. 由一个或多个元件组成的并且只有两个端子与外电路连接的电路可以作为一个整体，称为二端网络。如果内部结构和参数完全不同的两个二端网络，它们对应端子的伏安关系完全相同，则称它们是相互等效的二端网络。

2. 把电路中的一部分用它的等效电路替换，称为电路的等效变换。

3. 电阻串联，其等效电阻等于各个串联电阻之和；电导并联，其等效电导等于各个并联电导之和。

4. 电阻星形连接和三角形连接的等效变换公式为

$$\begin{cases} R_A = \dfrac{R_1R_2 + R_2R_3 + R_3R_1}{R_1} \\ R_B = \dfrac{R_1R_2 + R_2R_3 + R_3R_1}{R_2} \\ R_C = \dfrac{R_1R_2 + R_2R_3 + R_3R_1}{R_3} \end{cases} \quad 和 \quad \begin{cases} R_1 = \dfrac{R_BR_C}{R_A + R_B + R_C} \\ R_2 = \dfrac{R_AR_C}{R_A + R_B + R_C} \\ R_3 = \dfrac{R_CR_A}{R_A + R_B + R_C} \end{cases}$$

三个电阻相等时，则有 $R_\triangle = 3R_Y$。

5. n 个理想电压源串联，对外可以等效为一个理想电压源，其电压为各个电压源电压的代数和；n 个理想电流源并联，对外可以等效为一个理想电流源，其电流为各个电流源电流的代数和。

6. 一个理想电流源与理想电压源或者电阻串联，对外就等效为该理想电流源；一个理想电压源与理想电流源或者电阻并联，对外就等效为该理想电压源。

7. 实际电压源模型与实际电流源模型等效变换的条件为

$$\begin{cases} I_S = \dfrac{U_S}{R_0} \\ G_0 = \dfrac{1}{R_0} \end{cases}$$

8. 两种电源模型等效变换时，要注意电流源和电压源的参考方向，即保证电流源电流的流出方向与电压源的正负极方向一致。

习　题

1. 一只“100 Ω，100 W”的电阻能否直接接入 200 V 的电源中？要保证电阻不烧坏，需要串联一个多大的电阻才可以？

2. 一个插线板允许最大的电流为 10 A，现有 1600 W 的电吹风和 2000 W 的取暖器，它们能否同时插入该插线板工作？

3. 电源经输电线向电阻负载供电，电源电压为 220 V，线路电阻为 0.1 Ω，电源输出总功率为 5000 W，求负载上获得的实际电压和线路上的功率损耗。

4. 已知电厂向远处输送的电力总功率为 100 kW，输电线路总电阻为 10 Ω，试比较分别采用 220 V 低压输电和 220 kV 高压输电的功率损耗情况。

5. 求图 2.16 所示电阻网络的等效电阻。

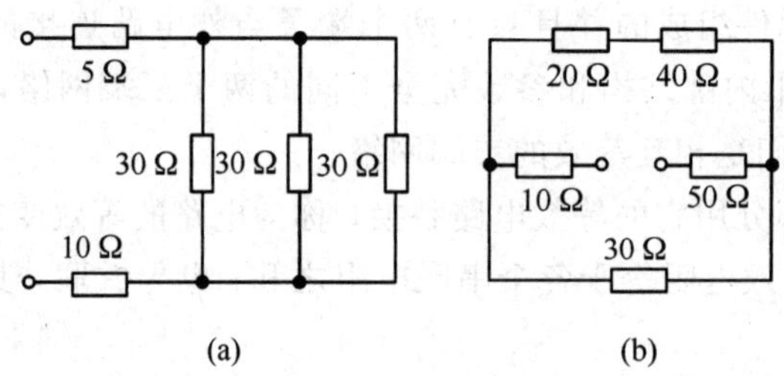

图 2.16　习题 5 电路图

6. 图 2.17 所示两个电路中，分别求开关闭合前后，端口上的等效电阻。

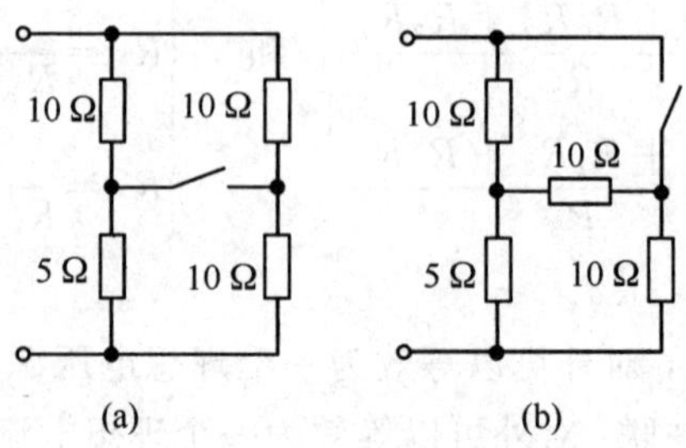

图 2.17　习题 6 电路图

7. 求图 2.18 所示各个电阻网络的等效电阻。

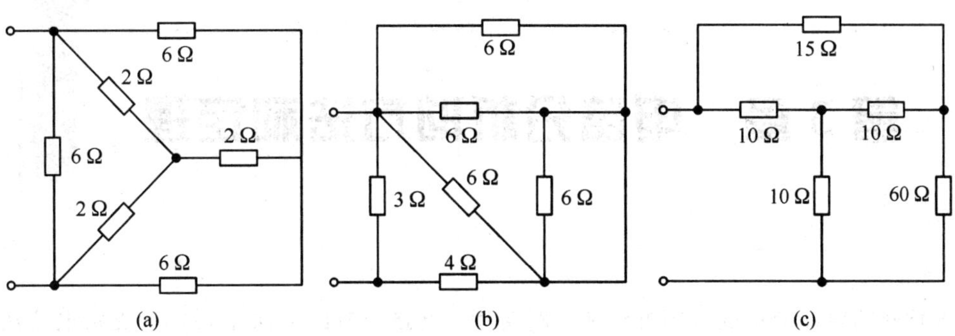

图 2.18　习题 7 电路图

8. 求图 2.19 所示各个电路的等效电源模型。

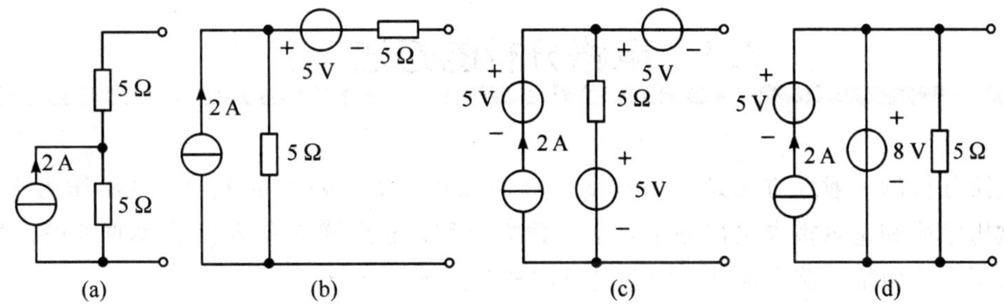

图 2.19　习题 8 电路图

9. 使用电源等效变换法求图 2.20 所示各个电路中标注的电流或者电压。

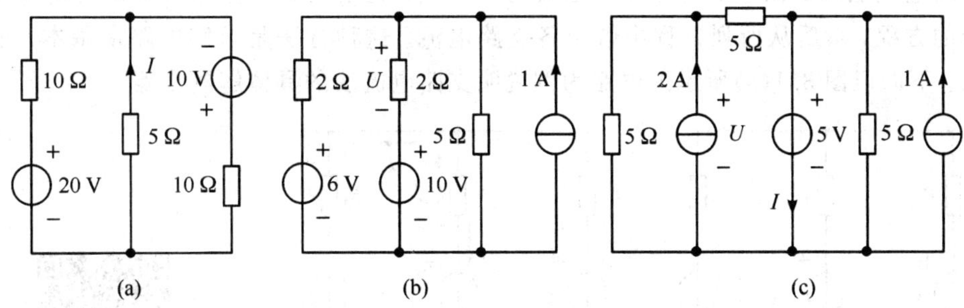

图 2.20　习题 9 电路图

第 3 章　电路分析的方法和定理

本章介绍电路分析的常用方法和电路定理。电路分析的方法主要包括支路电流法、网孔电流法和节点电压法等。电路定理主要包括叠加定理、齐次定理、替代定理、戴维南定理、诺顿定理和最大功率传输定理等。此外，本章还介绍了含受控源电路的分析方法。

3.1　电路分析的方法

电路分析的一般性方法是指不改变电路的结构，将电路中的电流、电压作为未知量，利用欧姆定律和基尔霍夫定律列出若干个独立方程，而后联立各方程求解的过程。常用的电路分析方法包括支路电流法、网孔电流法和节点电压法。

3.1.1　支路电流法

支路电流法以电路中的各个支路电流为未知量，利用欧姆定律和基尔霍夫定律列出支路电流的方程，然后从所列方程中解出各支路电流。这种方法是求解电路最基本、最直观的方法。下面以图 3.1(a)所示的电路为例说明支路电流法的具体解题步骤。

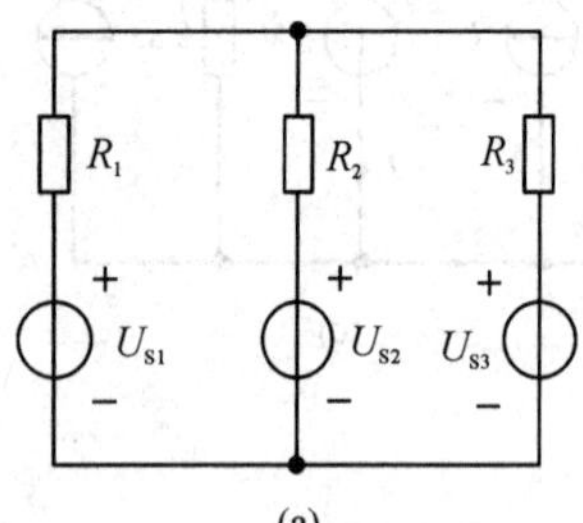

(a)

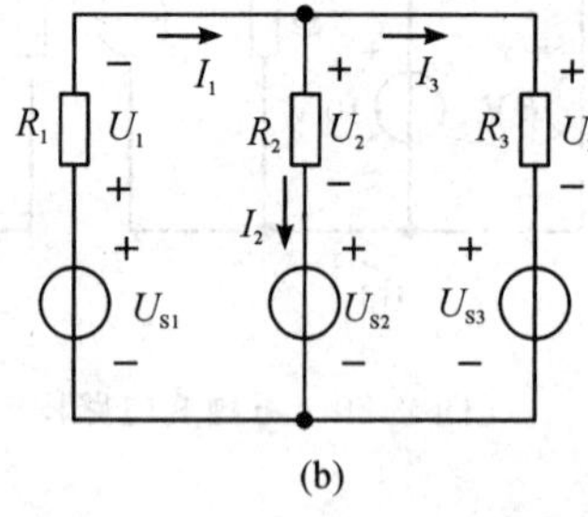

(b)

图 3.1　支路电流法示意图

支路电流法

首先，在电路图中标注出所有支路上的电流参考方向以及所有电阻上的电压参考极性(一般取支路电流的关联方向)，如图 3.1(b)所示。本例电路中包含三条支路，共有三个未知量，即 I_1、I_2 和 I_3，则至少需要三个独立的方程才能求解。根据基尔霍夫电流定律有

$$I_1 - I_2 - I_3 = 0 \tag{3-1}$$

根据基尔霍夫电压定律(取顺时针方向为回路正方向)，对于左边网孔，有

$$U_1 + U_2 + U_{S2} - U_{S1} = 0 \tag{3-2}$$

对于右边网孔，有

$$U_3 + U_{S3} - U_{S2} - U_2 = 0 \tag{3-3}$$

根据欧姆定律，有

$$U_1 = I_1 R_1,\ U_2 = I_2 R_2,\ U_3 = I_3 R_3$$

将其代入式(3-2)和式(3-3)，可得

$$I_1 R_1 + I_2 R_2 + U_{S2} - U_{S1} = 0 \tag{3-4}$$

以及

$$I_3 R_3 + U_{S3} - U_{S2} - I_2 R_2 = 0 \tag{3-5}$$

式(3-1)、式(3-4)和式(3-5)中，除了 I_1、I_2 和 I_3 外，其余都是已知量，三个独立方程中包含三个未知量，因此可解得 I_1、I_2 和 I_3。

例 3.1　求图 3.2(a)所示电路中电阻的功率 P。

解　采用支路电流法求解本题。在图 3.2(a)中选定各支路电流的参考方向，同时标注出所有电阻上电压的参考极性，如图 3.2(b)所示。

根据基尔霍夫定律列出方程组如下：

$$\begin{cases} I_1 - I_2 - I_3 = 0\ \text{A} \\ I_1 \times 5\ \Omega + I_2 \times 20\ \Omega - 20\ \text{V} = 0\ \text{V} \\ I_3 \times 10\ \Omega - 5\ \text{V} - I_2 \times 20\ \Omega = 0\ \text{V} \end{cases}$$

解上列方程组，得

$$I_1 = 2\ \text{A},\ I_2 = 0.5\ \text{A},\ I_3 = 1.5\ \text{A}$$

进而可得

$$P = I_2^2 \times 20\ \Omega = 5\ \text{W}$$

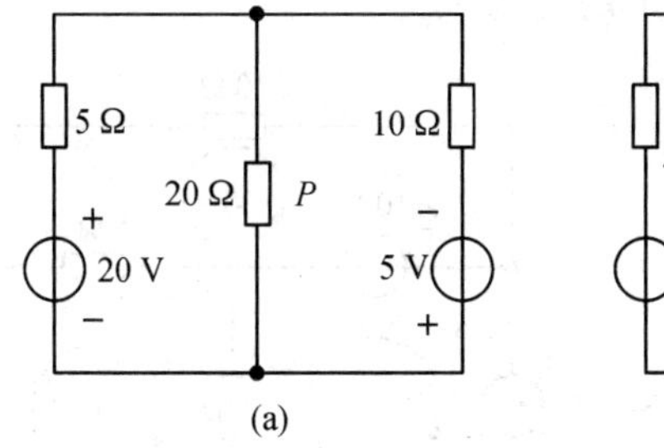

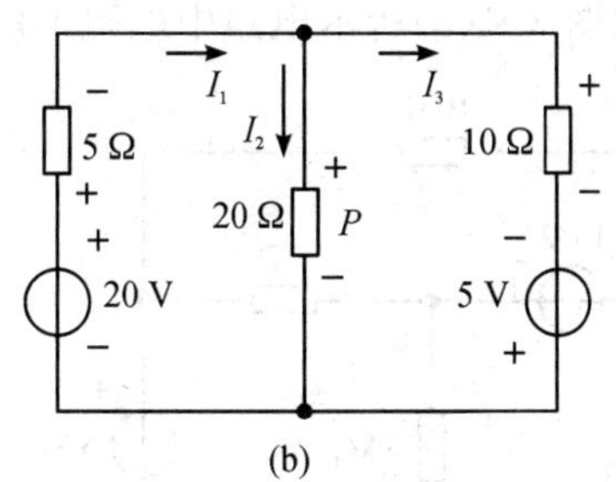

图 3.2　例 3.1 电路图

3.1.2　网孔电流法

用支路电流法时，将支路电流作为未知量列方程，当电路结构比较复杂，支路数量比较多时，所列出来的方程数量比较多，计算量也就相当繁重。对于一般电路而言，网孔的数量少于支路的数量，采用网孔电流作为未知量来列方程，可以减少方程的数量，这种方法称为网孔电流法。

网孔电流是一种假想的电流，就是在每个网孔中，都有一个沿着网孔路径的绕行方向进行环形流动的假想电流，这种假想电流就称为网孔电流。下面仍然以 3.1.1 小节讲述支路电流法所举例的电路来说明网孔电流法解题的具体步骤，如图 3.3(a)和(b)所示。

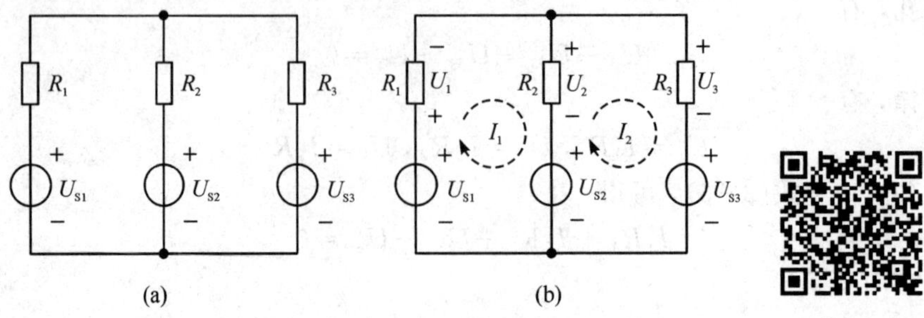

图 3.3 网孔电流法示意图

网孔电流法

图 3.3(b)中，选取左右两个网孔中的顺时针绕行的假想电流为未知量 I_1 和 I_2，同时标注出所有电阻上电压的参考极性。需要注意的是电阻 R_2 处于两个网孔的公共部分，其流过的电流是两个网孔电流的代数和。根据基尔霍夫电压定律可得到两个网孔的回路方程式如下：

$$\begin{cases} I_1R_1+(I_1-I_2)R_2+U_{S2}-U_{S1}=0 \\ I_2R_3+U_{S3}-U_{S2}+(I_2-I_1)R_2=0 \end{cases} \tag{3-6}$$

式(3-6)中除了 I_1 和 I_2 以外，其余都是已知量，所以可解得 I_1 和 I_2。从上述分析可知，对于本例的电路，采用网孔电流法联列求解的方程数量要少于采用支路电流法的方程个数。

使用网孔电流法时，如果遇到含有理想电流源的网孔，由于网孔方程中的每一项均为电压，因此必须把理想电流源两端的电压增设为未知量列入网孔方程，并将电流源的电流与网孔电流的关系作为补充方程一并求解。

例 3.2 求图 3.4(a)所示电路中电阻上的电流 I。

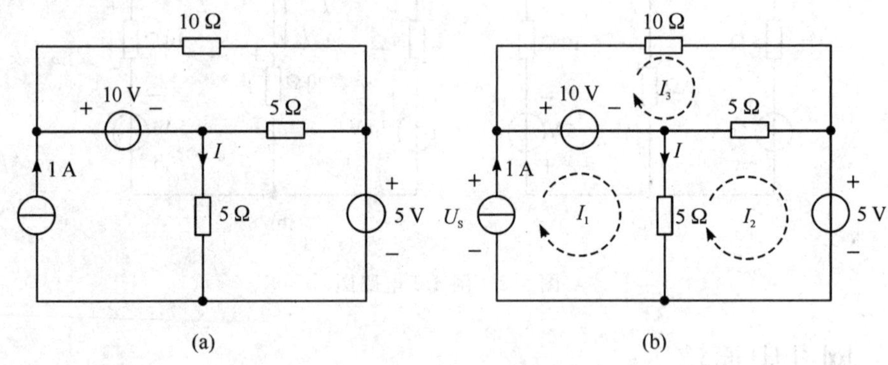

图 3.4 例 3.2 电路图

解 采用网孔电流法求解本题。选取 I_1、I_2 和 I_3 作为电路图中三个网孔的网孔电流，如图 3.4(b)所示。注意图中左下角网孔中有一个理想电流源，应将该理想电流源两端的电压 U_S 作为增设变量。同时由于电流源处于网孔的独立支路上，故该网孔的网孔电流 I_1 就是该电流源的电流，即 $I_1=1$ A。列出网孔方程组如下：

$$
\begin{cases}
10\ \text{V}+(I_1-I_2)\times 5\ \Omega-U_S=0\ \text{V}\\
(I_2-I_3)\times 5\ \Omega+5\ \text{V}+(I_2-I_1)\times 5\ \Omega=0\ \text{V}\\
I_3\times 10\ \Omega+(I_3-I_2)\times 5\ \Omega-10\ \text{V}=0\ \text{V}
\end{cases}
$$

解得

$$I_1=1\ \text{A},\ I_2=0.4\ \text{A},\ I_3=0.8\ \text{A},\ U_S=13\ \text{V}$$

进而可解得题目中要求的电流：

$$I=I_1-I_2=0.6\ \text{A}$$

3.1.3 节点电压法

节点电压法采用节点电压为未知量来列方程，它不仅适用于平面电路，还适用于非平面电路，且对节点较少的电路尤其适用。电路的计算机辅助分析也常用节点电压法作为程序的算法，因此它已成为电路分析中最重要的方法之一。

在使用节点电压法时，为了方便起见，一般任意选择某一节点的电压为零(称为参考节点)，其他节点与参考节点之间的电压便是节点电压。下面仍然以前面讲述的支路电流法和网孔电流法所举例的电路为例来说明用节点电压法解题的具体步骤，如图 3.5(a)所示。

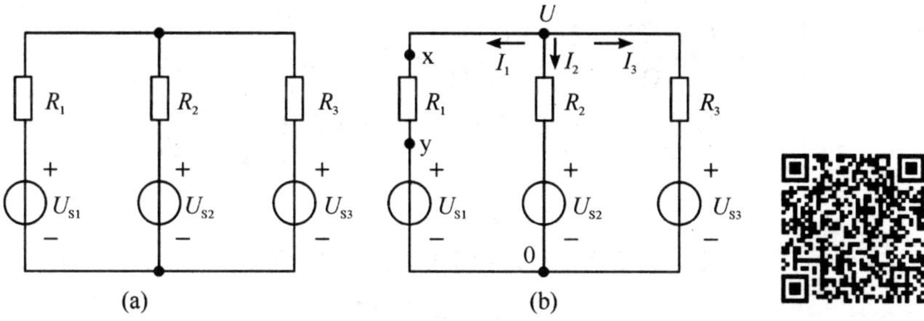

图 3.5 节点电压法示意图

节点电压法

图 3.5(a)所示电路共有两个节点，选取下方节点为参考点(电压为零)，设上方节点电压为 U，同时任意标注出各个支路电流的参考方向，如图 3.5(b)所示。观察电阻 R_1 两端 x 点和 y 点，不难发现 x 点电压为 U，y 点电压为 U_{S1}，因此可得流过 R_1 的电流 I_1 为

$$I_1=\frac{U-U_{S1}}{R_1}$$

同理，可得

$$I_2=\frac{U-U_{S2}}{R_2},\ I_3=\frac{U-U_{S3}}{R_3}$$

根据基尔霍夫电流定律，有

$$I_1+I_2+I_3=0$$

即

$$\frac{U-U_{S1}}{R_1}+\frac{U-U_{S2}}{R_2}+\frac{U-U_{S3}}{R_3}=0 \tag{3-7}$$

式(3-7)仅含有一个未知量 U，由该式求解出 U 之后，可以进一步求得电路中各支路的电流。对比式(3-6)可知，使用节点电压法只需列出一个方程，此方法比网孔电流法更为

简洁。

例 3.3 求图 3.6(a)所示电路中电流源的功率 P_1 和 P_2。

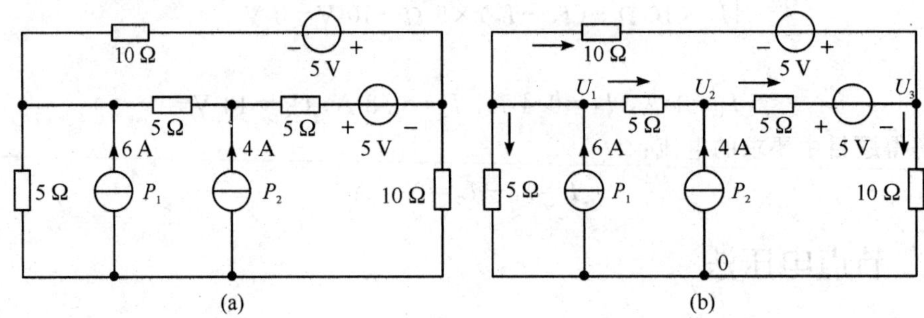

图 3.6 例 3.3 电路图

解 采用节点电压法求解本题。选取下方节点为参考节点，其余三个节点的电压设为 U_1、U_2 和 U_3，并标注出所有支路电流的参考方向，如图 3.6(b)所示。根据基尔霍夫电流定律分别列出三个节点电流方程，可得

$$\begin{cases} 6\ \text{A}-\dfrac{U_1-U_2}{5\ \Omega}-\dfrac{U_1}{5\ \Omega}-\dfrac{U_1-(U_3-5\ \text{V})}{10\ \Omega}=0\ \text{A} \\ 4\ \text{A}+\dfrac{U_1-U_2}{5\ \Omega}-\dfrac{U_2-(U_3+5\ \text{V})}{5\ \Omega}=0\ \text{A} \\ \dfrac{U_2-(U_3+5\ \text{V})}{5\ \Omega}+\dfrac{U_1-(U_3-5\ \text{V})}{10\ \Omega}-\dfrac{U_3}{10\ \Omega}=0\ \text{A} \end{cases}$$

解得

$$U_1=35\ \text{V},\ U_2=45\ \text{V},\ U_3=30\ \text{V}$$

故得

$$P_1=-U_1\times 6\ \text{A}=-210\ \text{W},\ P_2=-U_2\times 4\ \text{A}=-180\ \text{W}$$

【思考与练习】

1. 常用的电路分析方法有哪几种？它们各有什么特点？

2. 采用网孔电流法的时候对于两个网孔公共支路上的电阻需要注意什么？

3. 分别采用等效变换法、支路电流法、网孔电流法和节点电压法来求解图 3.7 所示电路中的电流 I，比较这几种方法的差异。

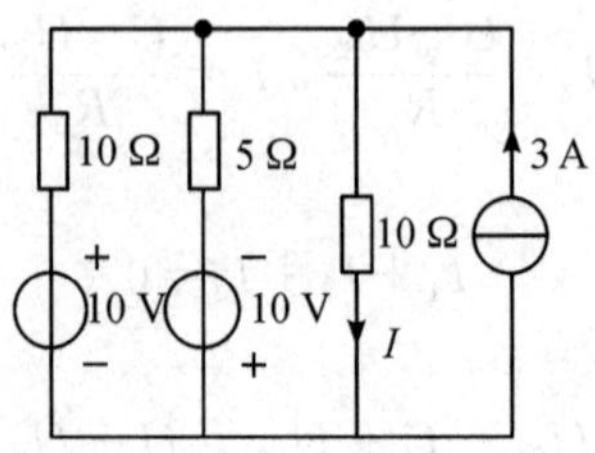

图 3.7 思考与练习题 4 电路图

3.2 线性电路定理

完全由线性元件(如理想电阻、理想电容、理想电感等)、独立源或线性受控源构成的电路称为线性电路。线性电路的特性可以用线性电路定理来描述。基本的线性电路定理包括叠加定理、齐次定理、替代定理、戴维南定理、诺顿定理和最大功率传输定理。灵活应用这些定理,可使一些电路的求解变得更简便、有效。

3.2.1 叠加定理

叠加定理

叠加定理可表述为:在线性电路中,任一支路的电流或电压都是各个独立电源单独作用时在该支路中产生的电流或电压的线性叠加(代数和)。叠加定理在线性电路分析中起着重要作用,它是分析线性电路的基础。线性电路的许多定理都是从叠加定理推导而来的。

使用叠加定理时应注意以下几点:

(1) 叠加定理只能用来计算线性电路的电流和电压,而对非线性电路或线性电路中的非线性量(如功率)叠加定理不适用。

(2) 叠加时,电路的连线及电路中的所有元件都不允许更改。不作用的电压源置零,在电压源处用短路代替;不作用的电流源置零,在电流源处用开路代替。

(3) 叠加时,应注意各个分量是求代数和,即分量与总量参考方向一致时取正号,相反时取负号。

下面以图 3.8(a)所示的电路为例说明叠加定理的应用方法。

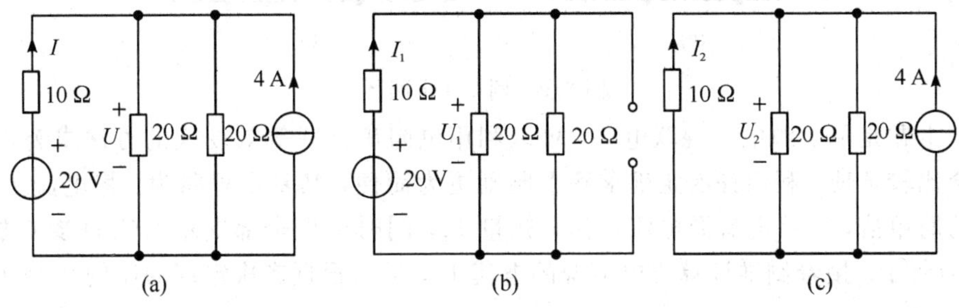

图 3.8 叠加定理应用示意图

按照叠加定理,图 3.8(a)中要求的电流 I 和电压 U 等于各个电源单独作用时产生的分量的代数和。电压源单独作用时,将电流源置零,即开路处理,如图 3.8(b)所示。电流源单独作用时,电压源置零,即短路处理,如图 3.8(c)所示。

在图 3.8(b)中,有

$$I_1=\frac{20\ \text{V}}{10\ \Omega+\dfrac{20\ \Omega\times 20\ \Omega}{20\ \Omega+20\ \Omega}}=1\ \text{A}$$

$$U_1=\frac{I_1}{2}\times 20\ \Omega=10\ \mathrm{V}$$

在图 3.8(c)中，有

$$I_2=-\frac{4\ \mathrm{A}}{2}=-2\ \mathrm{A}$$

$$U_2=1\ \mathrm{A}\times 20\ \Omega=20\ \mathrm{V}$$

回到图 3.8(a)中，根据叠加定理有

$$I=I_1+I_2=-1\ \mathrm{A}$$

$$U=U_1+U_2=30\ \mathrm{V}$$

3.2.2 齐次定理

齐次定理

齐次性又称为比例性或均匀性，是线性电路的另一个重要性质。齐次定理可表述为：在线性电路中，当所有的电源都增大 N 倍或缩小为原来的 $1/N$ 时，各支路的电流或电压也同时增大 N 倍或缩小为原来的 $1/N$。显然，当电路中仅有一个电源时，电路中各处的电流、电压都与电源成正比。

例 3.4 利用齐次定理求图 3.9(a)所示电路中的电流 I。

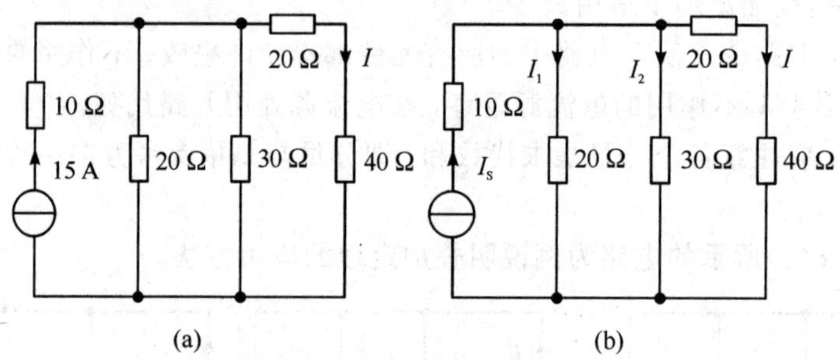

图 3.9 例 3.4 电路图

解 本题是单电源电阻混联电路，可以利用电阻串并联等效变换的方法求解，但是求解过程会比较烦琐。利用齐次定理求解本题则更为简便，其基本思路为：将电流 I 设为一个已知的简单值，而将电流源电流看作未知量 I_S，同时标出全部支路电流的参考方向，如图 3.9(b)所示。接着倒推计算出电流源的电流 I_S，最后根据齐次定理的比例性换算出 I 的实际值。

为了计算简便，不妨设 $I=1$ A，根据串并联的关系，有

$$I_2=\frac{(20\ \Omega+40\ \Omega)\times 1\ \mathrm{A}}{30\ \Omega}=2\ \mathrm{A}$$

以及

$$I_1=\frac{I_2\times 30\ \Omega}{20\ \Omega}=3\ \mathrm{A}$$

因此

$$I_S=I_1+I_2+I=6\ \mathrm{A}$$

根据齐次定理，I 与电流源电流成正比例关系，有

$$\frac{I}{15\ \text{A}}=\frac{1\ \text{A}}{I_S}$$

可得

$$I=2.5\ \text{A}$$

3.2.3　替代定理

替代定理

替代定理可以表述为：在电路中，如已求得两个二端网络 N_A 和 N_B 连接端口的电压 U_p 和电流 I_p，那么就可用一个 U_S 等于 U_p 的电压源或一个 I_S 等于 I_p 的电流源来替代其中的一个二端网络，而使另一个二端网络的内部电压、电流均维持不变。替代定理常用来对电路进行简化，从而使电路易于分析和计算。

图 3.10(a)是原电路，图 3.10(b)是将 N_B 替代为一个电压源，图 3.10(c)是将 N_B 替代为一个电流源，而在此三个图中，N_A 中的电压、电流都是相等的。

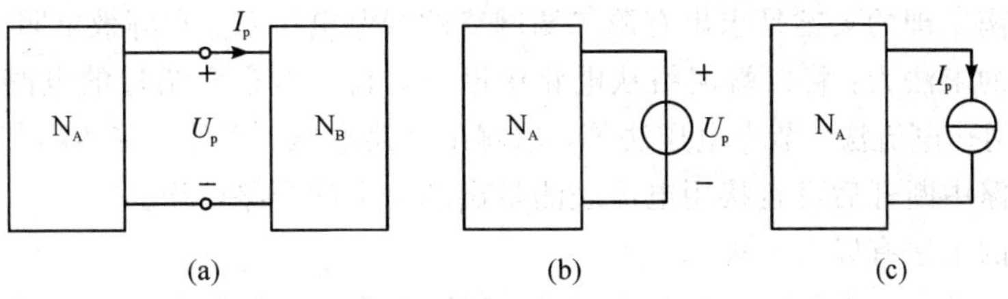

图 3.10　替代定理

下面通过一个实例来说明替代定理。图 3.11(a)所示电路，可容易求得右侧支路中 $U_3=8$ V，$I_3=1$ A。现将该支路分别以 $U_S=8$ V 的电压源或 $I_S=1$ A 的电流源替代，如图 3.11(b)和(c)所示，不难算出在图 3.11(a)、(b)、(c)中，其他部分的电压和电流均保持不变，即 $I_1=2$ A，$I_2=1$ A。

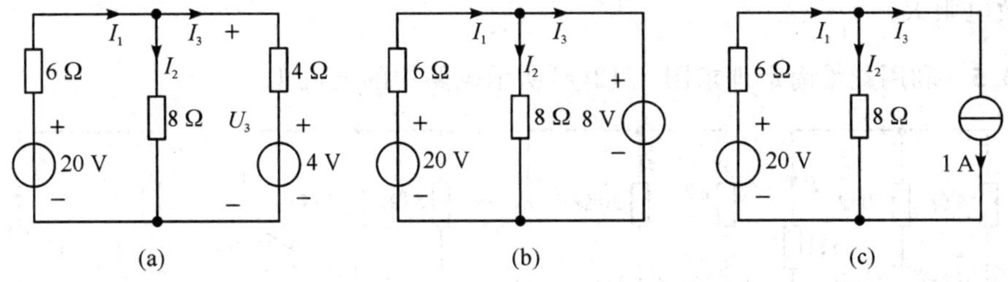

图 3.11　替代定理示例

3.2.4　戴维南定理和诺顿定理

戴维南定理和诺顿定理是电路理论中的两个重要定理。戴维南定理表明一个复杂的电路网络可以等效变换为一个电压源和电阻串联的电路形式。诺顿定理则表明一个复杂的电路网络可以等效变换为一个电流源和电导并联的电路形式。

1. 戴维南定理

戴维南定理可以表述为：任何一个线性有源二端网络，对外电路而言，可以等效为一个理想电压源和一个电阻串联的电路形式，其中理想电压源的电压等于原二端网络的开路电压，而电阻等于原二端网络中所有独立电源置零时从端口看进去的等效电阻。

戴维南定理又称为等效电源定理。在电路分析中经常利用戴维南定理将一个有源二端网络等效变换为一个电压源和电阻的串联结构，如图 3.12 所示。

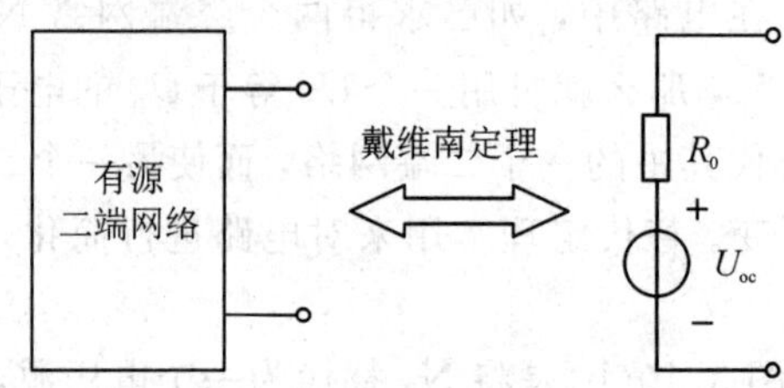

图 3.12　戴维南定理示意图

应用戴维南定理的关键是求出有源二端网络的开路电压 U_{oc} 和等效电阻 R_0。

开路电压的求法为：将二端网络从电路中断开，利用本章介绍过的电路分析方法，如支路电流法、网孔电流法、节点电压法等，求解出开路电压。当然，在实际工程应用中，将二端网络从电路中断开后可直接用电压表测量出端口上的开路电压。

等效电阻的求法有以下三种：

(1) 将二端网络内独立电源全部置零后，利用电阻串并联等效变换、星形三角形等效变换等方法计算出端口内等效电阻。

(2) 将二端网络内独立电源全部置零后，在端口处施加一个外电压 U，测量出此时流经端口的电流 I，则等效电阻 $R_0=\dfrac{U}{I}$。

(3) 在求得端口开路电压 U_{oc} 后将端口短路，求出或测量出端口的短路电流 I_{sc}，从而得到等效电阻 $R_0=\dfrac{U_{oc}}{I_{sc}}$。

例 3.5　利用戴维南定理求图 3.13(a)所示电路中的电流 I。

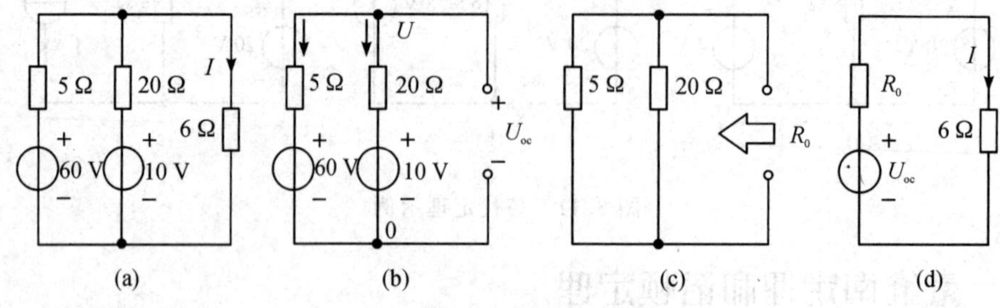

图 3.13　例 3.5 电路图

解　将图 3.13(a)中右侧 6 Ω 电阻断开，剩余部分为一个二端网络，如图 3.13(b)所示。取下方节点为参考节点，上方节点电压为U，标注出各支路的参考电流，根据节点电压法，有

$$\frac{U-60\ \text{V}}{5\ \Omega}+\frac{U-10\ \text{V}}{20\ \Omega}=0\ \text{A}$$

戴维南定理的应用

解得

$$U=50\ \text{V}$$

因此，可得二端网络开路电压为

$$U_{oc}=U=50\ \text{V}$$

将图 3.13(b)中全部独立电源置零(电压源短路，电流源开路)，如图 3.13(c)所示，有

$$R_0=\frac{5\ \Omega\times 20\ \Omega}{5\ \Omega+20\ \Omega}=4\ \Omega$$

根据戴维南定理，图 3.13(a)可以等效为图 3.11(d)。因此可得

$$I=\frac{50\ \text{V}}{4\ \Omega+6\ \Omega}=5\ \text{A}$$

2. 诺顿定理

诺顿定理可以表述为：对外电路而言，任何一个线性有源二端网络可以等效为一个理想电流源与一个电导并联的电路形式，其中理想电流源的电流等于原二端网络的短路电流，而电导等于原二端网络中所有独立电源置零时从端口看进去的等效电导。

应用诺顿定理分析电路时，短路电流和等效电导的求法与戴维南定理类似。下面再次以例 3.5 的电路为例，说明利用诺顿定理分析电路的具体步骤，如图 3.14 所示。

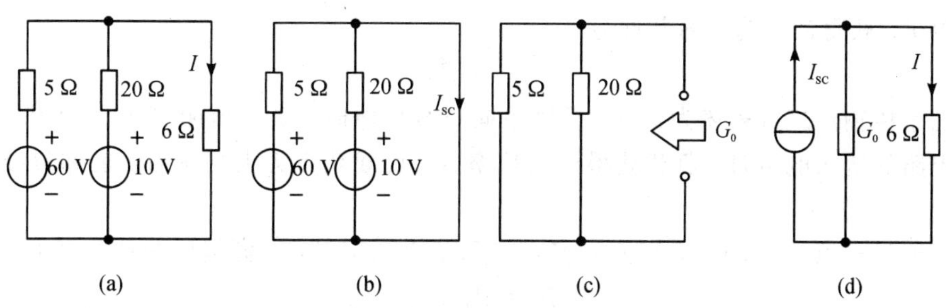

图 3.14　利用诺顿定理分析电路示意图

将图 3.14(a)中右侧 6 Ω 电阻移除，并将端口处短路，如图 3.14(b)所示，可得短路电流为

$$I_{sc}=\frac{60\ \text{V}}{5\ \Omega}+\frac{10\ \text{V}}{20\ \Omega}=12.5\ \text{A}$$

诺顿定理的应用

将二端网络的全部独立电源置零，如图 3.14(c)所示，有

$$G_0=\frac{1}{5\ \Omega}+\frac{1}{20\ \Omega}=0.25\ \text{s}$$

根据诺顿定理，图 3.14(a)可以等效为图 3.14(d)，可得

$$I=I_{sc}\times\frac{G}{G_0+G}=I_{sc}\times\frac{\dfrac{1}{6\ \Omega}}{\dfrac{1}{4\ \Omega}+\dfrac{1}{6\ \Omega}}=5\ \text{A}$$

3.2.5 最大功率传输定理

在电子电路中，接在给定有源二端网络两端的负载，往往要求能够从这个二端网络中获得最大的功率。当负载发生变化时，二端网络向负载提供的功率也会发生变化。下面讨论负载获得最大功率的条件。对于负载而言，有源二端网络可以用其戴维南等效电路来替代，如图 3.15 所示。

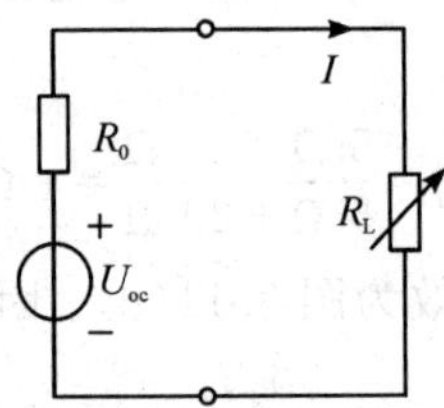

图 3.15 最大功率传输定理示意图

设负载电阻为 R_L，其获得的功率为

$$P_L = R_L I_L^2 = R_L\left(\frac{U_{oc}}{R_0 + R_L}\right)^2$$

该功率取得最大值的条件是上式一阶导数为零的时候，即

$$\frac{dP_L}{dR_L} = U_{oc}^2\left[\frac{(R_0 + R_L)^2 - 2(R_0 + R_L)R_L}{(R_0 + R_L)^4}\right] = \frac{U_{oc}^2(R_0 - R_L)}{(R_0 + R_L)^3} = 0$$

由此可得 P_L 获得最大功率的条件为

$$R_L = R_0 \tag{3-8}$$

即最大功率传输定理可表述为：当二端网络向负载供电时，负载电阻等于二端网络的戴维南等效电路的输入电阻时，负载获得最大功率。当负载获得最大功率时，也称负载获得功率匹配。

根据能量守恒定律，图 3.15 中的负载获得最大功率时，电源提供的总功率 P_S 为

$$P_S = P_L + P_0$$

此时功率传输效率为

$$\eta = \frac{P_L}{P_S} = 50\% \tag{3-9}$$

由此可见，负载获得最大功率时，电路的功率传输效率是非常低的。

对于传输功率较小的线路(如电子系统)，其主要功能是处理和传输信号，电路的信号一般很小，传输的能量并不大，人们总是希望负载上能够获得较强的信号，而把效率问题放在次要位置。例如，扩音机的负载是扬声器，应选择扬声器的电阻等于扩音机的内阻，使扬声器获得最大的功率。对于传输功率较大的线路(如电力系统)，不允许其工作在功率匹配状态，因为当电路传输的功率很大时，效率问题就非常重要，应使电源内阻(包括输电线路的电阻)远小于负载电阻。

例 3.6 图 3.16(a)所示电路中的负载 R_L 为何值时获得最大功率，其最大功率是多少?

解 先求图 3.16(a)电路中除负载 R_L 之外部分的戴维南等效电路，如图 3.16(b)所

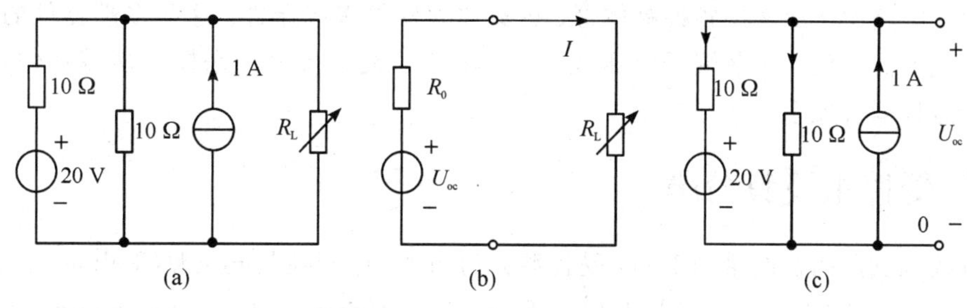

图 3.16　例 3.6 电路图

示。其中，有

$$R_0=\frac{10\ \Omega\times 10\ \Omega}{10\ \Omega+10\ \Omega}=5\ \Omega$$

最大功率
传输定理的应用

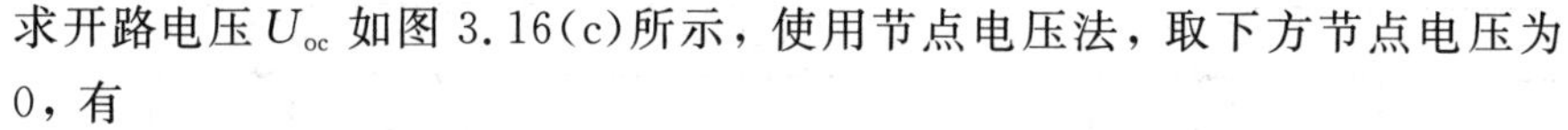

求开路电压 U_{oc} 如图 3.16(c)所示，使用节点电压法，取下方节点电压为 0，有

$$1\ \text{A}-\frac{U_{oc}}{10\ \Omega}-\frac{U_{oc}-20\ \text{V}}{10\ \Omega}=0$$

解得

$$U_{oc}=15\ \text{V}$$

根据最大功率传输定理，负载 R_L 获得最大功率的条件为

$$R_L=R_0=5\ \Omega$$

其最大功率为

$$P_{L\max}=\frac{U_L^2}{R_L}=\frac{\left(\frac{U_{oc}}{2}\right)^2}{5\ \Omega}=11.25\ \text{W}$$

【思考与练习】

1. 电路的叠加定理是什么？运用叠加定理时有什么注意事项？
2. 求戴维南等效电路的等效输入电阻有哪些方法？
3. 诺顿定理和戴维南定理有什么联系与区别？
4. 运用最大功率传输定理求负载最大功率的步骤是什么？
5. 为何最大功率传输一般适用于电子电路而不适用于电力电路？

3.3　含受控源的电路分析

受控源又称为非独立源。一般来说，一条支路的电压或电流受本支路以外的其他因素控制时统称为受控源。受控源由两条支路组成，第一条支路是控制支路，呈开路或短路状态；第二条支路是受控支路，它是一个电压源或电流源，其电压或电流的量值受第一条支路电压或电流的控制。

在电子电路中广泛使用各种晶体管、运算放大器等多端器件。这些多端器件的某些端子的电压或电流受到另一些端子电压或电流的控制。受控源可用来模拟多端器件各电压、电流间的这种耦合关系。

3.3.1 受控源及其分类

根据控制支路的控制量的不同,受控源分为四种:电压控制电压源(Voltage Controlled Voltage Source, VCVS)、电流控制电压源(Current Controlled Voltage Source, CCVS)、电压控制电流源(Voltage Controlled Current Source, VCCS)和电流控制电流源(Current Controlled Current Source, CCCS)。它们在电路中的符号如图 3.17 所示。为了与独立源相区别,受控源采用菱形符号表示。

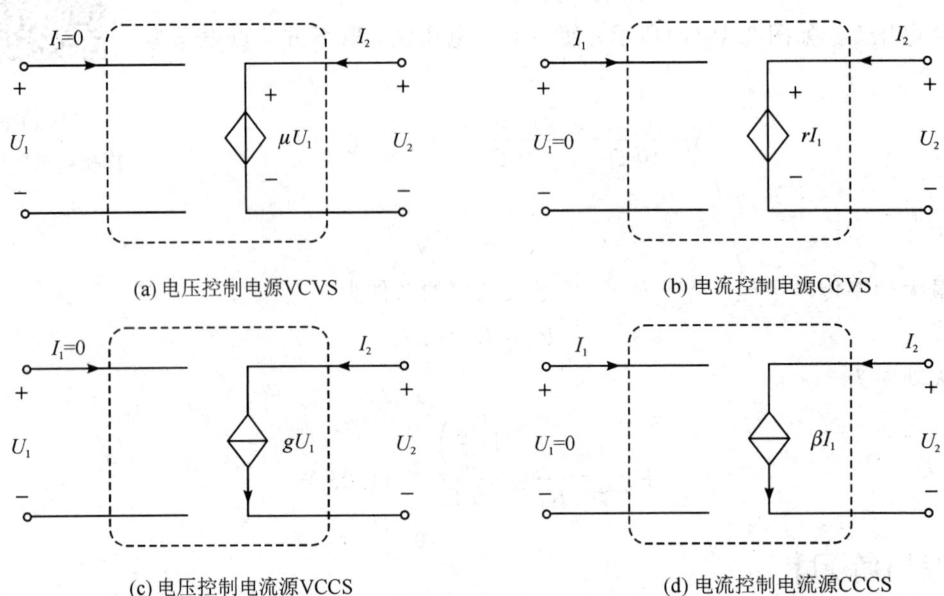

图 3.17 受控源

1. 电压控制电压源(VCVS)

VCVS 的输入端口和输出端口的特性为

$$\begin{cases} I_1 = 0 \\ U_2 = \mu U_1 \end{cases} \tag{3-10}$$

式中,μ 是输出电压与输入电压之比,无量纲,称为转移电压比或电压放大系数(电压增益)。电压控制电压源常用来构成三极管或运算放大器的电路模型。

2. 电流控制电压源(CCVS)

CCVS 的输入端口和输出端口的特性为

$$\begin{cases} U_1 = 0 \\ U_2 = rI_1 \end{cases} \tag{3-11}$$

式中,r 是输出电压与输入电流之比,具有电阻的量纲(即欧姆),称为转移电阻。电流控制电压源常用来构成晶体管的电路模型。

3. 电压控制电流源(VCCS)

VCCS 的输入端口和输出端口的特性为

$$\begin{cases} I_1 = 0 \\ I_2 = gU_1 \end{cases} \tag{3-12}$$

式中，g 是输出电流与输入电压之比，具有电导的量纲(即西门子)，称为转移电导。电流控制电压源常用来构成场效应管的电路模型。

4. 电流控制电流源(CCCS)

CCCS 的输入端口和输出端口的特性为

$$\begin{cases} U_1 = 0 \\ I_2 = \beta I_1 \end{cases} \tag{3-13}$$

式中，β 是输出电流与输入电流之比，无量纲，称为转移电流比或电流放大系数(电流增益)。电流控制电流源常用来构成晶体管的电路模型。

由以上受控源的特性表征可见，它们都是以电压、电流为变量的代数方程，所以受控源也可看作二端口电阻元件。电阻电路也包括这种受控源在内。

独立电源是电路中的输入，它表示外界对电路的作用，电路中各处的电流、电压是在独立电源的作用下产生的，独立电源能够独立地向电路提供能量和功率。受控源则不同，它们是用来反映电路中某一支路的电压或电流能控制另一支路的电压或电流这一现象的，或表示控制支路电路变量与受控支路电路变量之间的一种耦合关系。受控源不产生电能，其输出的能量和功率是由独立电源提供的。当电路中不存在独立电源时，受控源不能独立工作。

3.3.2　含受控源的电路分析

在分析计算含受控源的电路时，受控源可按独立电源处理，基尔霍夫定律和欧姆定律仍然是列方程的依据。电路等效变换、支路电流法、网孔电流法、节点电压法以及线性电路的定理对于含受控源的电路的分析计算仍然适用。下面通过实例具体说明含受控源的电路的分析计算方法。

例 3.7　求图 3.18(a)所示电路中端口处的等效电路。

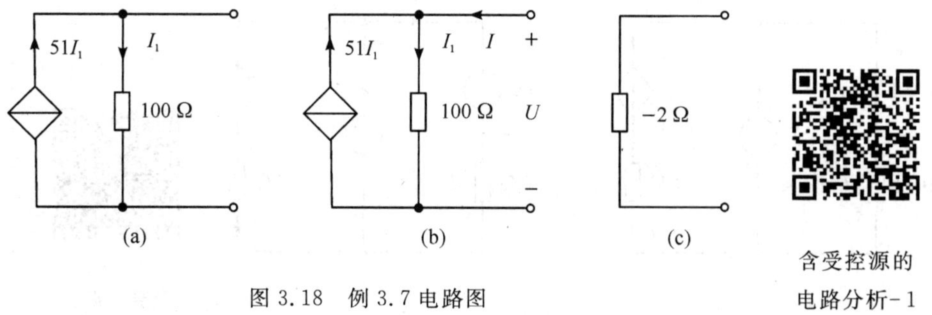

图 3.18　例 3.7 电路图

含受控源的电路分析-1

解　在图 3.18(a)的端口处施加电压 U，则流入端口的电流为 I，如图 3.18(b)所示。

根据基尔霍夫定律和欧姆定律，有

$$\begin{cases} I+51I_1=I_1 \\ I_1=\dfrac{U}{100\ \Omega} \end{cases}$$

整理上述二式，可得端口处的等效电阻 R_{eq} 为

$$R_{eq}=\frac{U}{I}=-2\ \Omega$$

即图 3.18(a)所示的受控源电路可等效为一个负电阻，如图 3.18(c)所示。

例 3.8 求图 3.19(a)所示电路中端口处的等效电路。

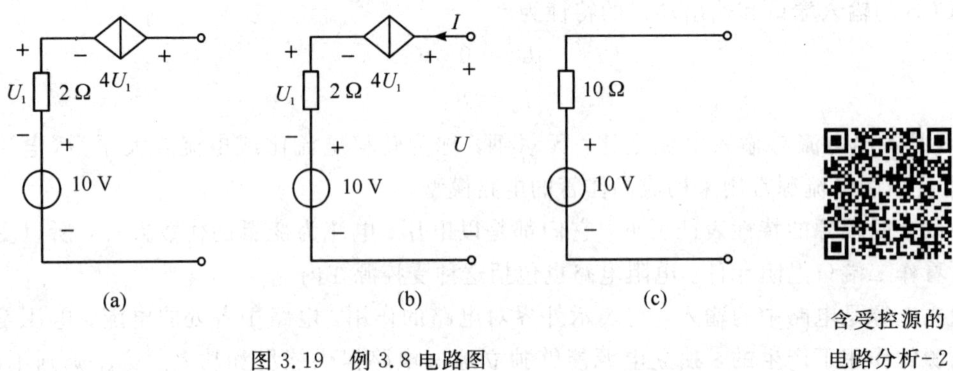

图 3.19 例 3.8 电路图

含受控源的电路分析-2

解 在图 3.19(a)所示的端口处施加电压 U，则流入端口的电流为 I，如图 3.19(b)所示。根据基尔霍夫定律，有

$$U=4U_1+U_1+10\ \text{V}=5U_1+10\ \text{V} \tag{3-14}$$

以及根据欧姆定律，有

$$I=\frac{U_1}{2\ \Omega} \tag{3-15}$$

将式(3-15)代入式(3-14)中，可得

$$U=10\ \text{V}+10\ \Omega\times I \tag{3-16}$$

对应式(3-16)的等效电路为一个 10 V 的电压源与一个 10 Ω 的电阻串联的结构，如图 3.19(c)所示。

例 3.9 求图 3.20(a)所示电路中的电流 I。

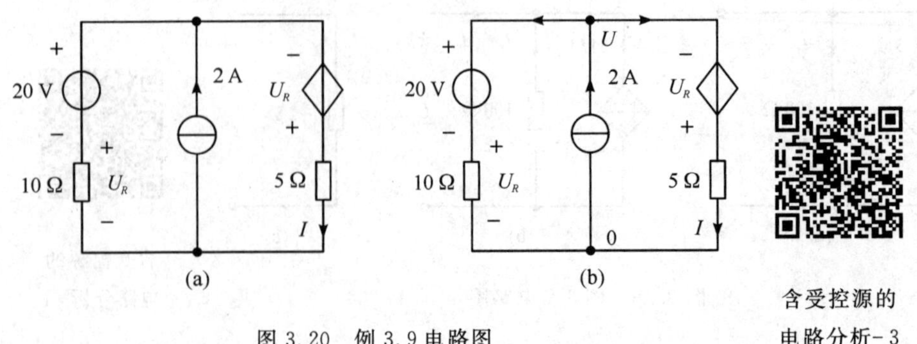

图 3.20 例 3.9 电路图

含受控源的电路分析-3

解　采用节点电压法解本例题。取图 3.20(a)下方节点为参考节点，设上方节点电压为 U，标注出各支路电流的参考方向，如图 3.20(b)所示。根据基尔霍夫定律有

$$2\ \text{A}-\frac{U-20\ \text{V}}{10\ \Omega}-\frac{U+U_R}{5\ \Omega}=0\ \text{A}$$

以及

$$U_R=U-20\ \text{V}$$

因此，有

$$2\ \text{A}-\frac{U-20\ \text{V}}{10\ \Omega}-\frac{U+U-20\ \text{V}}{5\ \Omega}=0\ \text{A}$$

解得

$$U=16\ \text{V}$$

所以，可得

$$I=\frac{U+U_R}{5\ \Omega}=\frac{16\ \text{V}+16\ \text{V}-20\ \text{V}}{5\ \Omega}=2.4\ \text{A}$$

【思考与练习】

1. 什么是受控源？受控源分为哪几种？
2. 受控源与独立源有何区别？
3. 求图 3.21 所示各个电路端口处的等效电路。

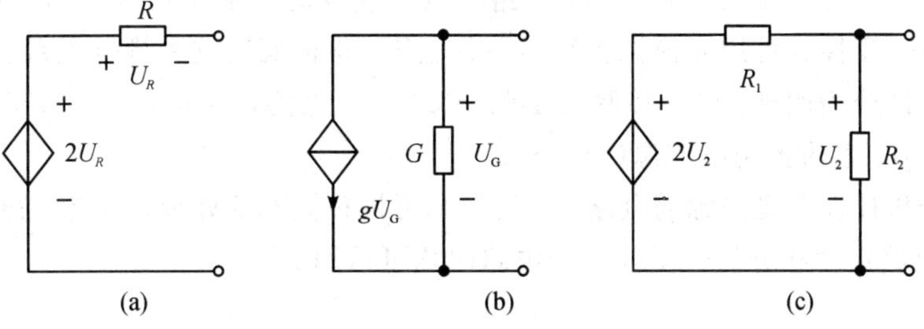

图 3.21　思考与练习题 3 电路图

本 章 小 结

1. 支路电流法是以电路中的各个支路电流为未知量，利用欧姆定律和基尔霍夫定律列出支路电流的方程，然后从所列方程中解出各支路电流。

2. 网孔电流法是以电路中的各个网孔电流作为未知量来列方程。相对于支路电流法，使用网孔电流法所列方程数量一般较少。

3. 使用网孔电流法时，如果遇到含有理想电流源的网孔，必须把理想电流源两端的电压增设为未知量列入网孔方程，并将电流源的电流与网孔电流的关系作为补充方程一并求解。

4. 节点电压法采用节点电压为未知量来列方程，它不仅适用于平面电路，还适用于非平面电路，对节点较少的电路尤其适用。

5. 叠加定理可表述为：线性电路中，任一支路的电流或电压都是各个独立电源单独作用时在该支路中产生的电流或电压的线性叠加(代数和)。

6. 齐次定理可表述为：线性电路中，当所有的电源都增大 N 倍或缩小为原来的 $1/N$ 时，各支路的电流或电压也同时增大 N 倍或缩小为原来的 $1/N$。当电路中仅有一个电源时，电路中各处的电流、电压都与电源成正比。

7. 替代定理可以表述为：在电路中如已求得两个二端网络 N_A 和 N_B 连接端口的电压 U_p 和电流 I_p，那么就可用一个 $U_S=U_p$ 的电压源或一个 $I_S=I_p$ 的电流源来替代其中的一个二端网络，而使另一个二端网络的内部电压、电流均维持不变。

8. 戴维南定理可以表述为任何一个线性有源二端网络，对外电路而言，可以等效为一个理想电压源与一个电阻串联的电路形式，其中理想电压源的电压等于原二端网络的开路电压，而电阻等于原二端网络中所有独立电源置零时从端口看进去的等效电阻。

9. 诺顿定理可以表述为：任何一个线性有源二端网络，对外电路而言，可以等效为一个理想电流源和一个电导并联的电路形式，其中理想电流源的电流等于原二端网络的短路电流，而电导等于原二端网络中所有独立电源置零时从端口看进去的等效电导。

10. 最大功率传输定理可表述为：当二端网络向负载供电时，负载电阻等于二端网络的戴维南等效电路的输入电阻时，负载获得最大功率。当负载获得最大功率时，也称负载获得功率匹配。

11. 受控源又称为非独立源。一条支路的电压或电流受本支路以外的其他因素控制时统称为受控源。受控源可用来模拟多端器件各电压、电流间的这种耦合关系。

12. 受控源分为四种：电压控制电压源(VCVS)、电流控制电压源(CCVS)、电压控制电流源(VCCS)、电流控制电流源(CCCS)。

13. 在分析计算含受控源的电路时，受控源可按独立电源处理。电路定律、电路分析的方法和线性电路定理在分析含受控源的电路时均可适用。

习 题

1. 求图 3.22 所示电路中电流源两端电压 U。

2. 求图 3.23 所示电路中流经电压源的电流 I。

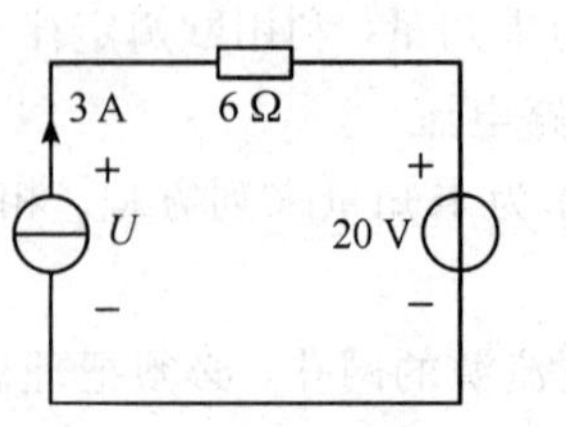

图 3.22 习题 1 电路图

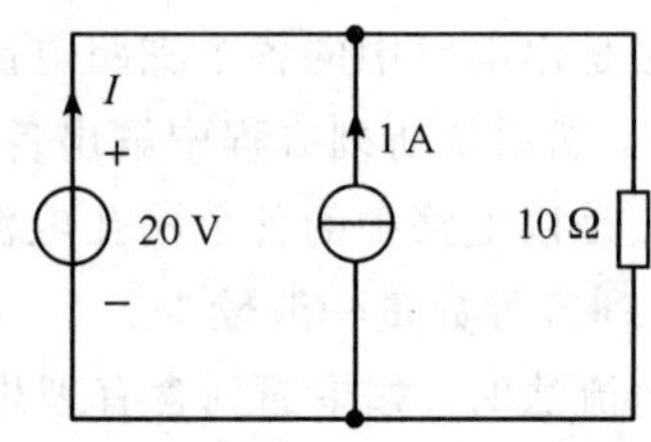

图 3.23 习题 2 电路图

3. 求图 3.24 所示电路中的各支路电流 I_1、I_2 和 I_3。

4. 计算图 3.22～图 3.24 中各个电源的功率并指出哪些电源是输出电能的，哪些电源是消耗电能的。

5. 分别使用电源等效变换法和支路电流法求图 3.25 所示电路中的电流 I_1、I_2 和 I_3。

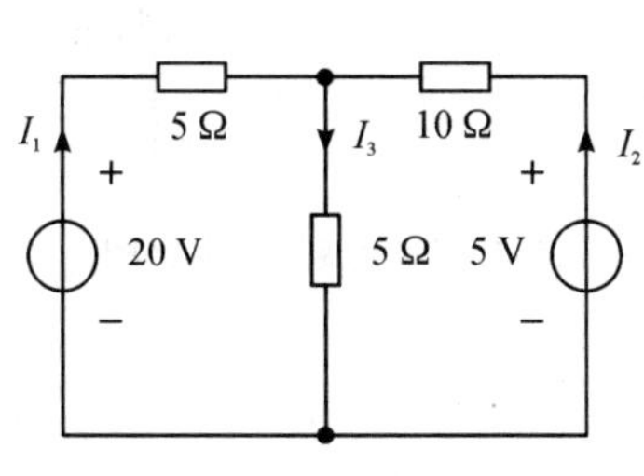

图 3.24　习题 3 电路图

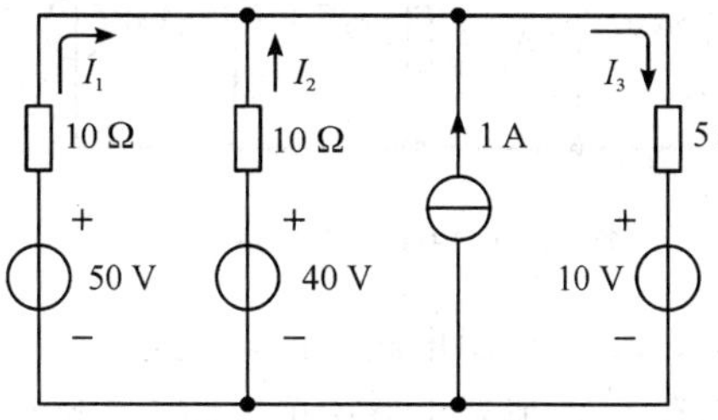

图 3.25　习题 5 电路图

6. 分别使用支路电流法和网孔电流法求图 3.26 所示电路中的电压 U_1、U_2 和 U_3。

7. 使用节点电压法重新求解习题 5 和习题 6。

8. 使用节点电压法求图 3.27 所示电路中各个电阻上的电流。

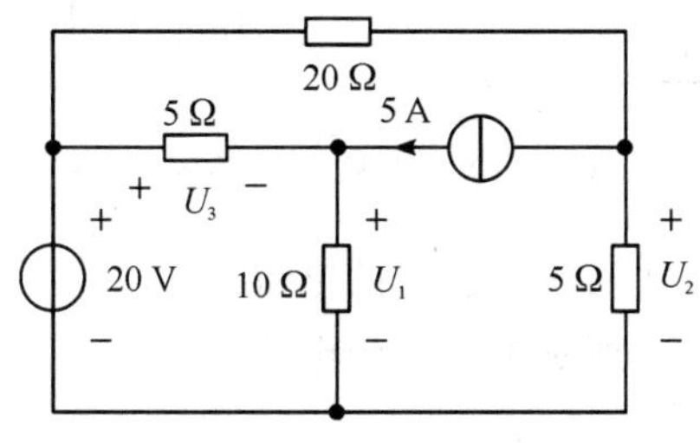

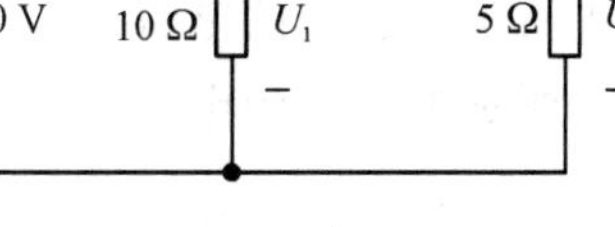

图 3.26　习题 6 电路图

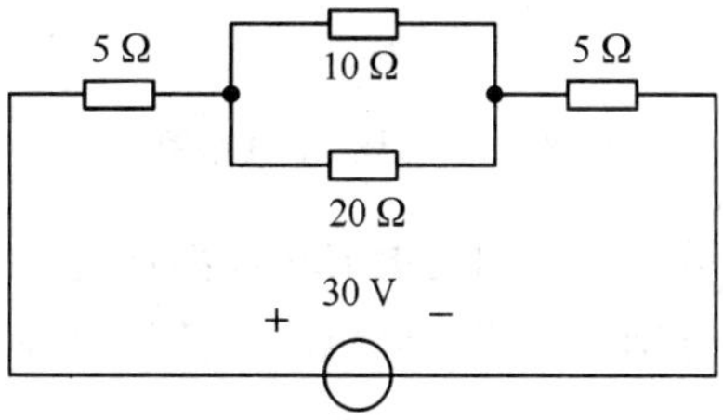

图 3.27　习题 8 电路图

9. 使用节点电压法求图 3.28 所示电路中各个电阻上的电流。

10. 使用电阻的等效变换法重新求解习题 8 和习题 9。对比两种方法在求解此类问题时的差异。

11. 求图 3.29 所示电路中的电流 I。

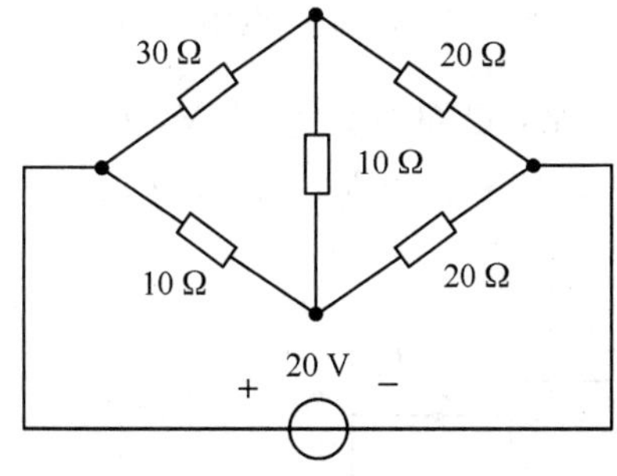

图 3.28　习题 9 电路图

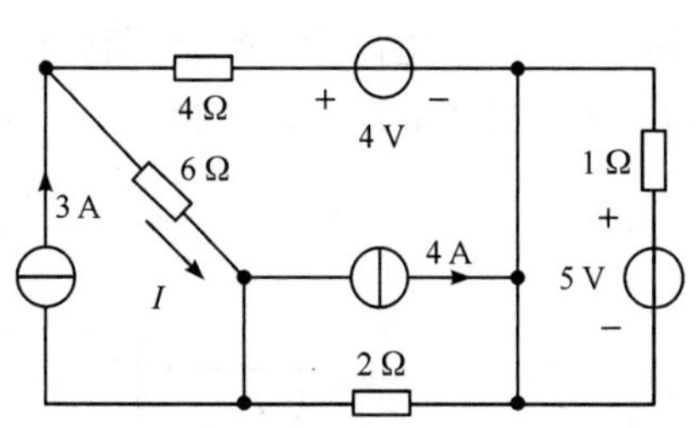

图 3.29　习题 11 电路图

12. 求图 3.30 所示电路中的电压 U。

13. 求图 3.31 所示电路中的电位 U。

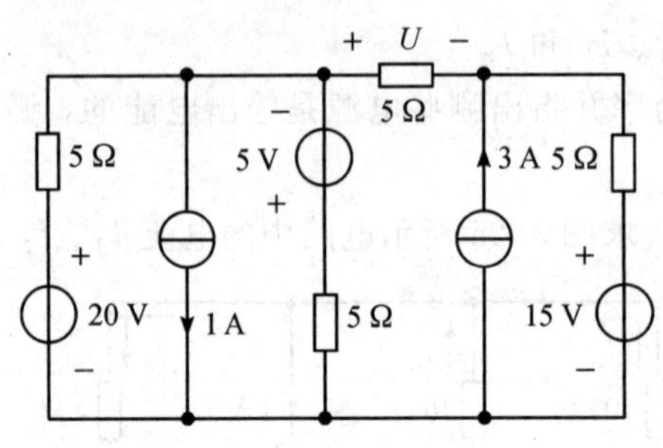

图 3.30 习题 12 电路图

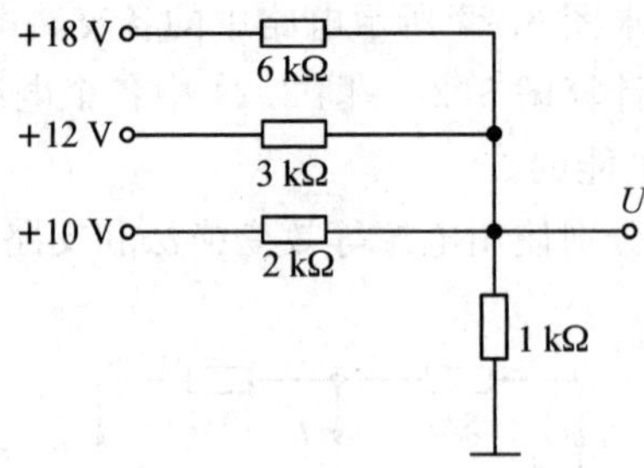

图 3.31 习题 13 电路图

14. 求图 3.32 所示电路中的电位 U。

15. 求图 3.33 所示电路中的电位 U_1 和 U_2。

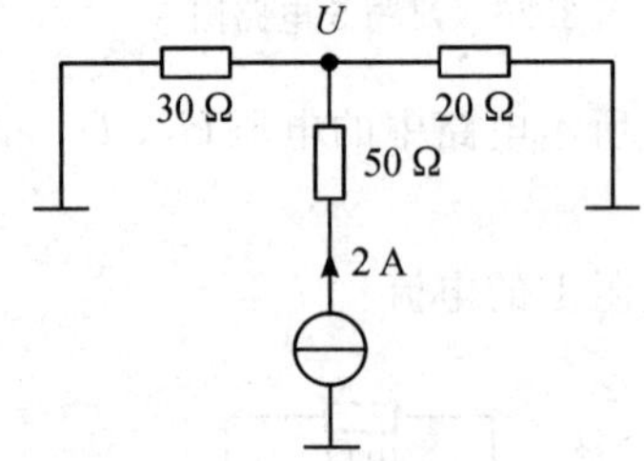

图 3.32 习题 14 电路图

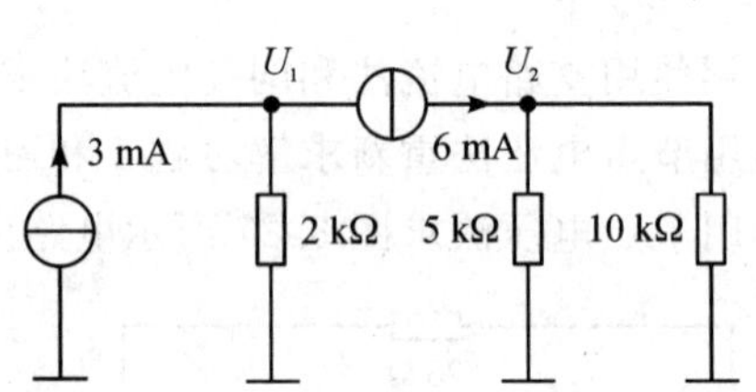

图 3.33 习题 15 电路图

16. 分别使用网孔电流法和叠加定理求图 3.34 所示电路中的电流 I。

17. 分别使用节点电压法和叠加定理求图 3.35 所示电路中的电压 U。

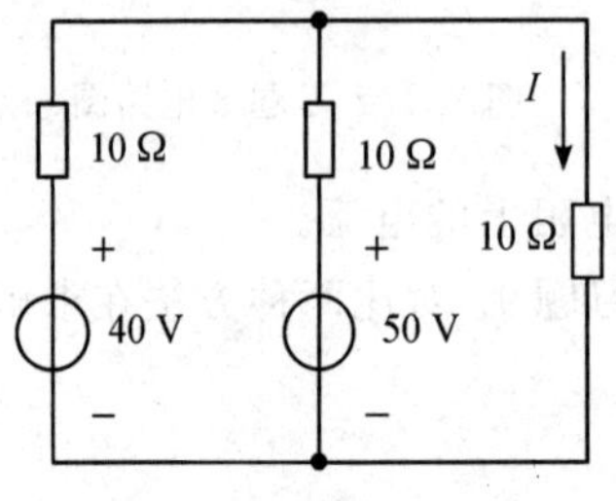

图 3.34 习题 16 电路图

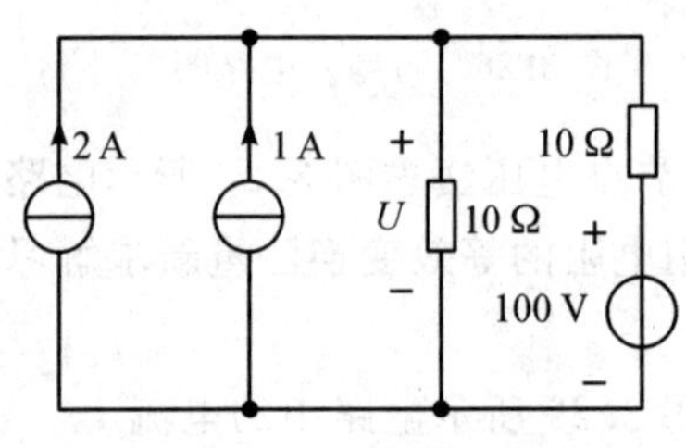

图 3.35 习题 17 电路图

18. 图 3.36 所示电路中，N 是无源线性电阻网络，已知当 $U_S=12$ V，$I_S=-4$ A 时，$I=0$，当 $U_S=-12$ V，$I_S=2$ A 时，$I=-0.1$ A。求当 $U_S=9$ V，$I_S=1$ A 时电流 I 的值。

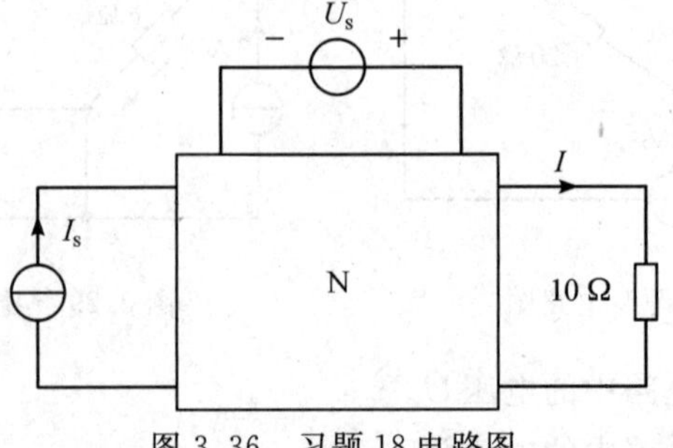

图 3.36 习题 18 电路图

19. 求图 3.37 所示各个电路中 a、b 间的戴维南等效电路和诺顿等效电路。

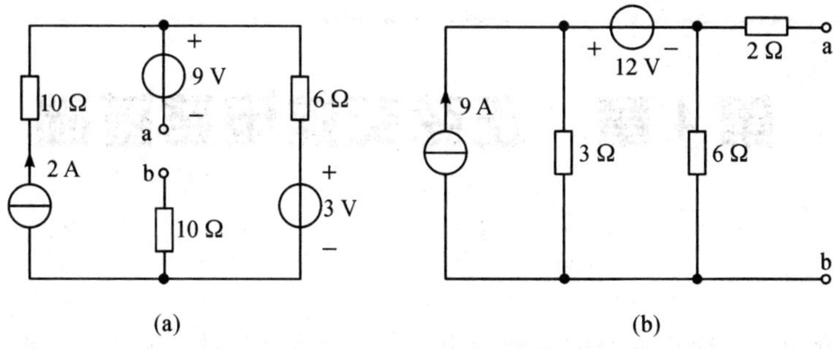

图 3.37　习题 19 电路图

20. 分别用戴维南定理和诺顿定理求图 3.38 所示电路中的电流 I。

21. 图 3.39 所示电路中，负载 R 为何值时，它可获得最大功率，并求其最大功率。

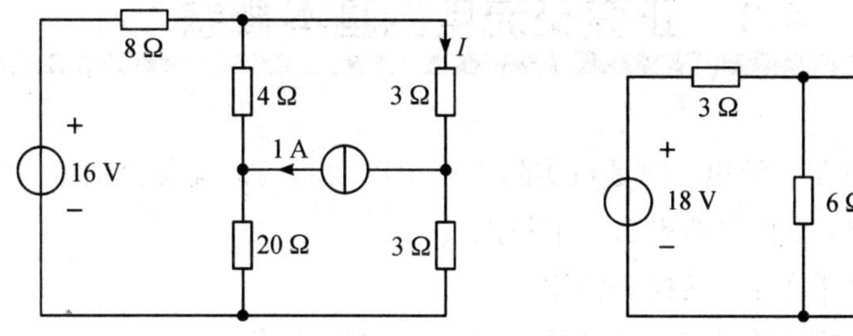

图 3.38　习题 20 电路图　　　图 3.39　习题 21 电路图

22. 求图 3.40 所示各个电路端口处的等效电阻。

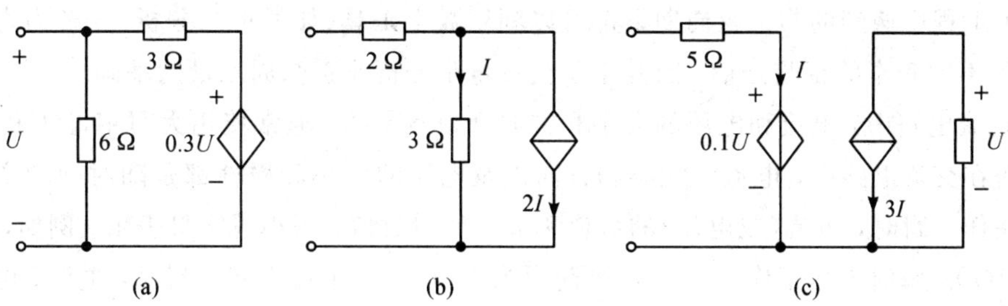

图 3.40　习题 22 电路图

第4章 正弦交流电路基础

本章主要介绍正弦交流电路的基础知识。首先介绍正弦量的振幅、角频率、初相位、相位差以及有效值等基本概念；然后介绍电感和电容这两种基本的交流电路元件；最后介绍复数和相量以及相量形式下的电路定律。

4.1 正弦交流电的基本概念

前面几章介绍的都是直流电，但是在实际工程中应用较多的却是交流电，特别是正弦交流电。与直流电相比，正弦交流电有以下优点：

(1) 正弦交流电易于产生、转换和传输。

(2) 正弦交流发电机结构简单，造价便宜，运行可靠。

(3) 交流电可利用变压器改变电压，采用高压输电可以大大减少输电损耗。

(4) 利用电子整流设备可以方便地将交流电转换为直流电。

(5) 工程中遇到的非正弦周期量都可以利用数学工具(如傅里叶分析)分解为直流分量和一系列不同频率的正弦分量，因此正弦交流量是分析非正弦周期量的基础。

在直流电路中，电流和电压的大小和方向都是不变的，通常使用大写字母 I 和 U 分别表示。而在交流电路中，电流的大小和方向以及电压的大小和极性都是随时间的变化而变动的，在任一瞬时，电流(或电压)的数值称为它的瞬时值，用小写字母表示。例如，瞬时电流记作 $i(t)$，瞬时电压记作 $u(t)$，也可简写为 i 和 u。由于在不同的瞬时，电流、电压的瞬时值不仅大小不同，正负也不同，因此规定电流的实际方向与参考方向或者电压的实际极性与参考极性一致时取正，否则取负。

4.1.1 正弦量的三要素

如图 4.1 所示的正弦电流的数学解析式为

$$i(t)=I_{\mathrm{m}}\sin(\omega t+\varphi_{\mathrm{i}}) \tag{4-1}$$

式(4-1)表示正弦电流的瞬时值。式中三个量 I_{m}、ω 和 φ_{i} 称为正弦量的三要素。

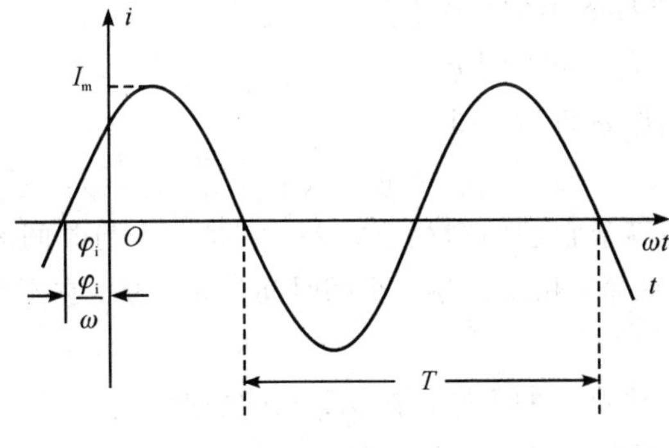

图 4.1　正弦量的波形示意图

正弦量的三要素

I_m 是正弦量的振幅。它表示正弦量在变化过程中所能达到的最大值。

ω 是正弦量的角频率。它表示正弦量对应的角度随时间变化的速度，它反映了正弦量变化的快慢。角频率的单位是弧度每秒(rad/s)。正弦量变化的快慢还可以用周期(T)和频率(f)表示。周期的单位是秒(s)，而频率的单位是赫兹(Hz)。角频率、周期和频率之间有如下转换关系：

$$T=\frac{2\pi}{\omega} \tag{4-2}$$

和

$$f=\frac{1}{T}=\frac{\omega}{2\pi} \tag{4-3}$$

我国电力系统采用的是工频为 50 Hz 的交流电，它的周期是 0.02 s，角频率为 314 rad/s。

φ_i 是正弦量的初相位，它是正弦量在计时起点($t=0$)时刻的相位，它反映了正弦量的初始值。而 $\omega t+\varphi_i$ 称为相位角，简称相位，它确定了正弦量变化的进程。画正弦量波形时，可以用时间 t 作为横轴，也可以用角度 ωt 作为横轴。

例 4.1　已知有一个正弦量 $i=5\sin(314t+30°)$A，求它的振幅、角频率、周期和频率。

解　根据正弦量的数学表达式可得振幅为

$$I_m=5\ \text{A}$$

角频率为

$$\omega=314\ \text{rad/s}$$

根据式(4-2)可得周期：

$$T=\frac{2\pi}{\omega}=\frac{2\pi}{314\ \text{rad/s}}=0.02\ \text{s}$$

根据式(4-3)可得频率为

$$f=\frac{1}{T}=50\ \text{Hz}$$

4.1.2　正弦量的相位差

正弦交流电路中，电流和电压都是同频率的正弦量，但是它们的相位并不一定都相同。设两个同频率正弦量分别为

$$i_1 = I_{m1}\sin(\omega t + \varphi_1)$$

$$i_2 = I_{m2}\sin(\omega t + \varphi_2)$$

它们之间的相位之差称为相位差，用字母 φ 表示，即

$$\varphi = (\omega t + \varphi_1) - (\omega t + \varphi_2) = \varphi_1 - \varphi_2 \tag{4-4}$$

可见，两个同频率正弦量的相位差等于它们的初相位之差，它是一个与时间无关的常量。应当注意，对于两个不同频率的正弦量，相位差是一个随时间变化的量，它不在本书的讨论范围。

相位差反映了两个同频正弦量的变化进程的不同，有以下几种情形：

(1) 当 $\varphi > 0$，称 i_1 在相位上比 i_2 超前 φ 角，如图 4.2(a)所示。

(2) 当 $\varphi = 0$，称 i_1 和 i_2 同相，这时 i_1 和 i_2 的变化进程同步，即同时达到最大值，或同时通过零点，如图 4.2(b)所示。

(3) 当 $\varphi = \pm\pi$，称 i_1 和 i_2 反相，如图 4.2(c)所示。

(4) 当 $\varphi = \pm\dfrac{\pi}{2}$，称 i_1 和 i_2 正交，如图 4.2(d)所示。

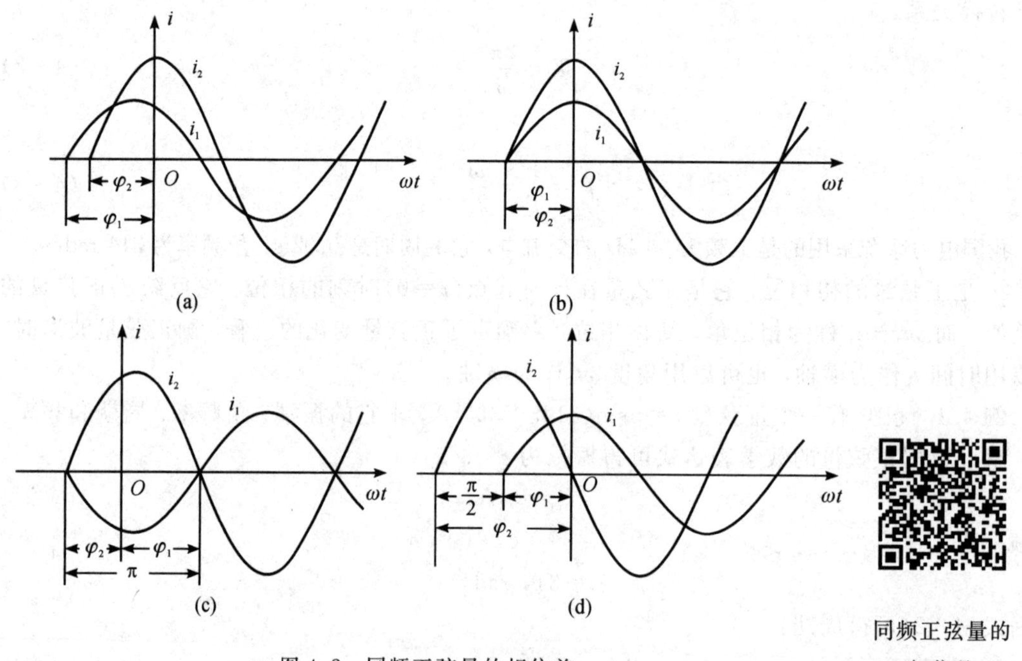

图 4.2 同频正弦量的相位差

同频正弦量的相位差

相位差的单位也是弧度(rad)，习惯上也用角度表示，其取值范围规定为

$$|\varphi| \leqslant \pi \tag{4-5}$$

例 4.2 两个同频的正弦量分别为

$$i = 10\sqrt{2}\sin(\omega t + 100^\circ)\ \text{A}$$

$$u = 220\sqrt{2}\cos(\omega t + 150^\circ)\ \text{V}$$

求它们之间的相位差。

解 要求相位差，应使两个正弦量的函数形式一致，故应先将 u 改写成正弦函数的形

式，即

$$\begin{aligned} u &= 220\sqrt{2}\cos(\omega t + 150°)\ \text{V} \\ &= 220\sqrt{2}\sin(\omega t + 150° + 90°)\ \text{V} \\ &= 220\sqrt{2}\sin(\omega t + 240°)\ \text{V} \\ &= 220\sqrt{2}\sin(\omega t + 240° - 360°)\ \text{V} \\ &= 220\sqrt{2}\sin(\omega t - 120°)\ \text{V} \end{aligned}$$

因此，根据式(4-4)得相位差为

$$\varphi=\varphi_i-\varphi_u=110°-(-120°)=230°$$

根据式(4-5)，相位差不得大于 π，因此

$$\varphi=230°-360°=-130°$$

即电流滞后于电压 130°。

4.1.3 正弦量的有效值

交流电的大小是随着时间变化而变化的，瞬时值的大小在零和正负峰值之间变化，最大值也仅是一瞬间的数值，不能反映交流电的做功能力。为此，工程上引入一个新的概念，就是有效值。

在一个线性电阻 R 上，分别加上周期电流 i 和直流电流 I，若在一个周期 T 的时间段内，它们在电阻 R 上产生的热效应相同(即电流做功的数值相同)，则该直流电 I 的大小就定义为周期交流电 i 的有效值，并规定使用大写字母 I 表示交流电 i 的有效值。

直流电 I 通过电阻 R 时在一个时间周期 T 内，电流 I 所做的功为

$$W_1=I^2RT$$

交流电 i 通过电阻 R 时在一个时间周期 T 内，交流电 i 所做的功为

$$W_2=\int_0^T i^2R\,\mathrm{d}t$$

根据定义 $W_1=W_2$，有

$$I^2RT=\int_0^T i^2R\,\mathrm{d}t$$

因此，有

$$I=\sqrt{\frac{1}{T}\int_0^T i^2\,\mathrm{d}t} \tag{4-6}$$

同理可得，周期性交流电压的有效值为

$$U=\sqrt{\frac{1}{T}\int_0^T u^2\,\mathrm{d}t} \tag{4-7}$$

对于正弦交流电，设 $i(t)=I_m\sin(\omega t+\varphi_i)$，将其代入式(4-6)可得

$$I=\frac{1}{\sqrt{2}}I_m\approx 0.707I_m \tag{4-8}$$

类似地，可得

$$U=\frac{1}{\sqrt{2}}U_{\mathrm{m}}\approx 0.707U_{\mathrm{m}} \tag{4-9}$$

可见，正弦交流电的有效值是振幅的$\frac{1}{\sqrt{2}}$。当采用有效值时，正弦电流、电压的瞬时值表达式可以表示为

$$i=\sqrt{2}I\sin(\omega t+\varphi_{\mathrm{i}})$$

$$u=\sqrt{2}U\sin(\omega t+\varphi_{\mathrm{u}})$$

实际工程中，凡是谈到周期电流、电压的量值时，若无特殊说明，都是指有效值。在交流设备的铭牌上标注的电流或电压以及测量仪表上指示的电流或电压也都是有效值。但是在分析各种电子器件的击穿电压或电气设备的绝缘耐压时，必须按最大值考虑。

例 4.3　已知某正弦电流的振幅为 10 A，求该电流流经 10 Ω 电阻时产生的功率大小。

解　根据式(4-8)可得该电流的有效值为

$$I=\frac{1}{\sqrt{2}}I_{\mathrm{m}}=\frac{1}{\sqrt{2}}\times 10\ \mathrm{A}=5\sqrt{2}\ \mathrm{A}$$

因此可得功率：

$$P=I^2R=500\ \mathrm{W}$$

【思考与练习】

1. 什么是正弦交流电？它相对于直流电有什么优点？
2. 正弦量的三要素分别是什么？它们各有什么意义？
3. 正弦量的有效值是如何确定的？它的物理意义是什么？
4. 已知两个正弦量 $u_1=220\sqrt{2}\sin(314t+70°)$ V，$u_2=220\sqrt{2}\cos(314t+120°)$ V，求 u_1 和 u_2 的相位差，并画出它们的波形示意图。
5. 已知某电阻允许的最大电压是 250 V，它能否接入市电工作？为什么？

4.2　电感元件和电容元件

在交流电路中，常用的元器件除了电阻外，还有电感和电容。电路中的电压和电流随时间变动，使得电路周围的磁场和电场也随时间变动。变动的磁场将在电感中产生感应电动势，变动的电场将在电容中产生位移电流，从而影响整个电路中的电压和电流的分布。本节介绍电感元件、电容元件以及它们在交流电路中的伏安特性。

4.2.1　电感元件

电感元件是实际线圈的理想化模型。图 4.3(a)所示是一只匝数为 N 的线圈，其电路模型如图 4.3(b)所示。常见的电感线圈有调频线圈、电磁铁或变压器等。

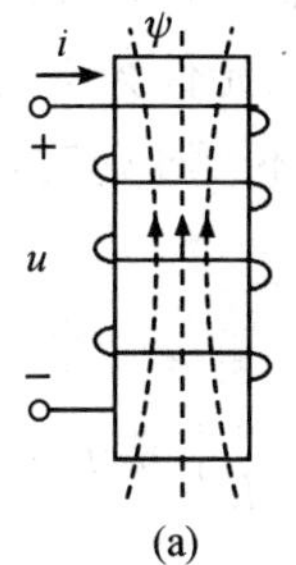

(a)

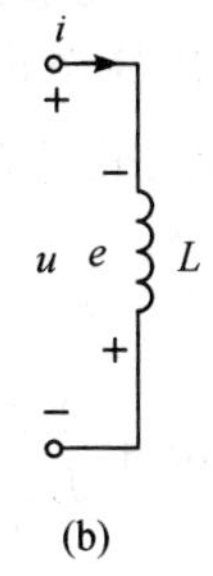

(b)

图 4.3　电感线圈及其电路模型

电感元件及其特性

1. 电感元件的伏安特性

当线圈中通过电流时，根据电的磁效应，在线圈中就会产生磁场。图 4.3 所示的线圈通过电流 i 时，在线圈中建立磁场，形成自感磁通 ϕ_i，与线圈中每一匝的磁通总和形成的自感磁链 ψ 为

$$\psi=\sum_{i=1}^{N}\phi_i$$

如果线圈绕制得很紧密，则穿过线圈每一匝的磁通近似相等，即有

$$\phi_1=\phi_2=\cdots=\phi_N=\phi$$

则磁链为

$$\psi=N\times\phi$$

如果规定电流 i 的参考方向和磁链 ψ 的参考方向之间符合右手螺旋定则，则电感线圈的磁链 ψ 和电流 i 有以下关系：

$$\psi=L\times i$$

式中，L 定义为电感元件的电感，亦称自感应系数。L 取决于线圈的几何形状、尺寸、匝数以及介质的导磁性能。在国际制单位中，电感 L 的主单位是亨利(H)。常用的单位还有毫亨(mH)和微亨(μH)，其换算关系为

$$1\ \text{H}=10^3\ \text{mH}=10^6\ \mu\text{H}$$

当电感元件中的电流 i 随时间变化时，磁通 ϕ 和磁链 ψ 也随之变化，从而在元件中产生感应电动势，这种现象称为电磁感应。感应电动势的大小与磁链的变化率成正比，感应电动势的方向由楞次定律判定(即感应电动势总是试图产生感应电流和磁通来阻碍原磁通的变化)。

如果选定感应电动势的参考方向与磁链 ψ 的参考方向符合右手螺旋定则，感应电动势用 e 表示，流经电感的电流用 i 表示，电感两端的电压用 u 表示，如图 4.3(b)所示，则根据电磁感应定律，得

$$e=-\frac{\mathrm{d}\psi}{\mathrm{d}t}=-L\,\frac{\mathrm{d}i}{\mathrm{d}t}$$

以及

$$u=\frac{\mathrm{d}\psi}{\mathrm{d}t}=L\,\frac{\mathrm{d}i}{\mathrm{d}t}\tag{4-10}$$

式(4-10)为电感元件上的电压与电流的伏安关系。它表明，电感元件任一时刻的电压不取决于该时刻的电流值，而取决于该时刻电流的变化率，故称电感元件为动态元件。电流变化越快，电感电压越大；电流变化越慢，电感电压越小；当电流不再变化时，电感电压等于零，这时电感元件相当于短路。

对式(4-10)两边求积分，可得

$$i=\frac{1}{L}\int_{-\infty}^{t}u\,\mathrm{d}t=\frac{1}{L}\int_{-\infty}^{0}u\,\mathrm{d}t+\frac{1}{L}\int_{0}^{t}u\,\mathrm{d}t=i(0)+\frac{1}{L}\int_{0}^{t}u\,\mathrm{d}t$$

式中，$i(0)=\frac{1}{L}\int_{-\infty}^{0}u\,\mathrm{d}t$ 体现了0时刻之前电压对电感电流的全部贡献，称为电感元件的初始电流或初始状态，而$\frac{1}{L}\int_{0}^{t}u\,\mathrm{d}t$ 体现了从0时刻到 t 时刻电压的贡献。若 $i(0)=0$，则有

$$i=\frac{1}{L}\int_{0}^{t}u\,\mathrm{d}t \tag{4-11}$$

当电感中的电流与电感两端电压取关联参考方向时，则电感的瞬时功率为

$$p=ui$$

从 t_0 到 t 电感吸收的电能为

$$\begin{aligned}W(t)&=\int_{t_0}^{t}p\,\mathrm{d}t=\int_{t_0}^{t}ui\,\mathrm{d}t=\int_{t_0}^{t}Li\,\frac{\mathrm{d}i}{\mathrm{d}t}\mathrm{d}t=\int_{t_0}^{t}Li\,\mathrm{d}i\\&=\frac{1}{2}L\left[i^2(t)-i^2(t_0)\right]\end{aligned}$$

如果 $i(t_0)=0$，即电感的初始状态为零，则在时刻 t 电感所吸收的总电能为

$$W(t)=\frac{1}{2}Li^2(t) \tag{4-12}$$

该部分电能以磁场能的形式存储在电感中。

2. 电感元件的感抗

假设电感元件中流过的是正弦交流电：

$$i_L=I_{\mathrm{m}L}\sin(\omega t+\varphi_i) \tag{4-13}$$

根据式(4-10)，电感两端的电压为

$$\begin{aligned}u_L&=L\,\frac{\mathrm{d}i_L}{\mathrm{d}t}=L\,\frac{\mathrm{d}[I_{\mathrm{m}L}\sin(\omega t+\varphi_i)]}{\mathrm{d}t}=\omega LI_{\mathrm{m}L}\cos(\omega t+\varphi_i)\\&=\omega LI_{\mathrm{m}L}\sin\left(\omega t+\varphi_i+\frac{\pi}{2}\right)\end{aligned} \tag{4-14}$$

由此可见，在电感 L 上加一正弦电流时，电感 L 上的电压也为与电流同频率的正弦电压。将电感两端的电压表示为

$$u_L=U_{\mathrm{m}L}\sin(\omega t+\varphi_u) \tag{4-15}$$

对比式(4-14)和式(4-15)可得

$$U_{\mathrm{m}L}=\omega LI_{\mathrm{m}L} \tag{4-16}$$

相应地，对于有效值，有

$$U_L=\omega LI_L \tag{4-17}$$

设 $X_L=\omega L=2\pi fL$，则有

$$U_{mL}=X_L I_{mL} \tag{4-18}$$

相应地，对于有效值，有

$$U_L=X_L I_L \tag{4-19}$$

从式(4-18)和式(4-19)可以看出，X_L 反映了电感对电流的阻碍作用，称为感抗，单位为欧姆(Ω)。当电感 L 一定时，感抗与频率 f 成正比，即频率越高，感抗越大。当频率极高(即频率趋向于无穷大)时，感抗也趋向于无穷大，电感相当于开路；当频率极低(即频率趋向于零(直流))时，感抗也趋向于零，电感相当于短路。在实际工程中，常常利用电感的这一特性来处理直流信号和高频信号。感抗的倒数称为感纳，用 B_L 表示，即

$$B_L=\frac{1}{X_L}=\frac{1}{\omega L}=\frac{1}{2\pi fL} \tag{4-20}$$

单位为西门子(S)。

另外，对比式(4-13)～式(4-15)可知，电感元件上的电流和电压的相位关系为

$$\varphi_u=\varphi_i+\frac{\pi}{2} \tag{4-21}$$

即电感的电压相位超前电流相位 π/2，如图 4.4 所示。

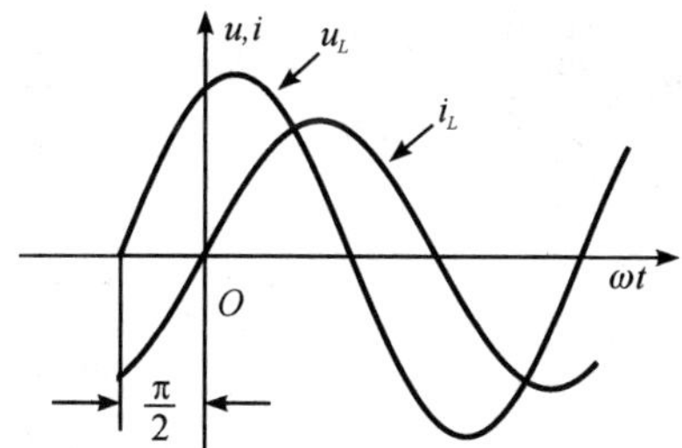

图 4.4　电感元件的电压与电流相位关系图

3. 电感元件的功率

根据瞬时功率的定义 $p=ui$，对于电感，有

$$p_L=u_L i_L \tag{4-22}$$

将式(4-13)和式(4-14)代入式(4-22)中，得

$$\begin{aligned}p_L&=U_{mL}\sin\left(\omega t+\varphi_i+\frac{\pi}{2}\right)I_{mL}\sin(\omega t+\varphi_i)\\&=U_{mL}I_{mL}\cos(\omega t+\varphi_i)\sin(\omega t+\varphi_i)\\&=\frac{U_{mL}I_{mL}}{2}\sin 2(\omega t+\varphi_i)\\&=U_L I_L\sin 2(\omega t+\varphi_i)\end{aligned} \tag{4-23}$$

由式(4-23)可知，电感元件的瞬时功率是一个振幅为 $U_L I_L$、角频率为 2ω 的正弦量。当 $p_L<0$ 时，电感元件将电能转变为磁能储存，相当于负载吸收能量；当 $p_L>0$ 时，电感元件将磁能转变为电能释放，相当于电源释放能量。

电感元件上的平均功率为

$$P_L=\frac{1}{T}\int_0^T p_L\,dt=0 \tag{4-24}$$

式(4-23)和式(4-24)表明，电感元件在正弦交流电路中不断地进行能量转换，但在能量转换的过程中没有能量消耗。为了衡量电感元件上能量转换的剧烈程度，引入了无功功率的概念。电感的无功功率定义为电感瞬时功率的最大值，用 Q_L 表示，有

$$Q_L=U_L I_L=I_L^2 X_L=\frac{U_L^2}{X_L} \tag{4-25}$$

无功功率虽然也等于电压、电流有效值的乘积，但为了区别于有功功率，无功功率的单位定义为乏(var)。

4.2.2 电容元件

电容元件是实际电容器的理想化模型。在两块金属极板之间充以不同的绝缘介质(如云母、绝缘纸、电解质等)，就构成了一只电容器。电容器的特点是能在两个金属极板上储集等量而异性的电荷。图 4.5(a)所示的是一只电容器，其电路模型如图 4.5(b)所示。

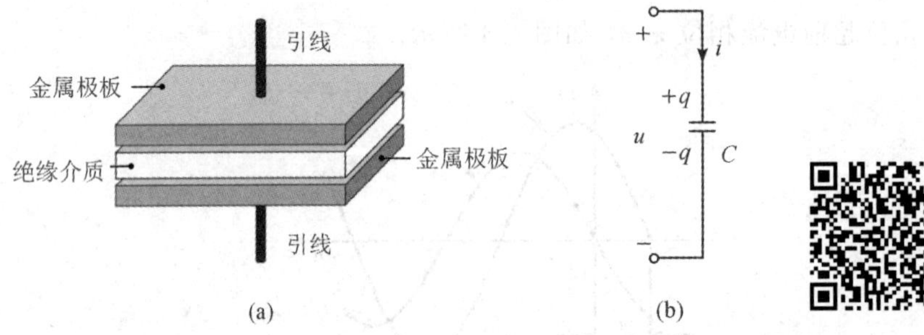

图 4.5 电容器及其电路模型

电容元件及其特性

1. 电容元件的伏安特性

当电容的极板上存储了电荷时，在极板之间就会产生电场，任何时刻电容极板上的电荷 q 和电容元件两端的电压 u 都有如下关系：

$$C=\frac{q}{u}$$

式中，C 定义为电容元件的电容。C 取决于电容器极板的尺寸以及其间介质的介电常数。在国际制单位中，电容 C 的主单位是法拉(F)。常用的单位还有微法拉(μF)和皮法拉(pF)，其换算关系为

$$1\ \text{F}=10^6\ \mu\text{F}=10^{12}\ \text{pF}$$

在电容元件极板上的电荷 q 随时间变化时，电容极板间的电场也随之变化，从而在电容极板间以及引线上形成位移电流 i，若电压和电流取关联参考方向，如图 4.5(b)所示，则有

$$i=\frac{dq}{dt}=C\frac{du}{dt} \tag{4-26}$$

式(4-26)为电容元件上的电压与电流的伏安关系。它表明，电容元件任一时刻的电流不取

决于该时刻电容两端的电压值，而取决于该时刻电容两端电压的变化率，故称电容元件为动态元件。电容两端电压变化越快，流经电容的电流越大；电压变化越慢，电容电流越小；当电压不再变化时，电容电流等于零，这时电容元件相当于开路。

对式(4-26)两边求积分可得

$$u=\frac{1}{C}\int_{-\infty}^{t} i\,\mathrm{d}t=\frac{1}{C}\int_{-\infty}^{0} i\,\mathrm{d}t+\frac{1}{C}\int_{0}^{t} i\,\mathrm{d}t=u(0)+\frac{1}{C}\int_{0}^{t} i\,\mathrm{d}t$$

式中，$u(0)=\frac{1}{C}\int_{-\infty}^{0} i\,\mathrm{d}t$ 体现了 0 时刻之前电流对电容两端电压的全部贡献，称为电容元件的初始电压或初始状态；而$\frac{1}{C}\int_{0}^{t} i\,\mathrm{d}t$ 体现了从 0 时刻到 t 时刻电流的贡献。若 $u(0)=0$，则有

$$u=\frac{1}{C}\int_{0}^{t} i\,\mathrm{d}t \tag{4-27}$$

当电容中的电流与电容两端的电压取关联参考方向时，电容的瞬时功率为

$$p=ui$$

从 t_0 到 t 电容吸收的电能为

$$\begin{aligned}W(t)&=\int_{t_0}^{t} p\,\mathrm{d}t=\int_{t_0}^{t} ui\,\mathrm{d}t=\int_{t_0}^{t} uC\,\frac{\mathrm{d}u}{\mathrm{d}t}\mathrm{d}t=\int_{t_0}^{t} Cu\,\mathrm{d}u\\&=\frac{1}{2}C\left[u^2(t)-u^2(t_0)\right]\end{aligned}$$

如果 $u(t_0)=0$，即电容的初始状态为零，则在时刻 t 电容所吸收的总电能为

$$W(t)=\frac{1}{2}Cu^2(t) \tag{4-28}$$

该部分电能以电场能的形式存储在电容中。

2. 电容元件的容抗

假设电容元件两端的正弦交流电压为

$$u_C=U_{mC}\sin(\omega t+\varphi_u) \tag{4-29}$$

根据式(4-26)，流经电容的电流为

$$\begin{aligned}i_C&=C\,\frac{\mathrm{d}u_C}{\mathrm{d}t}=C\,\frac{\mathrm{d}[U_{mC}\sin(\omega t+\varphi_u)]}{\mathrm{d}t}=\omega CU_{mC}\cos(\omega t+\varphi_u)\\&=\omega CU_{mC}\sin\left(\omega t+\varphi_u+\frac{\pi}{2}\right)\end{aligned} \tag{4-30}$$

由此可见，在电容 C 两端加一正弦电压时，电容 C 上的电流也为与电压同频率的正弦电流。将流经电容的电流表示为

$$i_C=I_{mC}\sin(\omega t+\varphi_i) \tag{4-31}$$

对比式(4-30)和式(4-31)可得

$$U_{mC}=\frac{1}{\omega C}I_{mC} \tag{4-32}$$

相应地，对于有效值，有

$$U_C=\frac{1}{\omega C}I_C \tag{4-33}$$

设 $X_C=\frac{1}{\omega C}=\frac{1}{2\pi fC}$，则有

$$U_{mC}=X_C I_{mC} \tag{4-34}$$

相应地，对于有效值，有

$$U_C=X_C I_C \tag{4-35}$$

从式(4-34)和式(4-35)可以看出，X_C 反映了电容对电流的阻碍作用，称为容抗，单位为欧姆。当电容 C 一定时，容抗与频率 f 成反比，即频率越高，容抗越小。当频率极高(即频率趋向于无穷大)时，容抗趋向于零，电容相当于短路；当频率极低(即频率趋向于零)时(直流)，容抗趋向于无穷大，电容相当于开路。故电容元件有通交流断直流的作用。容抗的倒数称为容纳，用 B_C 表示，即

$$B_C=\frac{1}{X_C}=\omega C=2\pi fC \tag{4-36}$$

单位是西门子(S)。

另外，对比式(4-29)、式(4-30)和式(4-31)可知，电容元件上的电流和电压的相位关系为

$$\varphi_i\varphi_u+\frac{\pi}{2} \tag{4-37}$$

即电容的电流相位超前电压相位 $\pi/2$，如图 4.6 所示。

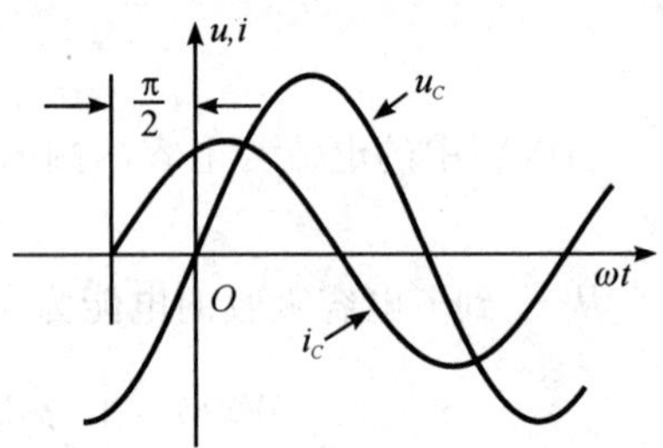

图 4.6 电容元件的电流与电压相位关系图

3. 电容元件的功率

根据瞬时功率的定义 $p=ui$，对于电容，有

$$p_C=u_C i_C \tag{4-38}$$

将式(4-29)和式(4-30)代入式(4-38)得到

$$\begin{aligned}p_C&=U_{mC}\sin(\omega t+\varphi_u)I_{mC}\sin\left(\omega t+\varphi_u+\frac{\pi}{2}\right)\\&=U_{mC}I_{mC}\cos(\omega t+\varphi_u)\sin(\omega t+\varphi_u)\\&=\frac{U_{mC}I_{mC}}{2}\sin2(\omega t+\varphi_u)\\&=U_C I_C\sin2(\omega t+\varphi_u)\end{aligned} \tag{4-39}$$

由式(4-39)可知，电感元件的瞬时功率是一个振幅为 $U_C I_C$、角频率为 2ω 的正弦量。当 $p_C<0$ 时，电容元件将电能转变为电场能储存，相当于负载吸收能量；当 $p_C>0$ 时，电容元件将电场能转变为电能释放，相当于电源释放能量。

与电感元件类似，电容元件上的平均功率为

$$P_C=\frac{1}{T}\int_0^T p_C\,\mathrm{d}t=0 \tag{4-40}$$

电容元件也具有无功功率，用 Q_C 表示，有

$$Q_C=U_C I_C=I_C^2 X_C=\frac{U_C^2}{X_C} \tag{4-41}$$

【思考与练习】

1. 电感元件的伏安特性是什么？
2. 什么是感抗？它的单位是什么？它有何物理意义？
3. 电容元件的伏安特性是什么？
4. 什么是容抗？它的单位是什么？它有何物理意义？
5. 什么是无功功率？它有何物理意义？
6. 在正弦交流电路中，电感和电容上的电流和电压的相位关系分别是什么？

4.3　复数和相量

关于电感和电容的讨论中，由式(4-10)和式(4-26)可知，在交流电路中，电感和电容的伏安关系都涉及求导运算，这在电路分析计算中是非常不方便的。为此，引入相量分析法来简化正弦交流电路的分析计算过程。

对任意一个线性正弦交流电路，其中所有的正弦量都是同频率的，因此在分析线性正弦稳态电路时，频率这一要素可以不予考虑，这样正弦量的三要素就降为两要素，相量分析法正是利用了这一点。

4.3.1　复数及其运算

复数是相量分析法的基础，因此先对复数及其运算进行回顾和巩固。

1. 复数及其表示方法

复数由实部和虚部构成，在直角坐标形式下可以表示为

$$A = a + \mathrm{j}b \tag{4-42}$$

式中，A 表示一个复数；a、b 为实数，分别表示复数 A 的实部和虚部；$\mathrm{j}=\sqrt{-1}$，为虚数单位。在数学中，虚数单位一般用字母 i 表示；在电路分析中，因为 i 常用来表示电流，因此改用 j 表示虚数单位。

复数可以在复平面上以矢量的形式表示出来，如图 4.7 所示。

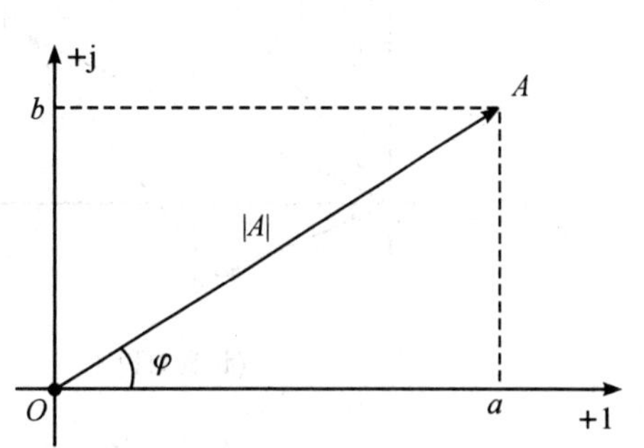

图 4.7　复数的矢量表示

图 4.7 所示的复平面上，横轴为实数轴，纵轴为虚数轴。复数 $A=a+\mathrm{j}b$。连接原点与 A 得到矢量 $\overrightarrow{OA}$。

矢量 $\overrightarrow{OA}$ 的长度 $|A|$ 称为复数的模，它与复数的实部和虚部之间的关系为

$$|A| = \sqrt{a^2 + b^2}$$

矢量 $\overrightarrow{OA}$ 与实数轴的夹角称为复数的辐角，它与实部和虚部之间的关系为

$$\varphi=\arctan\frac{b}{a}$$

另外，根据三角函数的定义，还有下列关系：

$$\begin{cases}a=|A|\cos\varphi\\b=|A|\sin\varphi\end{cases}$$

由以上关系，复数 A 又可以表示为三角形式，即

$$A=|A|\cos\varphi+\mathrm{j}|A|\sin\varphi=|A|(\cos\varphi+\mathrm{j}\sin\varphi)$$

根据欧拉公式：

$$\mathrm{e}^{\mathrm{j}\varphi}=\cos\varphi+\mathrm{j}\sin\varphi$$

因此，复数又可以表示为指数形式，即

$$A=|A|(\cos\varphi+\mathrm{j}\sin\varphi)=|A|\mathrm{e}^{\mathrm{j}\varphi}$$

在电路分析中，常把指数形式表示的复数简写为

$$A=|A|\angle\varphi \tag{4-43}$$

式中，$\angle\varphi$ 表示 $\mathrm{e}^{\mathrm{j}\varphi}$。

2. 复数的运算

几个复数相加或者相减时，一般采用式(4-42)表示比较方便。例如：

$$A_1=a_1+\mathrm{j}b_1$$
$$A_2=a_2+\mathrm{j}b_2$$

则有

$$A_1+A_2=(a_1+a_2)+\mathrm{j}(b_1+b_2)$$
$$A_1-A_2=(a_1-a_2)+\mathrm{j}(b_1-b_2)$$

复数的加减运算也可以用几何法，即利用平行四边形法进行作图计算，如图 4.8 所示。

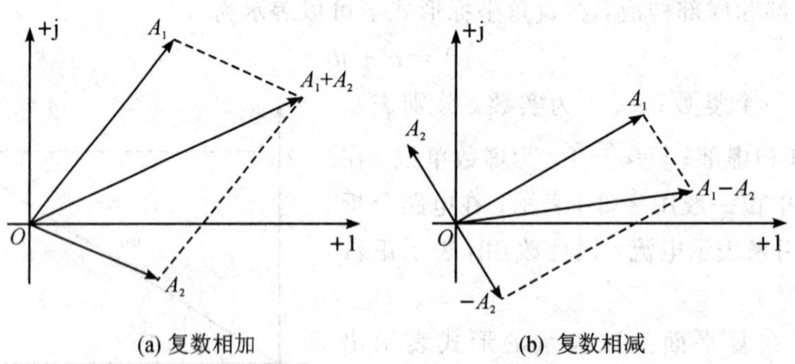

图 4.8 复数加减的几何法运算

几个复数相乘或者相除时，一般采用式(4-43)表示比较方便。例如：

$$A_1=|A_1|\angle\varphi_1$$
$$A_2=|A_2|\angle\varphi_2$$

则有

$$A_1\times A_2=|A_1||A_2|\angle(\varphi_1+\varphi_2)$$

以及

$$\frac{A_1}{A_2}=\frac{|A_1|}{|A_2|}\angle(\varphi_1-\varphi_2)$$

例 4.4　有复数 $A=-3+\mathrm{j}4$ 和复数 $B=6-\mathrm{j}8$，求 $A+B$ 、$A-B$、$A\times B$ 和 $A\div B$。

解　在进行复数加减运算时，采用直角坐标形式比较方便，因此有

$$A+B=(-3+\mathrm{j}4)+(6-\mathrm{j}8)=3-\mathrm{j}4$$

$$A-B=(-3+\mathrm{j}4)-(6-\mathrm{j}8)=-9+\mathrm{j}12$$

在进行复数乘除法运算时，宜先将复数转化为式(4-43)的形式，再进行运算：

$$A=|A|\angle\varphi_A=5\angle127°$$

$$B=|B|\angle\varphi_B=10\angle-53°$$

因此，有

$$A\times B=|A||B|\angle(\varphi_A+\varphi_B)=50\angle74°$$

$$A\div B=\frac{|A|}{|B|}\angle(\varphi_A-\varphi_B)=0.5\angle180°=-0.5$$

4.3.2　正弦量的相量表示法

正弦量的相量表示法

一个按照正弦规律变换的电流可以写作式(4-1)的形式，即

$$i(t)=I_{\mathrm{m}}\sin(\omega t+\varphi_i) \tag{4-44}$$

为了进一步说明正弦量和相量的关系，首先构造一个复指数函数 $I_{\mathrm{m}}\mathrm{e}^{\mathrm{j}(\omega t+\varphi_i)}$。根据欧拉公式，它可以写作

$$I_{\mathrm{m}}\mathrm{e}^{\mathrm{j}(\omega t+\varphi_i)}=I_{\mathrm{m}}\cos(\omega t+\varphi_i)+\mathrm{j}I_{\mathrm{m}}\sin(\omega t+\varphi_i) \tag{4-45}$$

比较式(4-44)和式(4-45)可知，正弦量 $i(t)$ 恰好是复指数函数 $I_{\mathrm{m}}\mathrm{e}^{\mathrm{j}(\omega t+\varphi_i)}$ 的虚部，可记作

$$i(t)=I_{\mathrm{m}}\sin(\omega t+\varphi_i)=\mathrm{Im}[I_{\mathrm{m}}\mathrm{e}^{\mathrm{j}(\omega t+\varphi_i)}] \tag{4-46}$$

式中，Im[　]是取虚部的符号。式(4-46)表明，复指数函数与正弦量具有映射关系，在分析运算的过程中，可以用复指数函数来代替正弦量。

进一步，复指数函数 $I_{\mathrm{m}}\mathrm{e}^{\mathrm{j}(\omega t+\varphi_i)}$ 可以写作

$$I_{\mathrm{m}}\mathrm{e}^{\mathrm{j}(\omega t+\varphi_i)}=I_{\mathrm{m}}\mathrm{e}^{\mathrm{j}\omega t}\times\mathrm{e}^{\mathrm{j}\varphi_i} \tag{4-47}$$

式中，$\mathrm{e}^{\mathrm{j}\omega t}$ 称为旋转因子，它只与电路的频率相关，当运用电路定律写出方程的时候，由于每一项电流或者电压中都有这个旋转因子，因此可以从方程中约去。这表明，在用复指数函数表示正弦量的时候，可以不用考虑旋转因子，而只保留式(4-47)中的剩余部分，即 $I_{\mathrm{m}}\mathrm{e}^{\mathrm{j}\varphi_i}$，如此可以大大简化分析计算的过程。$I_{\mathrm{m}}\mathrm{e}^{\mathrm{j}\varphi_i}$ 是一个复数，反映了正弦量的振幅和初相位，称为正弦电流的相量，记为

$$\dot{I}_{\mathrm{m}}=I_{\mathrm{m}}\mathrm{e}^{\mathrm{j}\varphi_i}=I_{\mathrm{m}}\angle\varphi_i \tag{4-48}$$

类似地，正弦电流的有效值相量可以记为

$$\dot{I}=I\mathrm{e}^{\mathrm{j}\varphi_i}=I\angle\varphi_i \tag{4-49}$$

同理，正弦电压的相量为

$$\dot{U}_{\mathrm{m}}=U_{\mathrm{m}}\mathrm{e}^{\mathrm{j}\varphi_u}=U_{\mathrm{m}}\angle\varphi_u \tag{4-50}$$

正弦电压的有效值相量为

$$\dot{U}=U\mathrm{e}^{\mathrm{j}\varphi_u}=U\angle\varphi_u \tag{4-51}$$

相量用上面带小圆点的大写字母表示，如 $\dot{I}$、$\dot{U}$ 等，从而与普通的复数相区别，这种表示方法的目的是强调它代表正弦量的相量，但在具体运算过程中相量与普通的复数并无区别。

相量和复数一样，可以在复平面上用矢量来表示，这种表示相量的图称为相量图。需要注意的是，只有同频率的正弦量才能画在同一个相量图中。

例 4.5 写出下列正弦量所对应的相量，并作出相量图。

(1) $i=5\sqrt{2}\sin(100t+60°)$ A；

(2) $u=8\sqrt{2}\sin(100t-45°)$ V。

解 根据定义，上述正弦量的有效值相量为

$$I=5\angle 60°\ \mathrm{A},\quad U=8\angle -45°\ \mathrm{V}$$

相量图如图 4.9 所示。

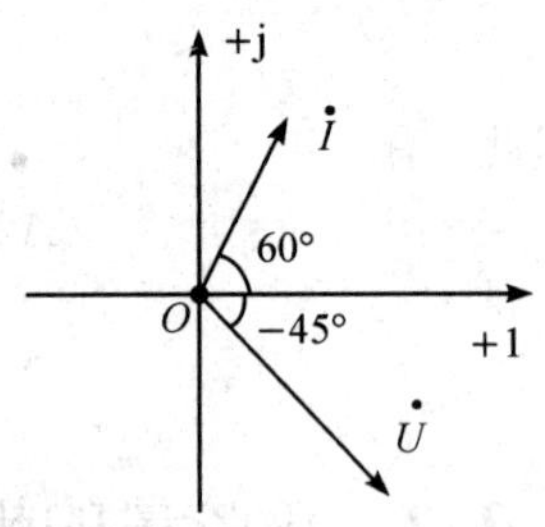

图 4.9 例 4.5 相量图

例 4.6 写出下列相量所对应的正弦量(频率 $f=100$ Hz)。

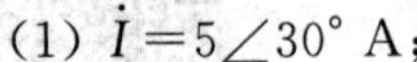

(1) $\dot{I}=5\angle 30°$ A；

(2) $\dot{U}=10\angle -120°$ V。

解 先求角频率：

$$\omega=2\pi f=2\times 3.14\times 100\ \mathrm{Hz}=628\ \mathrm{rad/s}$$

根据相量和正弦量的关系得到

$$i=5\sqrt{2}\sin(628t+30°)\ \mathrm{A}$$

$$u=10\sqrt{2}\sin(628t-120°)\ \mathrm{V}$$

可以证明，两个同频正弦量的相加或相减运算对应于它们的相量的相加或相减运算。利用这一点可以大大简化正弦交流电路分析过程中正弦量的相加减的运算问题。下面通过一个例题来进行说明。

例 4.7 求下列两个正弦电压之和。

(1) $u_1=10\sqrt{2}\sin(314t+135°)$ V；

(2) $u_2=10\sqrt{2}\sin(314t+45°)$ V。

解 先写出正弦量的相量：

$$\dot{U}_1=10\angle 135°\mathrm{V},\quad \dot{U}_2=10\angle 45°\ \mathrm{V}$$

对相量进行加法运算得

$$\begin{aligned}\dot{U}_1+\dot{U}_2&=10\angle 135°\ \mathrm{V}+5\angle 45°\ \mathrm{V}\\&=(-5\sqrt{2}+\mathrm{j}5\sqrt{2}+5\sqrt{2}+\mathrm{j}5\sqrt{2})\ \mathrm{V}\\&=\mathrm{j}10\sqrt{2}\ \mathrm{V}=10\sqrt{2}\angle 90°\ \mathrm{V}\end{aligned}$$

可得对应的正弦量之和为

$$u=u_1+u_2=20\sin(314t+90°)\ \mathrm{V}$$

根据式(4-10)和式(4-26)可知，电感和电容的伏安关系都涉及求导运算。下面讨论

正弦量的求导运算与相量运算的对应关系。根据正弦量与复指数函数的映射关系有

$$i(t)=I_m\sin(\omega t+\varphi_i)\rightleftharpoons I_m e^{j(\omega t+\varphi_i)}$$

式中，符号$\rightleftharpoons$表示正弦量与复指数函数之间的映射关系。两边对 t 求导得

$$\frac{di(t)}{dt}\rightleftharpoons I_m e^{j(\omega t+\varphi_i)}\times j\omega$$

上式表明，对正弦量的求导运算映射于复指数函数的运算就是乘以系数 jω，即

$$\frac{di(t)}{dt}\rightleftharpoons\dot{I}\times j\omega \tag{4-52}$$

式(4-52)表明，正弦量的求导运算对应于相量仅仅是乘以系数 jω。

4.3.3　相量形式下的电路定律

相量形式下的电路定律

当使用相量表示正弦量之后，电路定律的数学表达式随之变为相量形式。

1. 欧姆定律的相量形式

对于电阻元件 R，根据欧姆定律有

$$i=\frac{u}{R}$$

将电流和电压都取相量，得到相量形式下的电阻欧姆定律为

$$\dot{I}=\frac{\dot{U}}{R} \tag{4-53}$$

由于电阻值 R 是一个实数，因此电阻两端的电压与流经电阻的电流同相。

对于电感元件 L，其伏安关系由式(4-10)确定，即

$$u=L\frac{di}{dt}$$

根据式(4-52)得，相量形式下电感 L 的伏安关系为

$$\dot{U}=\dot{I}\times j\omega L=\dot{I}\times X_L\times\angle 90^\circ \tag{4-54}$$

式中，$X_L=\omega L$ 是感抗，$j=\angle 90^\circ$可看成一个单位旋转因子。可见，在相量形式下，电感的伏安关系与电阻的伏安关系在形式上保持了一致。从式(4-54)中也可以看出，电感两端电压的相位超前于电流 90°。

同理可得，相量形式下电容 C 的伏安关系为

$$\dot{U}=\dot{I}\times\frac{1}{j\omega C}=\dot{I}\times X_C\times\angle-90^\circ \tag{4-55}$$

式中，$X_C=\frac{1}{\omega C}$是容抗，$\frac{1}{j}=\angle-90^\circ$可看成一个单位旋转因子。可见，在相量形式下，电容的伏安关系与电阻的伏安关系在形式上保持了一致。从式(4-55)中也可以看出，电容两端电压的相位滞后于电流 90°。

式(4-53)～式(4-55)统称为 RLC 元件在相量形式下的欧姆定律。R、L、C 这三种元件的电流和电压相量的相位图如图 4.10 所示。

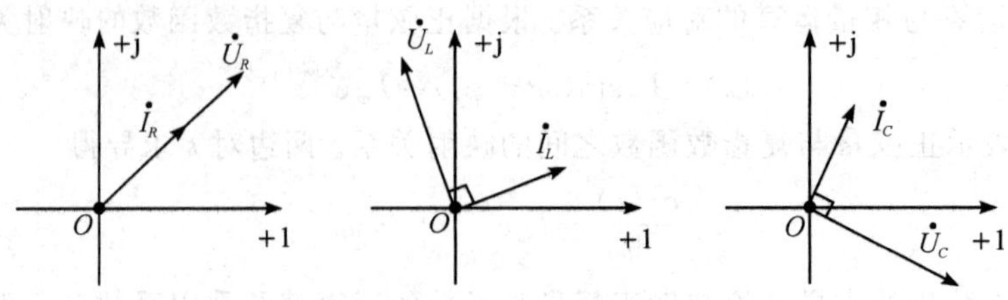

图 4.10 R、L、C 元件的相量图

2. 基尔霍夫定律的相量形式

前面讨论过的直流电路中的基尔霍夫定律在交流电路中也同样适用，即有

$$\sum i=0,\ \sum u=0 \tag{4-56}$$

对应相量形式下有

$$\sum \dot{I}=0,\ \sum \dot{U}=0 \tag{4-57}$$

式(4-57)即为正弦交流电路中相量形式下的基尔霍夫电流定律和基尔霍夫电压定律。它表明，在集总参数的正弦稳态电路中，在任一时刻、任一节点的所有支路电流相量的代数和恒等于零；在任一时刻、任一回路所有电压相量的代数和恒等于零。

例 4.8 已知电路如图 4.11 所示，电表 V_1 的读数为 30 V，电表 V_2 的度数为 50 V，电表 V_3 的度数为 20 V，求电路端口的电压 U。

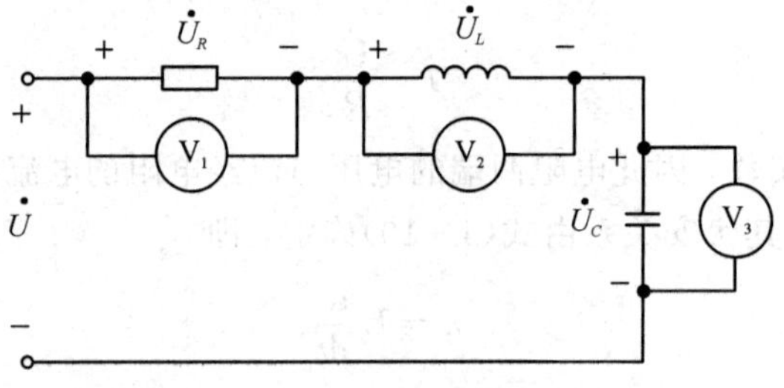

图 4.11 例 4.8 电路图

解 本题为 RLC 串联电路，可以设电流相量为参考量，即 $\dot{I}=I\angle 0°$，根据各电压表的读数以及 RLC 的欧姆定律，可以得到各元件上的电压相量分别为

$$\dot{U}_R=30\angle 0°\ \text{V}$$

$$\dot{U}_L=50\angle 90°\ \text{V}$$

$$\dot{U}_C=20\angle -90°\ \text{V}$$

根据基尔霍夫电压定律得

$$\begin{aligned}\dot{U}&=\dot{U}_R+\dot{U}_L+\dot{U}_C\\&=30\angle 0°\ \text{V}+50\angle 90°\ \text{V}+20\angle -90°\ \text{V}\\&=30\sqrt{2}\angle 45°\ \text{V}\end{aligned}$$

因此

$$U=30\sqrt{2}\ \text{V}\approx 42.4\ \text{V}$$

【思考与练习】

1. 正弦量与复指数函数有什么关系？
2. 已知复数 $A=3+j4$，$B=10\angle45^\circ$，求 $A+B$、$A-B$、$A\times B$ 和 $A\div B$。
3. 什么是相量，为什么在电路分析中要引入相量？
4. 相量形式下的电路定律形式是如何的？
5. 已知 $u_{ab}=6\sqrt{2}\sin(314t+30^\circ)\text{V}$，$u_{bc}=8\sqrt{2}\sin(314t+120^\circ)\text{V}$，求 u_{ac}。

本章小结

1. 正弦电流的数学解析式为 $i(t)=I_m\sin(\omega t+\varphi_i)$，该式表示正弦电流的瞬时值。式中三个量 I_m、ω 和 φ_i 称为正弦量的三要素。正弦量的其他常用参数还包括周期(T)和频率(f)，$T=\dfrac{2\pi}{\omega}$，$f=\dfrac{1}{T}=\dfrac{\omega}{2\pi}$。

2. 设两个同频率正弦量分别为 $i_1=I_{m1}\sin(\omega t+\varphi_1)$ 和 $i_2=I_{m2}\sin(\omega t+\varphi_2)$。它们之间的相位之差称为相位差，用字母 φ 表示，即 $\varphi=(\omega t+\varphi_1)-(\omega t+\varphi_2)=\varphi_1-\varphi_2$。当 $\varphi>0$ 时，称 i_1 在相位上比 i_2 超前 φ 角；当 $\varphi=0$ 时，称 i_1 和 i_2 同相，这时 i_1 和 i_2 的变化进程同步，即同时达到最大值，或同时通过零点；当 $\varphi=\pm\pi$ 时，称 i_1 和 i_2 反相；当 $\varphi=\pm\pi/2$ 时，称 i_1 和 i_2 正交。

3. 正弦交流电的有效值是振幅的 $\dfrac{1}{\sqrt{2}}$。实际工程中，凡是谈到周期电流、电压的量值时，若无特殊说明，都是指有效值。

4. 对于电感元件，伏安关系为 $u=\dfrac{d\psi}{dt}=L\dfrac{di}{dt}$，储能公式为 $W(t)=\dfrac{1}{2}Li^2(t)$，感抗 $X_L=\omega L=2\pi fL$，无功功率 $Q_L=U_LI_L=I_L^2X_L=\dfrac{U_L^2}{X_L}$，平均功率为零。

5. 对于电容元件，伏安关系为 $i=\dfrac{dq}{dt}=C\dfrac{du}{dt}$，储能公式为 $W(t)=\dfrac{1}{2}Cu^2(t)$，容抗 $X_C=\dfrac{1}{\omega C}=\dfrac{1}{2\pi fC}$，无功功率 $Q_C=U_CI_C=I_C^2X_C=\dfrac{U_C^2}{X_C}$，平均功率为零。

6. 复数可以表示为 $A=a+jb$，也可以表示为 $A=|A|e^{j\varphi}$，或简略为 $A=|A|\angle\varphi$。几个复数相加或者相减时，一般采用前者比较方便；而几个复数相乘或者相除时，一般采用后者比较方便。

7. 正弦电流的相量 $\dot{I}_m=I_me^{j\varphi_i}=I_m\angle\varphi_i$，或者有效值相量 $\dot{I}=Ie^{j\varphi_i}=I\angle\varphi_i$。正弦电压的相量 $\dot{U}_m=U_me^{j\varphi_u}=U_m\angle\varphi_u$，或者有效值相量 $\dot{U}=Ue^{j\varphi_u}=U\angle\varphi_u$。

8. 两个同频正弦量的相加或相减运算等于它们对应的相量的相加或相减运算；正弦量的求导运算，对应于相量，是乘以系数 $j\omega$。

9. 相量形式下 R、L、C 元件的欧姆定律具有统一形式，即

电阻：$\dot{U}=\dot{I}\times R$；

电感：$\dot{U}=\dot{I}\times \mathrm{j}\omega L=\dot{I}\times X_L\times\angle 90°$；

电容：$\dot{U}=\dot{I}\times\dfrac{1}{\mathrm{j}\omega C}=\dot{I}\times X_C\times\angle -90°$。

10. 相量形式下基尔霍夫定律依然适用，且形式保持不变，即 $\sum\dot{I}=0$，$\sum\dot{U}=0$。

习　题

1. 已知正弦电流的有效值 $I=10$ A，频率 $f=50$ Hz，初相位 $\varphi_i=60°$，写出此电流的瞬时值表达式，并求当 $t=0.05$ s 时的瞬时值。

2. 已知正弦电压 $u_1=220\sqrt{2}\sin(314t-40°)$V，$u_2=220\sqrt{2}\sin(314t-150°)$V，求它们的相位差。

3. 写出下列相量所代表的正弦量的瞬时值表达式，设频率 $f=100$ Hz。

$$\dot{U}_1=(60+\mathrm{j}80)\ \mathrm{V}$$

$$\dot{U}_2=(4-\mathrm{j}3)\ \mathrm{V}$$

$$\dot{U}_3=10\angle 37°\ \mathrm{V}$$

$$\dot{U}_4=50\angle -120°\ \mathrm{V}$$

4. 写出下列正弦量对应的相量，画出它们的相量图，并计算它们的和。

$$i_1=10\sqrt{2}\sin(\omega t+30°)\mathrm{A}$$

$$i_2=10\sqrt{2}\sin(\omega t+120°)\mathrm{A}$$

5. 已知电感 $L=10$ mH，通过该电感的电流 $i=5\sqrt{2}\sin(1000t+30°)$A，求电感的感抗、电感两端的电压以及电感的无功功率。

6. 已知电容 $C=10\ \mu$F，两端电压 $u=220\sqrt{2}\sin(1000t+45°)$V，求电容的容抗、流过电容的电流以及电容的无功功率。

7. 已知一个元件的电流 $i=10\sqrt{2}\sin(10t+30°)$A，分别求出下列三种情况下元件两端的电压。

(1) 元件是电阻，$R=100\ \Omega$。

(2) 元件是电感，$L=1$ mH。

(3) 元件是电容，$C=100\ \mu$F。

8. 图 4.12 所示的电路图中，求出下列两种情况下未知元件的类型和参数。

(1) $u=50\sin(100t+30°)$V，$i=5\cos(100t-60°)$A。

(2) $u=50\sin(100t-90°)$V，$i=2\sin 100t$A。

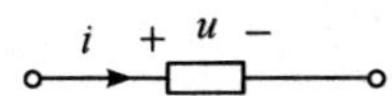

图 4.12　习题 8 电路图

9. 图 4.13 所示的电路中，已知 $R_1=50\ \Omega$，$f=50$ Hz，$U=220$ V，$U_1=120$ V，$U_2=130$ V，求 R 和 L。

10. 图 4.14 所示的电路中，电流表 A_1、A_2 和 A_3 的读数分别为 5 A、20 A 和 15 A。求电流表 A 的读数。

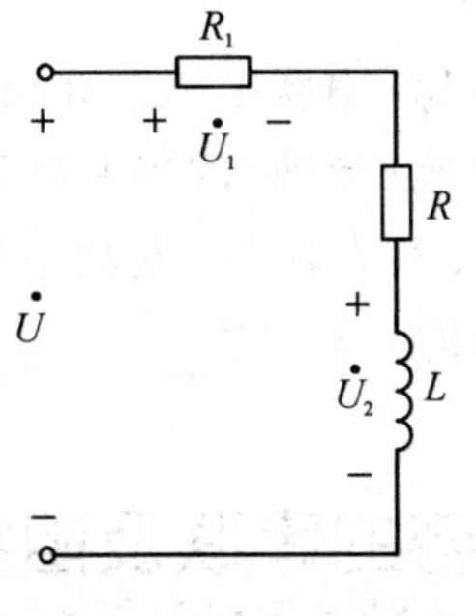

图 4.13　习题 9 电路图

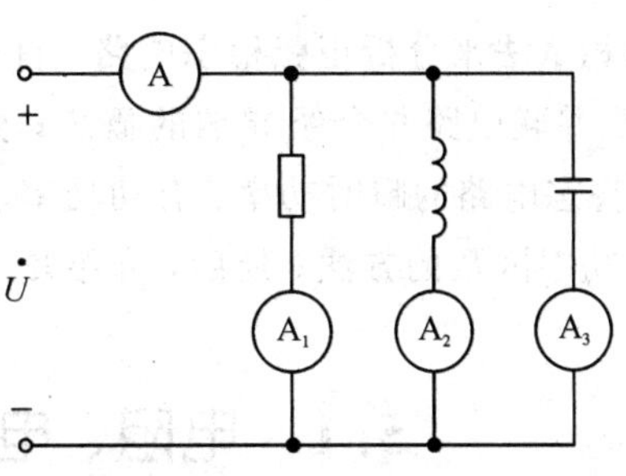

图 4.14　习题 10 电路图

第 5 章　正弦稳态电路分析

本章利用相量法来分析正弦稳态电路。首先，分析 RLC 串联电路并介绍阻抗的概念，以及分析 RLC 并联电路并介绍导纳的概念；然后，对阻抗（导纳）的串并联进行分析；接着，介绍正弦稳态电路的瞬时功率、有功功率、无功功率、视在功率、复功率和功率因数等概念以及提高功率因数的方法；最后，介绍复杂正弦电路的分析方法。

5.1　电阻、电感、电容的串联及阻抗

在正弦交流电路中，对于电阻、电感和电容串联的电路形式，常用阻抗描述其特性。

5.1.1　*RLC* 串联电路及阻抗

RLC 串联电路如图 5.1 所示。

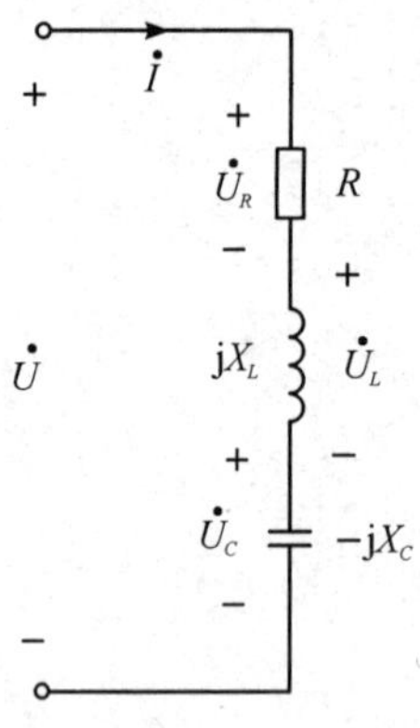

图 5.1　RLC 串联电路

RLC 串联电路及阻抗

假设电路中的电流为

$$i=\sqrt{2}\,I\sin(\omega t+\varphi_i) \tag{5-1}$$

各电压、电流取关联参考方向，由相量形式下的基尔霍夫定律即式(4－57)得

$$\dot{U}=\dot{U}_R+\dot{U}_L+\dot{U}_C \tag{5-2}$$

将相量形式下 RLC 元件的欧姆定律，即式(4－53)～式(4－55)代入式(5－2)得到

$$\begin{aligned}\dot{U} &= R\times\dot{I}+\mathrm{j}\omega L\times\dot{I}-\mathrm{j}\,\frac{1}{\omega C}\times\dot{I}\\ &=\left[R+\left(\mathrm{j}\omega L-\mathrm{j}\,\frac{1}{\omega C}\right)\right]\times\dot{I}\\ &=[R+(\mathrm{j}X_L-\mathrm{j}X_C)]\times\dot{I}\\ &=(R+\mathrm{j}X)\times\dot{I}\end{aligned}$$

令

$$Z=R+\mathrm{j}X \tag{5-3}$$

则有

$$\dot{U}=Z\times\dot{I} \tag{5-4}$$

式(5-4)称为相量形式下 RLC 串联电路的欧姆定律。式中，复数 Z 称为复阻抗，它等于电压相量除以对应端点的电流相量。复阻抗的实部就是电路的电阻 R；复阻抗的虚部

$$X=X_L-X_C \tag{5-5}$$

是电路中感抗与容抗之差，称为电抗。感抗和容抗总是正的，而电抗为一代数量，其可正可负。根据式(5-4)，RLC 串联电路可用阻抗 Z 来等效，如图 5.2 所示。

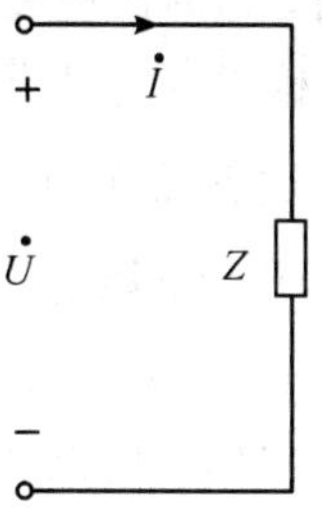

图 5.2　阻抗示意图

复阻抗也可以表示成指数形式、极坐标形式和三角形式，如

$$Z=|Z|\mathrm{e}^{\mathrm{j}\varphi}=|Z|\angle\varphi=|Z|\cos\varphi+\mathrm{j}|Z|\sin\varphi$$

式中，$|Z|=\sqrt{R^2+\left(\omega L-\dfrac{1}{\omega C}\right)^2}=\sqrt{R^2+X^2}$ 是复阻抗 Z 的模，称为阻抗模，它总是正值。$\varphi=\arctan\dfrac{X}{R}=\arctan\dfrac{\omega L-\dfrac{1}{\omega C}}{R}$ 是复阻抗 Z 的辐角，称为阻抗角，其可正可负，视电抗 X 的正负而定。显然阻抗模和电阻 R、电抗 X 的单位相同，都是欧姆(Ω)。阻抗模 $|Z|$ 和阻抗的实部 R 以及虚部 X 构成一个直角三角形，称为阻抗三角形，如图 5.3 所示。

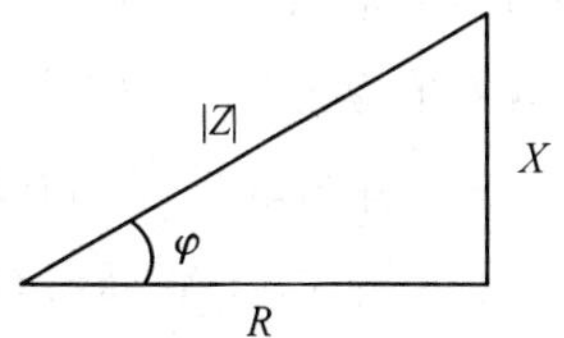

图 5.3　RLC 串联电路的阻抗三角形

下面讨论阻抗模 $|Z|$、阻抗角 φ 与电压相量 $\dot{U}$ 和电流相量 $\dot{I}$ 之间的关系。根据式(5-4)可得

$$Z=\frac{\dot{U}}{\dot{I}}=\frac{U\angle\varphi_u}{I\angle\varphi_i}=\frac{U}{I}\angle(\varphi_u-\varphi_i)=|Z|\angle\varphi$$

根据复数相等的原则有

$$\begin{cases}|Z|=\dfrac{U}{I}\\ \varphi=\varphi_u-\varphi_i\end{cases} \tag{5-6}$$

由此可见，阻抗模 $|Z|$ 等于电压相量和电流相量的模之比，阻抗角 φ 是电压和电流的相位差。若 $\varphi>0$，则表示电压超前于电流；若 $\varphi<0$，则表示电压滞后于电流；若 $\varphi=0$，则表示电压与电流同相。

5.1.2 RLC 串联电路的性质

根据阻抗的定义，即式(5-3)可知，电抗

$$X=X_L-X_C=\omega L-\frac{1}{\omega C}$$

与频率有关。因此，在不同的频率下，RLC 串联电路有不同的性质，下面分别进行说明：

(1) 当 $\omega L>\frac{1}{\omega C}$ 时，$X>0$，$\varphi>0$，电压超前于电流，电路中电感的作用大于电容的作用，这时的电路呈现电感性。电路的阻抗可以等效成电阻与电感串联的电路。

(2) 当 $\omega L=\frac{1}{\omega C}$ 时，$X=0$，$\varphi=0$，电压与电流同相，电路中电感的作用与电容的作用相互抵消，这时的电路呈现电阻性。电路的阻抗等效为电阻 R。

(3) 当 $\omega L<\frac{1}{\omega C}$ 时，$X<0$，$\varphi<0$，电压滞后于电流，电路中电感的作用小于电容的作用，这时的电路呈现电容性。电路的阻抗可以等效成电阻与电容串联的电路。

为了直观表述 RLC 串联电路电压与电流的关系，可定性画出相量图。在电路中，由于通过各元件的电流相同，选取电流为参考相量，并假设电流的初相角为零，即有 $\dot{I}=I\angle 0°$。电阻上电压 $\dot{U}_R$ 与 $\dot{I}$ 同相，其模 $U_R=R\times I$。电感上电压 $\dot{U}_L$ 超前于电感上电流相量 90°，其模 $U_L=X_L\times I$。电容上电压相量 $\dot{U}_C$ 滞后于电容上电流相量 90°，其模 $U_L=X_C\times I$。因此，根据串联电路相量形式的基尔霍夫电压定律，得

$$\dot{U}=\dot{U}_R+\dot{U}_L+\dot{U}_C=\dot{U}_R+\dot{U}_X$$

式中，$\dot{U}_X=\dot{U}_L+\dot{U}_C$，称为电抗电压。它与电流相量的相位差为 $\pm\frac{\pi}{2}$，电抗电压在电路中是不引起能量损耗的，故 $\dot{U}_X$ 又称为 $\dot{U}$ 的无功分量。由于 $\dot{U}_L$ 与 $\dot{U}_C$ 的相位相反，故电抗电压的有效值应为 $|U_L-U_C|$。相应的电压 $\dot{U}$ 中的另一个分量 $\dot{U}_R$ 与电流同相，在电路中引起能量损耗，称为电压 $\dot{U}$ 的有功分量。

(1) 当 $X_L>X_C$ 时，$\dot{U}_L>\dot{U}_C$，电压 $\dot{U}$ 等于三个电压相量之和，其相量图如图 5.4(a)所示。从图中可知，此时电压超前于电流，超前的角度为 φ。

(2) 当 $X_L=X_C$ 时，$\dot{U}_L=\dot{U}_C$，电压 $\dot{U}$ 的模等于电阻上电压 $\dot{U}_R$ 的模，即 $U=U_R$，其相量图如图 5.4(b)所示。这种情况称为 RLC 串联电路发生串联谐振。

(3) 当 $X_L<X_C$ 时，$\dot{U}_L<\dot{U}_C$，电压 $\dot{U}$ 等于三个电压相量之和，其相量图如图 5.4(c)所示。由图中可知，此时电压滞后于电流，滞后的角度为 φ。

由相量图 5.4(d)可以看出，电压相量 $\dot{U}$、$\dot{U}_R$ 和 $\dot{U}_X$ 可以组成一个直角三角形，称为电压三角形。这说明电路端的电压有效值 U 并不等于各串联元件上电压有效值直接相加。各电压有效值之间存在的关系为

$$\begin{cases} U=\sqrt{U_R^2+U_X^2} \\ \varphi=\arctan\dfrac{U_X}{U_R} \end{cases} \tag{5-7}$$

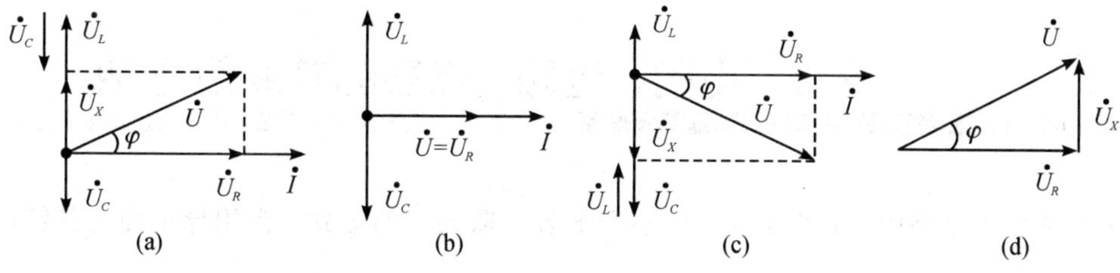

图 5.4　*RLC* 串联电路的相量图

比较图 5.3 和图 5.4(d)可以看出，同一电路的阻抗三角形与电压三角形是相似的，因为将阻抗三角形的每边乘以 $\dot{I}$，即得电压三角形。

例 5.1　图 5.1 所示的 *RLC* 串联电路中，已知 $R=10\ \Omega$，$C=500\ \mu\text{F}$，$L=100\ \text{mH}$，$i=5\sqrt{2}\sin 200t\ \text{A}$，求电流相量 $\dot{I}$、电压相量 $\dot{U}$ 以及各元件上的电压相量 $\dot{U}_R$、$\dot{U}_L$ 和 $\dot{U}_C$，并画出相量图。

解　根据题中给出的电流 i，得电流相量为

$$\dot{I}=5\angle 0^\circ\ \text{A}$$

根据欧姆定律得各元件上的电压相量分别为

$$\dot{U}_R=R\times\dot{I}=50\angle 0^\circ\ \text{V}$$

$$\dot{U}_L=X_L\times\dot{I}=\text{j}\omega L\times\dot{I}=\text{j}100\ \text{V}=100\angle 90^\circ\ \text{V}$$

$$\dot{U}_C=X_C\times\dot{I}=-\text{j}\frac{1}{\omega C}\times\dot{I}=-\text{j}50\ \text{V}=50\angle -90^\circ\ \text{V}$$

因此，可得

$$\begin{aligned}\dot{U}&=\dot{U}_R+\dot{U}_L+\dot{U}_C\\&=(50\angle 0^\circ+100\angle 90^\circ+50\angle -90^\circ)\ \text{V}\\&=(50+\text{j}100-\text{j}50)\ \text{V}\\&=(50+\text{j}50)\ \text{V}\\&=50\sqrt{2}\angle 45^\circ\ \text{V}\end{aligned}$$

画出相量图，如图 5.5 所示。

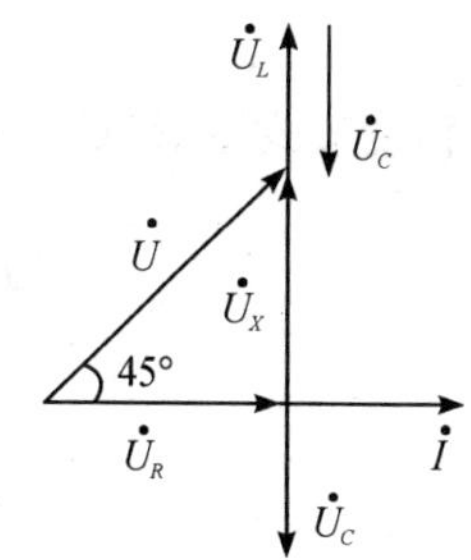

图 5.5　例 5.1 电路相量图

【思考与练习】

1. 结合阻抗三角形说明阻抗角的含义。
2. 结合 *RLC* 串联电路的电压相量三角形说明电路的性质。
3. 计算下列各题，并说明电路的性质(设电压与电流为关联参考方向)。

(1) $\dot{U}=220\angle 30^\circ\ \text{V}$，$\dot{I}=22\angle -60^\circ\ \text{A}$，$R=?$ $X=?$

(2) $u=100\sqrt{2}\sin(\omega t-45^\circ)\ \text{V}$，$Z=(4+\text{j}3)\ \Omega$，$i=?$

(3) $i=50\sqrt{2}\sin(\omega t+60^\circ)\ \text{A}$，$Z=(8-\text{j}6)\ \Omega$，$u=?$

4. 已知 $R=30\ \Omega$，$L=127\ \text{mH}$，$C=40\ \mu\text{F}$ 的串联电路，分别求 $f=50\ \text{Hz}$ 和 $f=500\ \text{Hz}$ 时串联电路的阻抗。

5.2 电阻、电感、电容的并联及导纳

在正弦交流电路中，对于电阻、电感和电容并联的电路形式，常用导纳描述其特性。

5.2.1 *RLC* 并联电路及导纳

RLC 并联电路如图 5.6 所示。

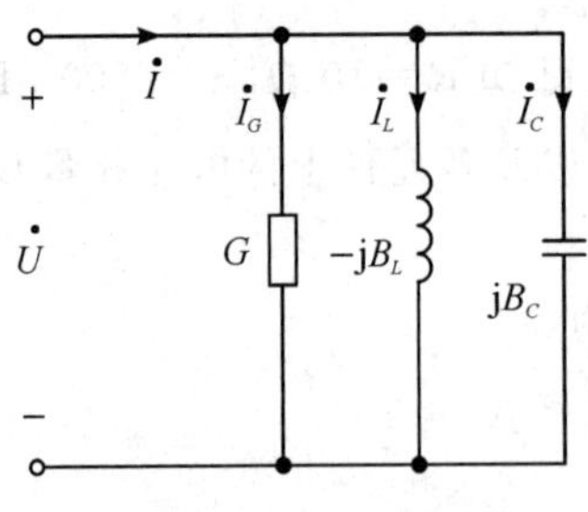

图 5.6 *RLC* 并联电路

RLC 并联电路及导纳

假设电路端口处的电压为

$$u=\sqrt{2}U\sin(\omega t+\varphi_u) \tag{5-8}$$

各电压、电流取关联参考方向，由相量形式下的基尔霍夫定律即式(4-57)，得

$$\dot{I}=\dot{I}_G+\dot{I}_L+\dot{I}_C \tag{5-9}$$

将相量形式下 *RLC* 元件的欧姆定律，即式(4-53)～式(4-55)，将其代入式(5-9)，得

$$\begin{aligned}\dot{I}&=\frac{\dot{U}}{R}+\frac{\dot{U}}{j\omega L}+\frac{\dot{U}}{-j\dfrac{1}{\omega C}}=\left(\frac{1}{R}+\frac{1}{j\omega L}+j\omega C\right)\times\dot{U}\\&=\left[\frac{1}{R}+j\left(\omega C-\frac{1}{\omega L}\right)\right]\times\dot{U}\\&=[G+j(B_C-B_L)]\times\dot{U}\\&=(G+jB)\times\dot{U}\end{aligned}$$

令

$$Y=G+jB \tag{5-10}$$

则有

$$\dot{I}=Y\times\dot{U} \tag{5-11}$$

式(5-11)称为相量形式下 *RLC* 并联电路的欧姆定律，式中复数 Y 称为复导纳，它等于电流相量除以对应端点的电压相量。复导纳的实部就是电路的电导 G；复导纳的虚部

$$B=B_C-B_L \tag{5-12}$$

是电路中容纳与感纳之差，称为电纳。容纳和感纳总是正的，而电纳为代数量，可正可负。

根据式(5-11)，RLC 并联电路可用导纳 Y 来等效，如图 5.7 所示。

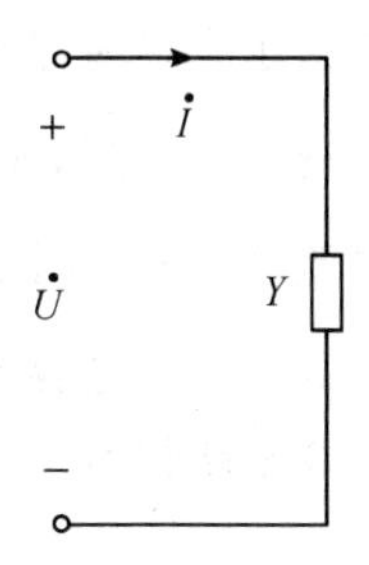

图 5.7　导纳示意图

复导纳也可以表示成指数形式、极坐标形式和三角形式，如

$$Y=|Y|e^{j\varphi'}=|Y|\angle\varphi'=|Y|\cos\varphi'+j|Y|\sin\varphi'$$

式中，$|Y|=\sqrt{G^2+\left(\omega C-\dfrac{1}{\omega L}\right)^2}=\sqrt{G^2+B^2}$ 是复导纳 Y 的模，称为导纳模，它总是正值。$\varphi'=\arctan\dfrac{B}{G}=\arctan\dfrac{\omega C-\dfrac{1}{\omega L}}{G}$ 是复导纳 Y 的辐角，称为导纳角，其可正可负，视电纳 B 的正负而定。显然，导纳模和电导 G、电纳 B 的单位相同，都是西门子(S)。导纳的模 $|Y|$ 和导纳的实部 G 以及虚部 B 构成一个直角三角形，称为导纳三角形，如图 5.8 所示。

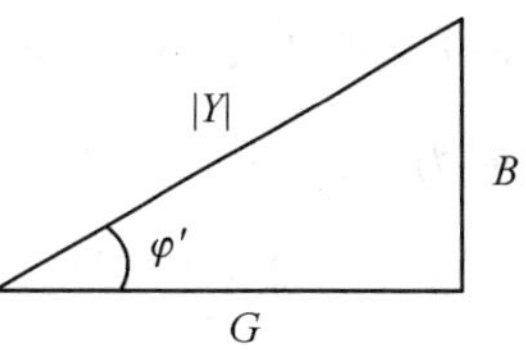

图 5.8　RLC 并联电路的导纳三角形

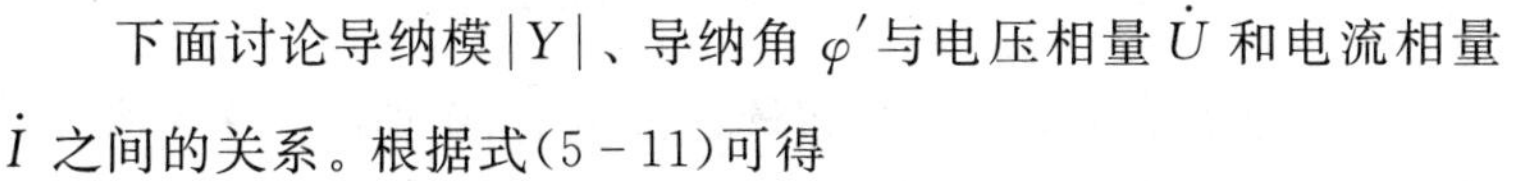

下面讨论导纳模 $|Y|$、导纳角 φ' 与电压相量 $\dot{U}$ 和电流相量 $\dot{I}$ 之间的关系。根据式(5-11)可得

$$Y=\frac{\dot{I}}{\dot{U}}=\frac{I\angle\varphi_i}{U\angle\varphi_u}=\frac{I}{U}\angle(\varphi_i-\varphi_u)=|Y|\angle\varphi'$$

根据复数相等的原则，有

$$\begin{cases}|Y|=\dfrac{I}{U}\\ \varphi'=\varphi_i-\varphi_u\end{cases}\tag{5-13}$$

可见，导纳模 $|Y|$ 等于电流相量和电压相量的模之比，导纳角 φ' 是电流和电压的相位差。若 $\varphi'>0$，则表示电流超前于电压；若 $\varphi'<0$，则表示电流滞后于电压；若 $\varphi'=0$，则表示电流与电压同相。

5.2.2　RLC 并联电路的性质

根据导纳的定义，即式(5-10)可知，导纳

$$B=B_C-B_L=\omega C-\frac{1}{\omega L}$$

与频率有关。因此，在不同的率下，RLC 并联电路有不同的性质，下面分别进行说明：

(1) 当 $\omega C>\dfrac{1}{\omega L}$ 时，$B>0$，$\varphi'>0$ 时，电流超前于电压，电路中电容的作用大于电感的作用，这时电路呈现电容性。电路的导纳可以等效成电导与电容并联的电路。

(2) 当 $\omega C=\dfrac{1}{\omega L}$ 时，$B=0$，$\varphi'=0$ 时，电流与电压同相，电路中电容的作用与电感的作用相互抵消，这时电路呈现电阻性。电路的导纳等效为电导 G。

(3) 当 $\omega C<\dfrac{1}{\omega L}$ 时，$B<0$，$\varphi'<0$ 时，电流滞后于电压，电路中电容的作用小于电感的作用，这时电路呈现电感性。电路的导纳可以等效成电导与电感并联的电路。

为了直观表述 RLC 并联电路中电压与电流的关系，可定性画出其相量图。由于各元件两端的电压相同，选取电压为参考相量，并假设电压的初相角为零，即有 $\dot{U}=U\angle 0°$。电导上电流 $\dot{I}_G$ 与 $\dot{U}$ 同相，其模 $I_G=G\times U$。电感上电流 $\dot{I}_L$ 滞后于电感上电压相量 90°，其模 $I_L=B_L\times U$。电容上电流相量 $\dot{I}_C$ 超前于电容上电压相量 90°，其模 $I_C=B_C\times U$。因此，根据并联电路相量形式的基尔霍夫电流定律，得

$$\dot{I}=\dot{I}_G+\dot{I}_L+\dot{I}_C=\dot{I}_G+\dot{I}_{\mathrm{B}}$$

式中，$\dot{I}_B=\dot{I}_L+\dot{I}_C$ 为电纳电流。它与电压相量的相位差为 $\pm\frac{\pi}{2}$，电纳电流在电路中是不引起能量损耗的，故 $\dot{I}_B$ 又称为 $\dot{I}$ 的无功分量。由于 $\dot{I}_L$ 与 $\dot{I}_C$ 的相位相反，故电纳电流的有效值应为 $|I_C-I_L|$。相应地，电流 $\dot{I}$ 中的另一个分量 $\dot{I}_G$ 与电压同相，在电路中引起能量损耗，称为电流 $\dot{I}$ 的有功分量。

(1) 当 $B_C>B_L$ 时，$I_C>I_L$，电流 $\dot{I}$ 等于三个电流相量之和，相量图如图 5.9(a)所示。从图中可知，此时电流超前于电压，超前的角度为 φ'。

(2) 当 $B_C=B_L$ 时，$I_C=I_L$，电流 $\dot{I}$ 的模等于电导上电流 $\dot{I}_G$ 的模，即 $I=I_G$，相量图如图 5.9(b)所示。这种情况称为 RLC 并联电路发生并联谐振。

(3) 当时 $B_C<B_L$ 时，$I_C<I_L$，电流 $\dot{I}$ 等于三个电流相量之和，相量图如图 5.9(c)所示。从图中可知，此时电流滞后于电压，滞后的角度为 φ'。

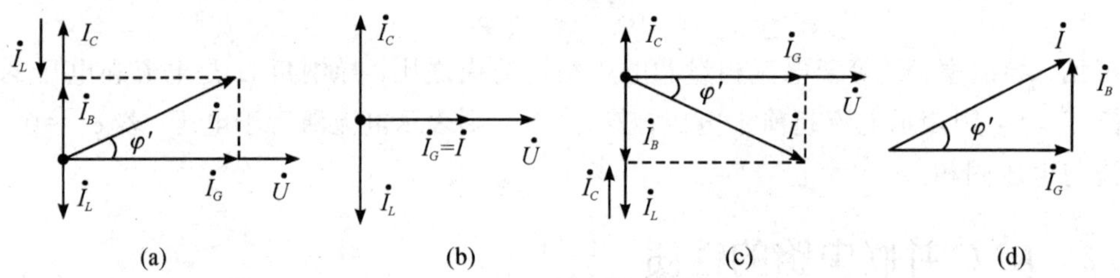

图 5.9 RLC 并联电路的相量图

在相量图中可以看出，电流相量 $\dot{I}$、$\dot{I}_G$ 和 $\dot{I}_B$ 可以组成一个直角三角形，称为电流三角形，如图 5.9(d)所示。这说明电路端电流的有效值 I 并不等于各并联元件上电流有效值直接相加。各电流有效值之间存在的关系为

$$\begin{cases} I=\sqrt{I_G^2+I_B^2} \\ \varphi'=\arctan\dfrac{I_B}{I_G} \end{cases} \tag{5-14}$$

比较图 5.8 和图 5.9(d)可以看出，同一电路的导纳三角形与电流三角形是相似的，因为将导纳三角形的每边乘以 $\dot{U}$，即得电流三角形。

例 5.2 图 5.6 所示 RLC 并联电路中，已知 $G=0.5$ S，$C=0.01$ F，$L=10$ mH，$u=10\sqrt{2}\sin 100t$ V。求电压相量 $\dot{U}$、电流相量 $\dot{I}$ 以及各元件上的电流相量 $\dot{I}_G$、$\dot{I}_L$ 和 $\dot{I}_C$，并画出相量图。

解　根据给出的电压 u，得电压相量为

$$\dot{U}=10\angle 0^\circ\ \text{V}$$

根据欧姆定律得各个元件上的电流相量分别为

$$\dot{I}_G=\frac{\dot{U}}{R}=G\times\dot{U}=5\angle 0^\circ\ \text{A}$$

$$\dot{I}_L=\frac{\dot{U}}{\text{j}\omega L}=10\angle -90^\circ\ \text{A}$$

$$\dot{I}_C=\frac{\dot{U}}{\dfrac{1}{\text{j}\omega C}}=\text{j}\omega C\times\dot{U}=10\angle 90^\circ\ \text{A}$$

故，可得

$$\begin{aligned}\dot{I}&=\dot{I}_G+\dot{I}_L+\dot{I}_C\\&=(5\angle 0^\circ+10\angle -90^\circ+10\angle 90^\circ)\ \text{A}\\&=(5-\text{j}10+\text{j}10)\ \text{A}\\&=5\angle 0^\circ\ \text{A}\end{aligned}$$

画出相量图，如图 5.10 所示。

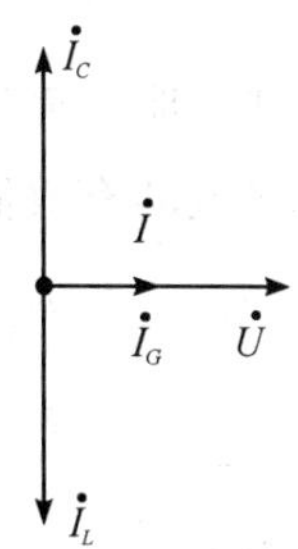

图 5.10　例 5.2 电路相量图

【思考与练习】

1. 结合导纳三角形说明导纳角的含义。
2. 结合 RLC 并联电路的电流相量三角形说明电路的性质。
3. 计算下列各题，并说明电路的性质(设电压与电流为关联参考方向)。

(1) $\dot{U}=220\angle 30^\circ$ V，$\dot{I}=22\angle 60^\circ$ A，$Y=?$ $B=?$

(2) $u=100\sqrt{2}\sin(\omega t+45^\circ)$ V，$Y=(0.04+\text{j}0.04)$ S，$i=?$

(3) $i=5\sqrt{2}\sin(\omega t+60^\circ)$ A，$Y=(0.08-\text{j}0.06)$ S，$u=?$

4. 已知 $R=50\ \Omega$，$L=200$ mH，分别求 $f=50$ Hz 和 $f=500$ Hz 时 RL 并联电路的导纳。

5.3　阻抗的串并联

工程实际中，常把复阻抗或复导纳作为电路元件看待。在交流电路中，阻抗最简单和最常用的连接方式是串联与并联。阻抗的串、并联计算规则和电阻电路中电阻的串、并联计算规则相同。

1. 阻抗的串联

图 5.11(a)所示是两个阻抗的串联电路。其等效电路如图 5.11(b)所示。

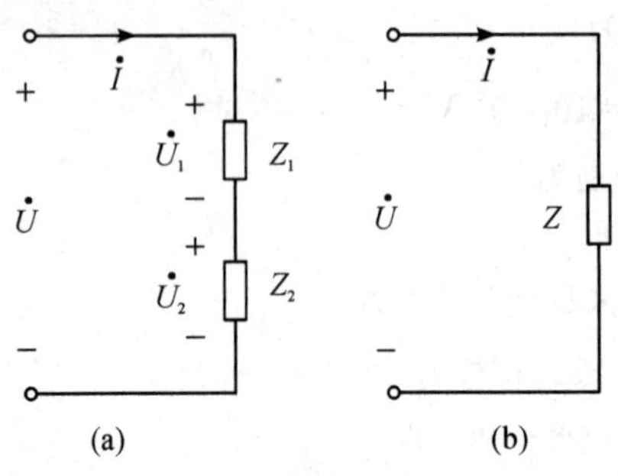

图 5.11　两个阻抗的串联及其等效电路

阻抗的串联

根据基尔霍夫电压定律可以得图 5.11(a)中电压相量的表示式为

$$\dot{U}=\dot{U}_1+\dot{U}_2=Z_1\times\dot{I}+Z_2\times\dot{I}=(Z_1+Z_2)\times\dot{I}$$

上式表明，两个串联的阻抗可以用一个等效阻抗 Z 来代替，在相同电压的作用下，电路中的电流的有效值和相位保持不变。即

$$\dot{I}=\frac{\dot{U}}{Z}$$

式中，$Z=Z_1+Z_2$ 为串联电路的等效阻抗。

同理可得，对于 n 个阻抗串联而成的电路，其等效阻抗为

$$Z=Z_1+Z_2+\cdots+Z_n \tag{5-15}$$

与电阻串联类似，阻抗的串联存在分压关系。当两个阻抗 Z_1 和 Z_2 串联时，两个阻抗的分压关系为

$$\begin{cases}\dot{U}_1=\dfrac{Z_1}{Z_1+Z_2}\times\dot{U}\\[2ex]\dot{U}_2=\dfrac{Z_2}{Z_1+Z_2}\times\dot{U}\end{cases} \tag{5-16}$$

式中，$\dot{U}$ 为串联阻抗的总电压，$\dot{U}_1$ 和 $\dot{U}_2$ 分别是 Z_1 和 Z_2 上的电压。

例 5.3　图 5.11(a)所示的电路中，已知 $Z_1=(30+\mathrm{j}30)\ \Omega$，$Z_2=(50-\mathrm{j}90)\ \Omega$，电压 $u=220\sqrt{2}\sin(100\pi t+30^\circ)\mathrm{V}$，求电路中的电流相量 $\dot{I}$ 以及各元件上的电压 u_1 和 u_2。

解　根据给出的电压表达式可得电压相量为

$$\dot{U}=220\angle 30^\circ\ \mathrm{V}$$

根据式(5-15)可得

$$\begin{aligned}Z&=Z_1+Z_2=(30+\mathrm{j}30)\ \Omega+(50-\mathrm{j}90)\ \Omega\\&=(80-\mathrm{j}60)\ \Omega\\&=100\angle-37^\circ\ \Omega\end{aligned}$$

可得

$$\dot{I}=\frac{\dot{U}}{Z}=\frac{220\angle 30^\circ\mathrm{V}}{100\angle-37^\circ\Omega}=2.2\angle 67^\circ\ \mathrm{A}$$

因此，可得

$$\begin{aligned}\dot{U}_1 &= Z_1 \times \dot{I} = (30 + \mathrm{j}30)\ \Omega \times 2.2\angle 67^\circ \mathrm{A} \\ &= 42.4\angle 45^\circ\ \Omega \times 2.2\angle 67^\circ \mathrm{A} \\ &= 93.3\angle 112^\circ\ \mathrm{V}\end{aligned}$$

以及

$$\begin{aligned}\dot{U}_2 &= Z_2 \times \dot{I} = (50 - \mathrm{j}90)\ \Omega \times 2.2\angle 67^\circ \mathrm{A} \\ &= 103\angle -61^\circ\ \Omega \times 2.2\angle 67^\circ \mathrm{A} \\ &= 226.6\angle 6^\circ\ \mathrm{V}\end{aligned}$$

因此，可得

$$u_1 = 93.3\sqrt{2}\sin(100\pi t + 112^\circ)\mathrm{V}$$

$$u_2 = 226.6\sqrt{2}\sin(100\pi t + 6^\circ)\mathrm{V}$$

2. 阻抗的并联

图 5.12(a)所示是两个阻抗的并联电路，其等效电路如图 5.12(b)所示。

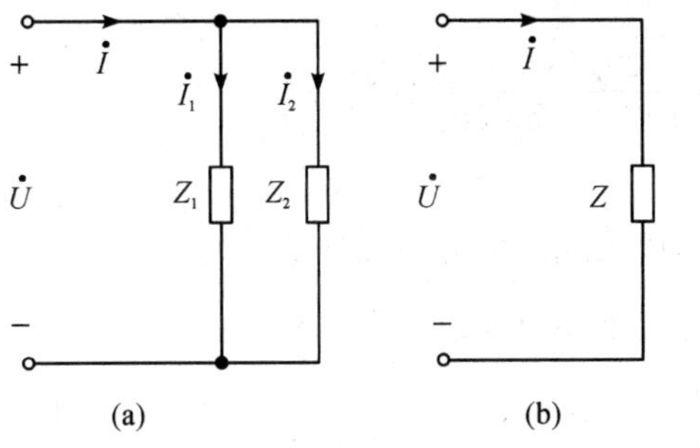

图 5.12　两个阻抗的并联及其等效电路

阻抗的并联

根据基尔霍夫电流定律可以写出图 5.12(a)中电流相量的表示式为

$$\dot{I} = \dot{I}_1 + \dot{I}_2 = \frac{\dot{U}}{Z_1} + \frac{\dot{U}}{Z_2} = \left(\frac{1}{Z_1} + \frac{1}{Z_2}\right) \times \dot{U}$$

上式表明，两个并联的阻抗可以用一个等效阻抗 Z 来代替，在相同电压的作用下，电路中的电流的有效值和相位保持不变。即

$$\dot{I} = \frac{\dot{U}}{Z}$$

式中，$\dfrac{1}{Z} = \dfrac{1}{Z_1} + \dfrac{1}{Z_2}$，即 $Z = \dfrac{Z_1 Z_2}{Z_1 + Z_2}$，$Z$ 称为并联电路的等效阻抗。

同理可得，对于 n 个阻抗并联而成的电路，其等效阻抗满足下面关系

$$\frac{1}{Z} = \frac{1}{Z_1} + \frac{1}{Z_2} + \cdots + \frac{1}{Z_n} \tag{5-17}$$

或者用导纳表述：n 个导纳并联而成的电路，其等效导纳为

$$Y = Y_1 + Y_2 + \cdots + Y_n \tag{5-18}$$

与电阻并联类似，阻抗的并联存在分流关系。当两个阻抗 Z_1 和 Z_2 并联时，两个阻抗的分

流关系为

$$\begin{cases}\dot{I}_1=\dfrac{Z_2}{Z_1+Z_2}\times\dot{I}\\ \dot{I}_2=\dfrac{Z_1}{Z_1+Z_2}\times\dot{I}\end{cases}\tag{5-19}$$

式中，$\dot{I}$ 为并联阻抗的总电流，$\dot{I}_1$ 和 $\dot{I}_2$ 分别是 Z_1 和 Z_2 上的电流。

例 5.4 图 5.12(a)所示的电路中，已知 $Z_1=(50+\text{j}50)\ \Omega$，$Z_2=(60-\text{j}80)\ \Omega$，电压 $u=220\sqrt{2}\sin(100\pi t+30°)\ \text{V}$。求电路中的电流相量 $\dot{I}$ 以及各元件上的电流 i_1 和 i_2。

解 根据给出的电压表达式可得电压相量为

$$\dot{U}=220\angle 30°\ \text{V}$$

因此，可得

$$\dot{I}_1=\frac{\dot{U}}{Z_1}=\frac{220\angle 30°\text{V}}{50\sqrt{2}\angle 45°\Omega}=3.1\angle -15°\ \text{A}$$

以及

$$\dot{I}_2=\frac{\dot{U}}{Z_2}=\frac{220\angle 30°\text{V}}{100\angle -53°\Omega}=2.2\angle 83°\ \text{A}$$

因此，有

$$i_1=3.1\sqrt{2}\sin(100\pi t-15°)\text{A}$$

$$i_2=2.2\sqrt{2}\sin(100\pi t+83°)\text{A}$$

以及

$$\begin{aligned}\dot{I}&=\dot{I}_1+\dot{I}_2=(3.1\angle -15°\ \text{A})+(2.2\angle 83°\ \text{A})\\&\approx 3.5\angle 22.9°\ \text{A}\end{aligned}$$

3. 阻抗的混联

当阻抗的连接中既有串联又有并联时，称为阻抗的混联。阻抗的混联电路总可以通过串联等效变换与并联等效变换的方法逐步化简求出其等效阻抗。下面通过例题说明阻抗混联电路的分析方法。

例 5.5 图 5.13 所示的电路中，已知 $Z_1=(15+\text{j}15)\ \Omega$，$Z_2=(20-\text{j}10)\ \Omega$，$Z_3=(50-\text{j}50)\ \Omega$，电压 $\dot{U}=200\angle 0°\ \text{V}$。求电路中的 $\dot{I}$、$\dot{I}_2$ 和 $\dot{I}_3$。

解 先求出混联电路的等效阻抗为

$$\begin{aligned}Z&=Z_1+\frac{Z_2Z_3}{Z_2+Z_3}\\&=(15+\text{j}15)\ \Omega+\frac{(20-\text{j}10)\times(50-\text{j}50)}{20-\text{j}10+50-\text{j}50}\ \Omega\\&\approx(29.7+\text{j}6.2)\ \Omega\end{aligned}$$

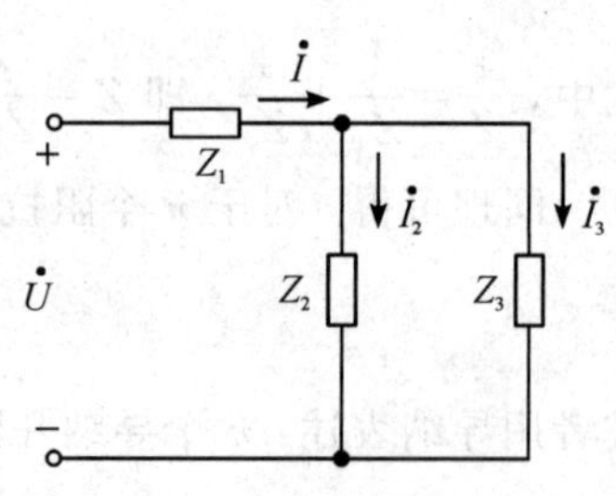

图 5.13 例 5.5 电路图

因此，可得

$$\dot{I}=\frac{\dot{U}}{Z}=\frac{200\angle 0^\circ \text{V}}{(30+\text{j}6)\ \Omega}=\frac{200\angle 0^\circ \text{V}}{30.6\angle 11.3^\circ \Omega}\approx 6.5\angle -11.3^\circ\ \text{A}$$

以及

$$\begin{aligned}\dot{I}_2&=\frac{Z_3}{Z_2+Z_3}\times\dot{I}\\&=\frac{50-\text{j}50}{(20-\text{j}10)+(50-\text{j}50)}\times 6.5\angle -11.3^\circ\ \text{A}\\&\approx 5.0\angle -15.7^\circ\ \text{A}\end{aligned}$$

以及

$$\begin{aligned}\dot{I}_3&=\frac{Z_2}{Z_2+Z_3}\times\dot{I}\\&=\frac{20-\text{j}10}{(20-\text{j}10)+(50-\text{j}50)}\times 6.5\angle -11.3^\circ\ \text{A}\\&\approx 1.6\angle 2.7^\circ\ \text{A}\end{aligned}$$

4. 阻抗的星形连接和三角形连接

如果三个阻抗的一端连接在一起，另一端分别连接在外电路的三个不同的节点上，称为阻抗的星形连接(又称 Y 形连接或 T 形连接)，如图 5.14(a)所示。如果三个阻抗首尾相连形成一个闭合的三角形，三角形的三个顶点与外电路的三个节点连接，称为阻抗的三角形连接(又称△连接或 π 形连接)，如图 5.14(b)所示。

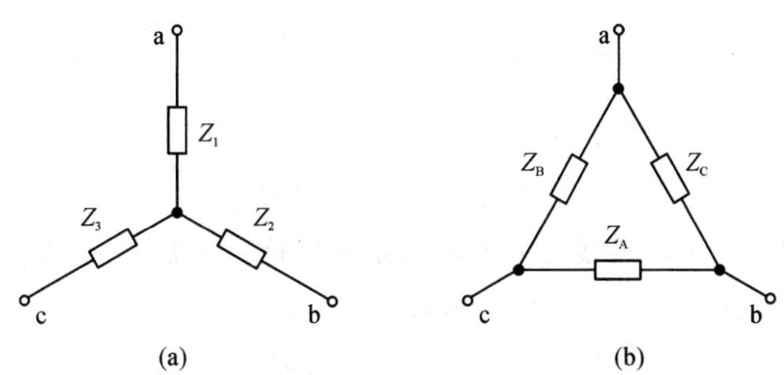

图 5.14　阻抗的星形连接和三角形连接

与电阻类似，阻抗的星形连接和三角形连接之间也可以等效变换。阻抗星形连接等效变换为三角形连接的计算公式为

$$\begin{cases}Z_A=\dfrac{Z_1Z_2+Z_2Z_3+Z_3Z_1}{Z_1}\\[2ex] Z_B=\dfrac{Z_1Z_2+Z_2Z_3+Z_3Z_1}{Z_2}\\[2ex] Z_C=\dfrac{Z_1Z_2+Z_2Z_3+Z_3Z_1}{Z_3}\end{cases}\tag{5-20}$$

阻抗三角形连接等效变换为星形连接的计算公式为

$$\begin{cases} Z_1 = \dfrac{Z_B Z_C}{Z_A + Z_B + Z_C} \\ Z_2 = \dfrac{Z_A Z_C}{Z_A + Z_B + Z_C} \\ Z_3 = \dfrac{Z_B Z_A}{Z_A + Z_B + Z_C} \end{cases} \tag{5-21}$$

特殊地，当星形连接的三个阻抗相等时，即式(5－20)中

$$Z_1 = Z_2 = Z_3 = Z_Y$$

则与其等效的三角形连接的三个阻抗也相等，有

$$Z_\triangle = Z_A = Z_B = Z_C = 3Z_Y$$

或

$$Z_Y = \frac{1}{3} Z_\triangle \tag{5-22}$$

例 5.6 图 5.15(a)所示的电路中，已知 $R=3\ \Omega$，$X_C=6\ \Omega$ 以及 $X_L=9\ \Omega$，求它的等效星形连接电路图 5.15(b)中的阻抗参数。

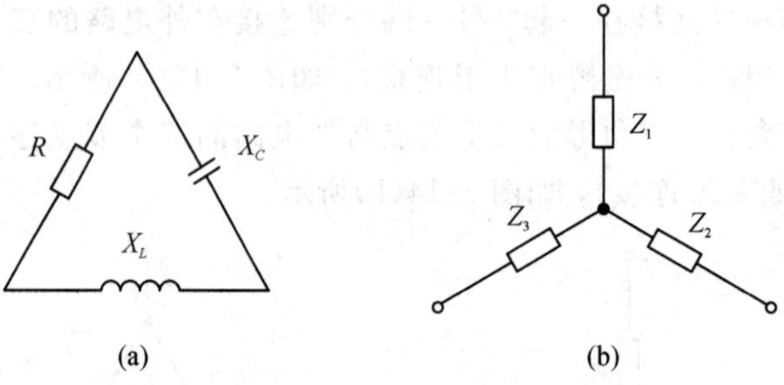

图 5.15 例 5.6 电路图

解 本题为阻抗三角形连接等效变换为星形连接，图中 $Z_A = jX_L = j9\ \Omega$，$Z_B = R = 3\ \Omega$，$Z_C = -jX_C = -j6\ \Omega$，根据(5－21)可得

$$\begin{cases} Z_1 = \dfrac{Z_B Z_C}{Z_A + Z_B + Z_C} = \dfrac{3\ \Omega \times (-j6\ \Omega)}{3\ \Omega + j9\ \Omega - j6\ \Omega} = 4.2\angle -135^\circ \Omega \\ Z_2 = \dfrac{Z_A Z_C}{Z_A + Z_B + Z_C} = \dfrac{j9\ \Omega \times (-j6\ \Omega)}{3\ \Omega + j9\ \Omega - j6\ \Omega} = 12.7\angle -45^\circ \Omega \\ Z_3 = \dfrac{Z_B Z_A}{Z_A + Z_B + Z_C} = \dfrac{3\ \Omega \times j9\ \Omega}{3\ \Omega + j9\ \Omega - j6\ \Omega} = 6.4\angle 45^\circ \Omega \end{cases}$$

【思考与练习】

1. 已知阻抗 $Z_1=(3+j4)\ \Omega$，$Z_2=10\angle 30^\circ \Omega$，求 Z_1 和 Z_2 串联的等效阻抗。
2. 已知阻抗 Z_1 和 Z_2 串联的等效阻抗 $Z=50\angle 45^\circ\ \Omega$，阻抗 $Z_1=(3+j4)\ \Omega$，求 Z_2。
3. 已知阻抗 $Z_1=(6-j8)\ \Omega$，$Z_2=15\angle -60^\circ\ \Omega$，求 Z_1 和 Z_2 并联的等效阻抗。
4. 已知阻抗 Z_1 和 Z_2 并联的等效阻抗 $Z=10\angle -45^\circ\ \Omega$，阻抗 $Z_1=(5+j5)\ \Omega$，求 Z_2。
5. 在图 5.13 中，已知 $Z_1=(5-j5)\ \Omega$，$Z_2=10\angle -30^\circ\ \Omega$，$Z_3=(5+j5)\ \Omega$，求端口的

等效阻抗。

5.4　正弦电路的功率分析

在正弦电路中，常用瞬时功率、有功功率、无功功率、视在功率和复功率等物理量来对电路进行功率分析。

5.4.1　瞬时功率

经过前面的讨论得知，在正弦稳态电路中电阻是耗能元件，它的平均功率恒为正；而电感和电容是储能元件，它们不消耗功率，即平均功率为零，只与外电路进行能量交换。由于在如图 5.14(a)所示的无源二端网络中，既含有电阻元件，又含有电容和电感元件，因此二端网络中既有能量损耗，又有能量交换，它吸收的瞬时功率，等于它输入端的瞬时电压与瞬时电流的乘积，即

$$p=u\times i$$

为简便起见，设图 5.16(a)中的电流为参考正弦量，即 $\varphi_i=0$，电压超前于电流的相角为 $\varphi=\varphi_u-\varphi_i=\varphi_u$，即该无源二端网络的等效阻抗的阻抗角，则有

$$i=\sqrt{2}I\sin\omega t$$

$$u=\sqrt{2}U\sin(\omega t+\varphi)$$

该二端网络的瞬时功率为

$$\begin{aligned} p&=u\times i=2UI\sin(\omega t+\varphi)\sin\omega t \\ &=UI\cos\varphi-UI\cos(2\omega t+\varphi) \end{aligned} \tag{5-23}$$

式中，$UI\cos\varphi$ 为常量，$UI\cos(2\omega t+\varphi)$ 为正弦分量，它的频率是电流或电压频率的两倍。瞬时功率 p 的波形图如图 5.16(b)所示。

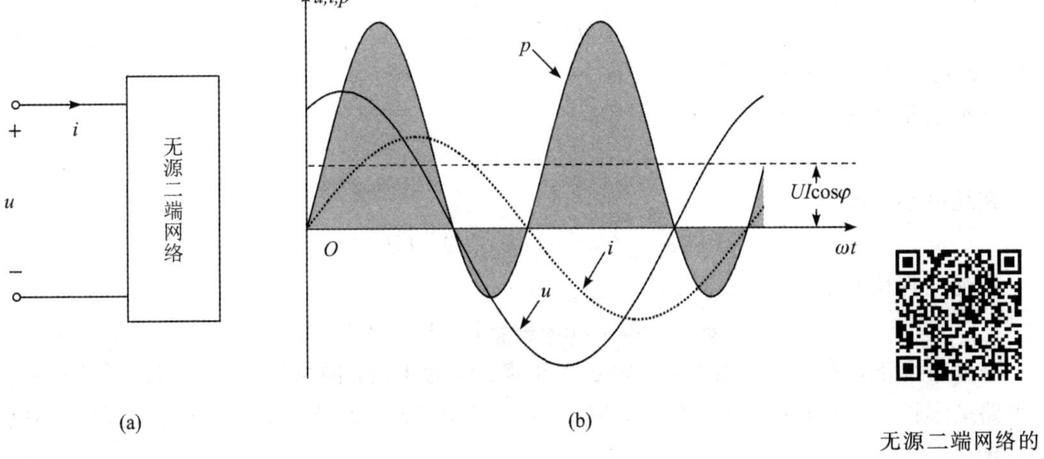

(a)　　(b)

图 5.16　无源二端网络及瞬时功率波形图

无源二端网络的瞬时功率

5.4.2 有功功率

下面讨论二端网络瞬时功率的平均值。对式(5-23)在一个周期内求积分再取平均值得到

$$P=\frac{1}{T}\int_0^T p\,\mathrm{d}t=\frac{1}{T}\int_0^T[UI\cos\varphi-UI\cos(2\omega t+\varphi)]\,\mathrm{d}t$$
$$=UI\cos\varphi \tag{5-24}$$

式(5-24)表示二端网络吸收的平均功率，也称有功功率，即 $P=UI\cos\varphi$，它不仅与电压、电流的有效值的乘积有关，而且与电压、电流的相位差有关。式中，$\lambda=\cos\varphi$ 称为二端网络的功率因数。功率因数的值取决于电压与电流的相位差，即决定于网络阻抗的阻抗角 φ，因此 φ 也称为功率因数角。

式(5-24)可以看作是计算正弦电路有功功率的一般表达式，它具有普遍意义。特殊的，在纯电阻情况下，有

$$\varphi=0,\ \cos\varphi=1,\ P=UI$$

在纯电感情况下，有

$$\varphi=90°,\ \cos\varphi=0,\ P=0$$

在纯电容情况下，有

$$\varphi=-90°,\ \cos\varphi=0,\ P=0$$

因此，实质上无源二端网络所消耗的有功功率就是该网络中各电阻所消耗功率的总和。

5.4.3 无功功率

电感和电容虽然并不消耗能量，但却会在二端网络与外电路之间造成能量往返交换的现象。往返交换能量的剧烈程度显然与二端网络瞬时功率无功分量的最大值 $UI\sin\varphi$ 有关。此值越大，则二端网络与外电路往返交换的能量也就越剧烈。只要知道瞬时功率无功分量的最大值，就能了解往返交换能量的剧烈程度，因此定义无源二端网络的无功功率为

$$Q=UI\sin\varphi \tag{5-25}$$

式中，φ 是二端网络的阻抗角。

在纯电阻情况下，有

$$\varphi=0,\ \sin\varphi=0,\ Q=0$$

在纯电感情况下，有

$$\varphi=90°,\ \sin\varphi=1,\ Q=UI$$

在纯电容情况下，有

$$\varphi=-90°,\ \sin\varphi=-1,\ Q=-UI$$

一般情况下，若电路是感性的，则 φ 大于零，Q 为正值，网络从外界“吸收”无功功率；若电路呈容性，φ 小于零，Q 为负值，网络向外“发出”无功功率。对于一般的无源二端网络，有

$$Q=UI\sin\varphi=I^2|Z|\sin\varphi=I^2X \tag{5-26}$$

式(5－26)说明无源二端网络的无功功率等于电流的有效值的平方乘以该网络等效复阻抗中的电抗。如果电抗不等于零，则该无源二端网络所吸收的无功功率也将不等于零。从物理方面来讲，此时该无源二端网络与外界将有能量的交换。

5.4.4　视在功率

通常情况下，将电压和电流的有效值乘积称为视在功率，用大写字母 S 表示，即

$$S = UI \tag{5-27}$$

视在功率的量纲与功率相同，为了与有功功率、无功功率相区分，视在功率的单位用伏安(V·A)表示。

视在功率 S 通常用来表示电气设备的额定容量。额定容量说明了电气设备可能发出的最大功率，电气设备实际发出的功率只能用其有功功率 P 来衡量，有功功率一般小于视在功率，仅当 $\varphi=0$ 时，二者才相等。

有功功率 P 与视在功率 S 的比值称为电路的功率因数。一台电气设备在实际运行中，到底能发出多少功率与它所连接的外电路有关，还决定于外电路的功率因数。所以功率因数表示了一台电气设备实际使用时的效率，故电气设备的容量通常用视在功率来表示，而不用有功功率来表示。

综上所述，有功功率 P、无功功率 Q、视在功率 S 之间存在如下关系：

$$\begin{cases} P = S\cos\varphi = UI\cos\varphi \\ Q = S\sin\varphi = UI\sin\varphi \\ S = \sqrt{P^2 + Q^2} = UI \\ \varphi = \arctan\dfrac{Q}{P}, \quad \lambda = \cos\varphi = \dfrac{P}{S} \end{cases} \tag{5-28}$$

由式(5－28)可知，P、Q、S 之间的关系可以用一个直角三角形来表示，此直角三角形称为无源二端网络的功率三角形，如图 5.17 所示。

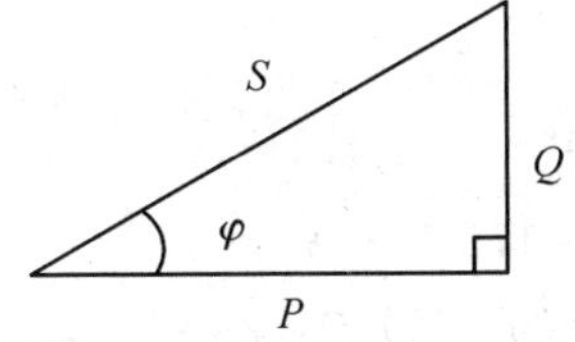

图 5.17　功率三角形

功率三角形

5.4.5　复功率

复功率

在正弦交流电路中，为了能直接应用电压相量与电流相量来计算功率，工程上常把有功功率 P 作为实部，无功功率 Q 作为虚部构成的一个复数，称为复功率。为了区别相量和一般复数，用 $\widetilde{S}$ 来表示复功率，即

$$\widetilde{S} = P + \mathrm{j}Q \tag{5-29}$$

将式(5－28)代入式(5－29)，得

$$\begin{aligned}\widetilde{S} &= S\cos\varphi + \mathrm{j}S\sin\varphi \\ &= S\times \mathrm{e}^{\mathrm{j}\varphi} \\ &= UI\times \mathrm{e}^{\mathrm{j}(\varphi_u-\varphi_i)} \\ &= UI\times (\mathrm{e}^{\mathrm{j}\varphi_u}\times \mathrm{e}^{-\mathrm{j}\varphi_i}) \\ &= U\angle\varphi_u\times I\angle-\varphi_i \\ &= \dot{U}\dot{I}^*\end{aligned} \tag{5-30}$$

式中，$\dot{I}^*=I\angle-\varphi_i$ 为电流相量的共轭复数。

可以证明，对于任何复杂的正弦交流电路，其总的有功功率等于电路中各部分有功功率的代数和，总的无功功率等于各部分无功功率的代数和。在一般情况下，总的视在功率不等于各部分视在功率的代数和，但总的复功率还是等于各部分复功率之和。

例 5.7 有一阻抗为 $Z=(10-\mathrm{j}10)\ \Omega$，两端电压为 $\dot{U}=50\angle30°\ \mathrm{V}$。求阻抗上的有功功率、无功功率和视在功率。

解 根据欧姆定律，得

$$\dot{I}=\frac{\dot{U}}{Z}=\frac{50\angle30°\ \mathrm{V}}{(10-\mathrm{j}10)\ \Omega}=\frac{50\angle30°\ \mathrm{V}}{10\sqrt{2}\angle-45°\ \Omega}\approx 3.5\angle75°\ \mathrm{A}$$

电流相量的共轭复数为

$$\dot{I}^*=3.5\angle-75°\ \mathrm{A}$$

所以，可求得复功率

$$\begin{aligned}\widetilde{S} &= \dot{U}\dot{I}^*=50\angle30°\ \mathrm{V}\times 3.5\angle-75°\ \mathrm{A} \\ &= 175\angle-45°\ \mathrm{V\cdot A} \\ &= (123.7-\mathrm{j}123.7)\ \mathrm{V\cdot A}\end{aligned}$$

根据复功率的定义，复功率的实部即为有功功率，复功率的虚部即为无功功率，复功率的模即为视在功率，因此可得到

$$\begin{aligned}P&=123.7\ \mathrm{W} \\ Q&=-123.7\ \mathrm{var} \\ S&=\sqrt{P^2+Q^2}=175\ \mathrm{V\cdot A}\end{aligned}$$

例 5.8 已知如图 5.18 所示电路中，$Z_1=(5+\mathrm{j}5)\ \Omega$，$Z_2=(5-\mathrm{j}5)\ \Omega$，端口电压为 $\dot{U}=220\angle60°\ \mathrm{V}$，试求各负载以及全电路的有功功率、无功功率和视在功率。

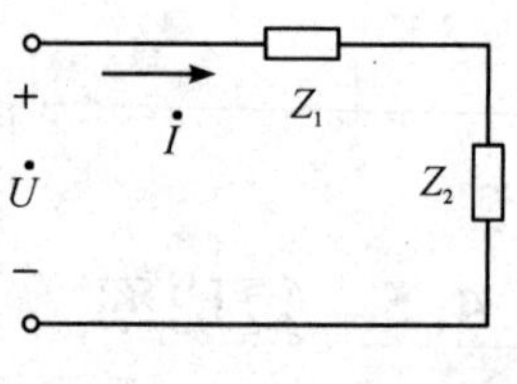

图 5.18 例 5.8 电路图

解 串联等效阻抗为

$$\begin{aligned}Z &= Z_1+Z_2=(5+\mathrm{j}5)\ \Omega+(5-\mathrm{j}5)\ \Omega \\ &= 10\ \Omega=10\angle0°\ \Omega\end{aligned}$$

因此

$$\dot{I}=\frac{\dot{U}}{Z}=\frac{220\angle60°\ \mathrm{V}}{10\angle0°\ \Omega}=22\angle60°\ \mathrm{A}$$

阻抗 Z_1 两端的电压为

$$\begin{aligned}\dot{U}_1 &= \dot{I} \times Z_1 \\ &= 22\angle 60^\circ\ \text{A} \times 5\sqrt{2}\angle 45^\circ\ \Omega \\ &= 110\sqrt{2}\angle 105^\circ\ \text{V}\end{aligned}$$

阻抗 Z_2 两端的电压为

$$\dot{U}_2 = \dot{I} \times Z_2 = 22\angle 60^\circ\ \text{A} \times 5\sqrt{2}\angle -45^\circ\ \Omega = 110\sqrt{2}\angle 15^\circ\ \text{V}$$

因此，可得各负载以及全电路的复功率分别为

$$\begin{aligned}\widetilde{S}_1 &= \dot{U}_1 \times \dot{I}^* = 110\sqrt{2}\angle 105^\circ\ \text{V} \times 22\angle -60^\circ\ \text{A} \\ &= 2420\sqrt{2}\angle 45^\circ\ \text{V}\cdot\text{A} \\ &= (2420 + \text{j}2420)\ \text{V}\cdot\text{A}\end{aligned}$$

$$\begin{aligned}\widetilde{S}_2 &= \dot{U}_2 \times \dot{I}^* = 110\sqrt{2}\angle 15^\circ\ \text{V} \times 22\angle -60^\circ\ \text{A} \\ &= 2420\sqrt{2}\angle -45^\circ\ \text{V}\cdot\text{A} \\ &= (2420 - \text{j}2420)\ \text{V}\cdot\text{A}\end{aligned}$$

$$\begin{aligned}\widetilde{S} &= \dot{U} \times \dot{I}^* = 220\angle 60^\circ\ \text{V} \times 22\angle -60^\circ\ \text{A} \\ &= 4840\angle 0^\circ\ \text{V}\cdot\text{A} \\ &= 4840\ \text{V}\cdot\text{A}\end{aligned}$$

所以，负载 Z_1 上的有功功率为 2420 W，无功功率为 2420 var，视在功率为 $3422\sqrt{2}$ V·A；负载 Z_2 上的有功功率为 2420 W，无功功率为 −2420 var，视在功率为 $3422\sqrt{2}$ V·A；全电路的有功功率为 4840 W，无功功率为 0，视在功率为 4840 V·A。

【思考与练习】

1. 说明正弦交流电路中有功功率、无功功率、视在功率和复功率的意义，以及它们之间的联系。

2.“无功功率仅仅反映了负载与电源之间的能量交换，并不是真正消耗的功率，因此无功功率的大小对电路没什么影响”。此说法是否正确？请说明理由。

3. 已知无源二端网络的端口电压 $\dot{U}=220\angle 45^\circ$ V，电流 $\dot{I}=15\angle 30^\circ$ A，求该二端网络的有功功率、无功功率、视在功率，并说明网络的性质。

5.5 功率因数的提高

有功功率代表电路在特定时间做功的能力，视在功率是电压和电流有效值的乘积。纯电阻负载的视在功率等于有功功率，其功率因数为 1。若负载是由电感、电容及电阻组成的线性负载，能量可能会在负载端及电源端往复流动，使得有功功率下降。若负载中有电感、电容及电阻以外的元件(非线性负载)，会使得输入电流的波形扭曲，也会使视在功率大于

有功功率，这两种情形对应的功率因数会小于1。功率因数在一定程度上反映了发电机容量得以利用的比例，是合理用电的重要指标。

电力系统中，若一负载的功率因数较低，负载要产生相同有功功率输出时所需要的电流就会提高。当电流提高时，电路系统的能量损失就会增加，而且电线及相关电力设备的容量也随之增加。

提高负载功率因数，使其接近1的技术称为功率因数修正。在实际电路中，如三相异步电动机、日光灯等感性负载，通常是采用在负载两端并联电容器(或同步补偿器)的方法来提高电路的功率因数，如图5.19(a)所示。

未并联电容 C 时，负载中的电流为

$$I_L=\frac{P}{U\cos\varphi_1}$$

负载两端并联了电容 C 后，负载中电流没有变化，值仍为 $\dot{I}_L$，但因电容中电流 $\dot{I}_C$ 超前于电压 $\dot{U}$，使相量 $\dot{I}_L$ 与相量 $\dot{I}_C$ 之和，即线路上的总电流相量 $\dot{I}$ 的有效值 I 反而比 I_L 减小了，如图5.19(b)所示。也可以说，负载中滞后的无功电流被电容中超前的无功电流所补偿，从而使总电流的无功分量反而减小。

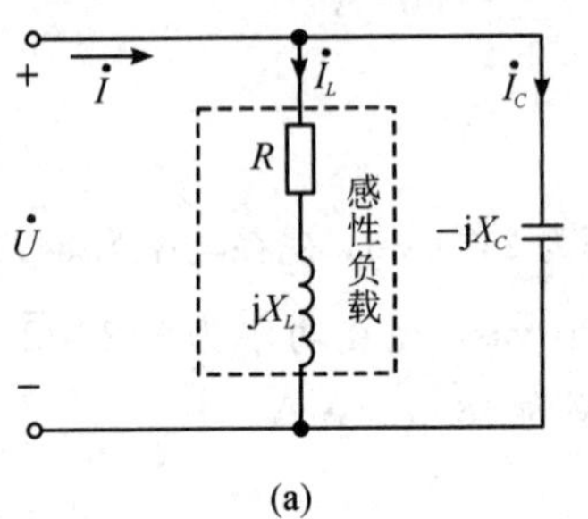

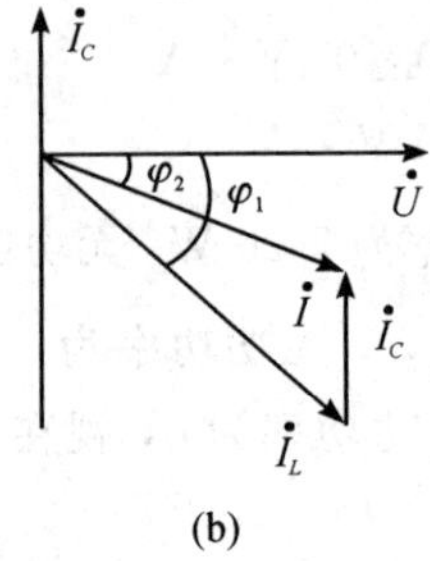

图5.19 感性负载并联电容提高功率因数

功率因数的提高

负载两端未并联电容时，电流 $\dot{I}_L$ 的无功分量为

$$I_L\sin\varphi_1=\frac{P}{U\cos\varphi_1}\sin\varphi_1=\frac{P}{U}\tan\varphi_1$$

并联电容 C 后，其无功分量为

$$I\sin\varphi_2=\frac{P}{U\cos\varphi_2}\sin\varphi_2=\frac{P}{U}\tan\varphi_2$$

由图5.19(b)，可知

$$I_C=I_L\sin\varphi_1-I\sin\varphi_2=\omega CU$$

所以，有

$$C=\frac{I_C}{\omega U}=\frac{I_L\sin\varphi_1-I\sin\varphi_2}{\omega U}=\frac{P}{\omega U^2}(\tan\varphi_1-\tan\varphi_2) \tag{5-31}$$

从能量角度来看，负载中磁场能量的增减与电容中电场能量的增减部分地相互补偿，从而降低了电源与负载间的能量交换；或者说利用电容发出的无功功率 Q_C 去补偿负载所需的无功功率 Q_L，从而减小总的无功功率，端口的功率因数得到提高。

负载两端并联电容前后，电路的有功功率不变。因为$\frac{Q}{P}=\tan\varphi$，负载两端未并联电容时，无功功率为 $P\tan\varphi_1$；负载两端并联电容后，无功功率应为 $P\tan\varphi_2$。根据无功功率补偿的原理可得，所需并联的电容的无功功率为

$$Q_C=P\tan\varphi_1-P\tan\varphi_2$$

而 $Q_C=\omega CU^2$，因此所需并联的电容为

$$C=\frac{P}{\omega U^2}(\tan\varphi_1-\tan\varphi_2)$$

结果与式(5-31)相同。

应该注意的是，负载两端并联电容后，电路的功率因数得到了提高，但负载本身的工作状态并未改变，它的功率因数、有功功率、无功功率都没有改变。

例 5.9 已知某感性负载的额定电压为 220 V，有功功率为 10 kW，功率因数为 0.85。若要把功率因数提高到 0.95，求负载两端应并联多大的电容，并且比较并联电容前后的电流(电源频率为 50 Hz)。

解 负载两端未并联电容时，负载电流(同时也为线路电流)为

$$I_1=\frac{P}{U\cos\varphi_1}=\frac{10\ 000\ \text{W}}{220\ \text{V}\times 0.85}\approx 53.5\ \text{A}$$

$$\varphi_1=\arccos 0.85\approx 31.8°$$

负载两端并联电容后，功率因数提高到 0.95，线路电流为

$$I=\frac{P}{U\cos\varphi_2}=\frac{10\ 000\ \text{W}}{220\ \text{V}\times 0.95}\approx 47.8\ \text{A}$$

$$\varphi_2=\arccos 0.95\approx 18.2°$$

由式(5-31)可得

$$\begin{aligned}C&=\frac{P}{\omega U^2}(\tan\varphi_1-\tan\varphi_2)\\&=\frac{10\ 000\ \text{W}}{2\pi\times 50\ \text{Hz}\times(220\ \text{V})^2}(\tan 31.8°-\tan 18.2°)\\&\approx 191.5\ \mu\text{F}\end{aligned}$$

因此，要把功率因数提高到 0.95，负载两端需要并联 191.5 μF 的电容，线路中的电流从 53.5 A 减小到了 47.8 A。

【思考与练习】

1. 为何要提高功率因数？对于感性负载如何来提高功率因数？

2. 提高功率因数，对负载本身的运行有何影响？

3. 已知一感性负载的额定电压为 220 V/50 Hz，电流为 20 A，功率因数为 0.6。现需要将功率因数提高到 0.9，需并联多大的电容？如果要将功率因数提高到 0.99 呢？

5.6 复杂正弦电路的分析

在正弦交流电路中引入相量后，电路欧姆定律、基尔霍夫定律以及电路中各个元件的伏安关系也都可以用相量表示，并且在形式上与直流电路中所用的公式完全相同。因此，分析计算直流电路的各种方法和定理，如电阻的串并联等效变换、星形和三角形等效变换、电压源和电流源的等效变换、支路电流法、网孔电流法、节点电压法、叠加定理、替代定理、戴维南定理和诺顿定理等，完全适用于线性正弦稳态电路的分析计算，所不同的仅在于用电压相量和电流相量取代了直流电压和电流；以复阻抗和复导纳取代了直流电阻和电导。这就是分析正弦交流电路的相量法。下面通过具体例题来详细说明复杂正弦交流电路的分析计算方法。

例 5.10 图 5.20(a)所示的电路中，已知 $R_1=3\ \Omega$，$R_2=6\ \Omega$，$X_L=4\ \Omega$，$X_C=2\ \Omega$，$\dot{U}_{S1}=12\angle 0°\ \text{V}$，$\dot{I}_{S1}=1\angle 40°\ \text{A}$，求电感上的电压 $\dot{U}_L$。

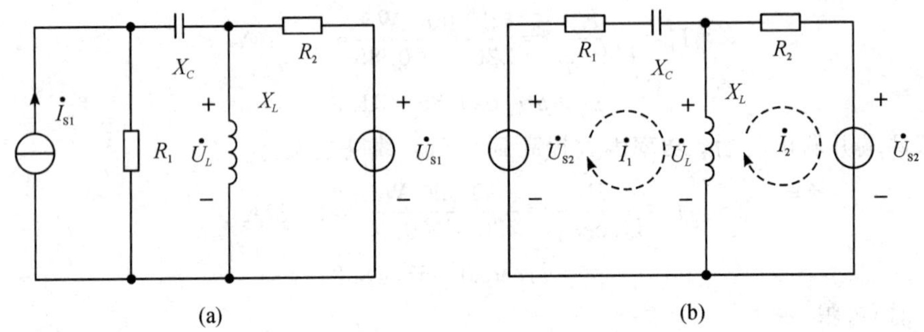

图 5.20 例 5.10 电路图

解 使用网孔电流法分析计算。首先将图 5.20(a)中的电流源等效变换为电压源，得到图 5.20(b)所示，其中

$$\dot{U}_{S2}=\dot{I}_{S1}\times R_1=3\angle 40°\ \text{V}$$

图 5.20(b)中 $\dot{I}_1$ 和 $\dot{I}_2$ 为网孔电流，列出网孔方程为

$$\begin{cases}\dot{I}_1\times[R_1+\text{j}(X_L-X_C)]-\dot{I}_2\times\text{j}X_L-\dot{U}_{S2}=0\ \text{V}\\ \dot{I}_2\times(R_2+\text{j}X_L)-\dot{I}_1\times\text{j}X_L+\dot{U}_{S1}=0\ \text{V}\end{cases}$$

代入已知数值，得

$$\begin{cases}\dot{I}_1\times(3+\text{j}2)\ \Omega-\dot{I}_2\times\text{j}4\ \Omega-3\angle 40°\ \text{V}=0\ \text{V}\\ \dot{I}_2\times(6+\text{j}4)\ \Omega-\dot{I}_1\times\text{j}4\ \Omega+12\angle 0°\ \text{V}=0\ \text{V}\end{cases}$$

解得

$$\begin{cases}\dot{I}_1=0.7887\angle -120.14°\ \text{A}\\ \dot{I}_2=1.304\angle 156°\ \text{A}\end{cases}$$

因此可得电感上电压为

$$\dot{U}_L=(\dot{I}_1-\dot{I}_2)\times \mathrm{j}X_L=1.45\angle -56.74^\circ\ \mathrm{A}\times 4\angle 90^\circ\ \Omega=5.8\angle 33.26^\circ\ \mathrm{V}$$

例 5.11　图 5.21(a)所示的电路中，已知 $R_1=4\ \Omega$，$R_2=1\ \Omega$，$X_L=2\ \Omega$，$X_C=3\ \Omega$，$\dot{U}_S=4\angle 0^\circ\ \mathrm{V}$，$\dot{I}_S=1\angle 0^\circ\ \mathrm{A}$，求电容上的电流 $\dot{I}_C$。

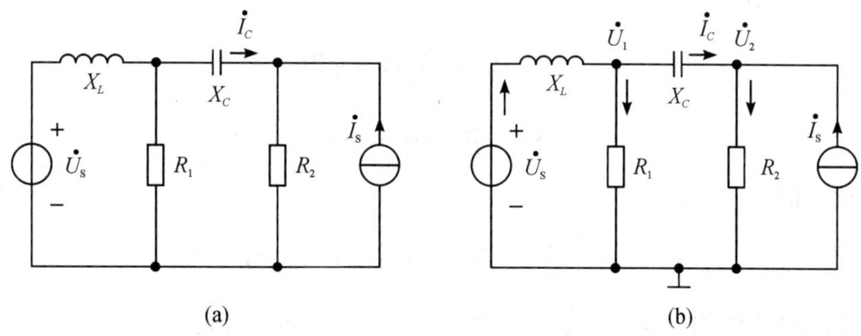

图 5.21　例 5.11 电路图

解　使用节点电压法分析计算。取原电路下方节点为参考点，上方两个节点的电压分别设为 $\dot{U}_1$ 和 $\dot{U}_2$，标注出各支路的电流参考方向，如图 5.21(b)所示。列出节点方程

$$\begin{cases}\dfrac{\dot{U}_S-\dot{U}_1}{\mathrm{j}X_L}=\dfrac{\dot{U}_1}{R_1}+\dfrac{\dot{U}_1-\dot{U}_2}{-\mathrm{j}X_C}\\[2ex]\dfrac{\dot{U}_1-\dot{U}_2}{-\mathrm{j}X_C}+\dot{I}_S=\dfrac{\dot{U}_2}{R_2}\end{cases}$$

代入已知数值，得

$$\begin{cases}\dfrac{4\angle 0^\circ\ \mathrm{V}-\dot{U}_1}{\mathrm{j}2\ \Omega}=\dfrac{\dot{U}_1}{4\ \Omega}+\dfrac{\dot{U}_1-\dot{U}_2}{-\mathrm{j}3\ \Omega}\\[2ex]\dfrac{\dot{U}_1-\dot{U}_2}{-\mathrm{j}3\ \Omega}+1\angle 0^\circ\ \mathrm{A}=\dfrac{\dot{U}_2}{1\ \Omega}\end{cases}$$

解得

$$\begin{cases}\dot{U}_1=4.2\angle -56.9^\circ\ \mathrm{V}\\ \dot{U}_2=2.2\angle 1.0^\circ\ \mathrm{V}\end{cases}$$

因此，可得电容上的电流

$$\dot{I}_C=\frac{\dot{U}_1-\dot{U}_2}{-\mathrm{j}X_C}=1.2\angle 1.5^\circ\ \mathrm{A}$$

例 5.12　图 5.22(a)所示的电路中，已知 $R=4\ \Omega$，$X_L=5\ \Omega$，$X_C=2\ \Omega$，$\dot{U}_S=5\angle 0^\circ\ \mathrm{V}$，$\dot{I}_S=2\angle 0\ \mathrm{A}$，求电容上的电流 $\dot{I}_C$。

解　使用叠加定理分析计算。

(1) 电流源单独作用，电压源置零，如图 5.22(b)所示。利用并联分流关系可得

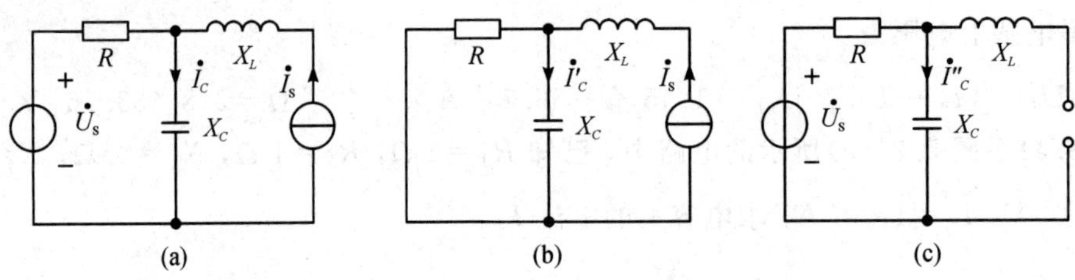

图 5.22 例 5.12 电路图

$$\dot{I}'_C=\frac{R}{R-\mathrm{j}X_C}\times\dot{I}_\mathrm{S}$$

代入已知数值，得

$$\dot{I}'_C=\frac{4\ \Omega}{(4-\mathrm{j}2)\ \Omega}\times2\angle0°\mathrm{A}=1.8\angle26.6°\mathrm{A}$$

(2) 电压源单独作用，电流源置零，如图 5.22(c)所示。可得

$$\dot{I}''_C=\frac{\dot{U}_\mathrm{S}}{R-\mathrm{j}X_C}$$

代入已知数值，得

$$\dot{I}''_C=\frac{5\angle0°\mathrm{V}}{(4-\mathrm{j}2)\ \Omega}=1.1\angle26.6°\ \mathrm{A}$$

因此，可得电容上电流

$$\dot{I}_C=\dot{I}'_C+\dot{I}''_C=1.8\angle26.6°\ \mathrm{A}+1.1\angle26.6°\ \mathrm{A}=2.9\angle26.6°\ \mathrm{A}$$

例 5.13 图 5.23(a)所示的电路中，已知 $R=40\ \Omega$，$X_L=8\ \Omega$，$X_C=60\ \Omega$，$\dot{U}_\mathrm{S}=20\angle0°\ \mathrm{V}$，求端口 AB 间的戴维南等效电路。

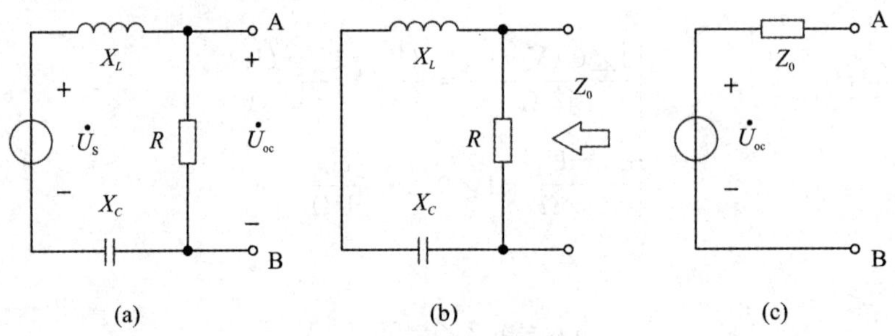

图 5.23 例 5.13 电路图

解 首先在图 5.23(a)中，根据串联分压关系，得到开路电压

$$\dot{U}_\mathrm{oc}=\frac{R}{R+\mathrm{j}(X_L-X_C)}\times\dot{U}_\mathrm{S}$$

代入已知数值，得

$$\dot{U}_\mathrm{oc}=\frac{40\ \Omega}{[40+\mathrm{j}(80-60)]\ \Omega}\times20\angle0°\ \mathrm{V}=17.9\angle-26.6°\ \mathrm{V}$$

接着将独立电源置零，如图 5.23(b)所示，可得 AB 间等效阻抗

$$Z_0=\frac{R\times\mathrm{j}(X_L-X_C)}{R+\mathrm{j}(X_L-X_C)}$$

代入已知数值，得

$$Z_0=\frac{40\ \Omega\times \mathrm{j}(80-60)\ \Omega}{40\ \Omega+\mathrm{j}(80-60)\ \Omega}=17.9\angle 63.4^\circ\ \Omega$$

因此，可得戴维南等效电路如图 5.23(c)所示，图中 $\dot{U}_{oc}=17.9\angle -26.6^\circ$ V，$Z_0=17.9\angle 63.4^\circ\ \Omega$。

例 5.14　图 5.24 所示的电路中，已知 $\dot{U}_S$ 和 $Z_0=R_0+\mathrm{j}X_0$ 分别为电源的电压和内阻抗，$Z=R+\mathrm{j}X$ 为负载阻抗，求负载能获得最大功率的条件。

解　由图中可知

$$\dot{I}=\frac{\dot{U}_S}{Z+Z_0}$$

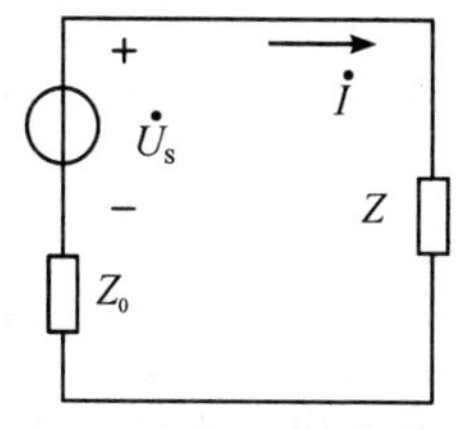

图 5.24　例 5.14 电路图

可得 $\dot{I}$ 的有效值为

$$I=\frac{|\dot{U}_S|}{|Z+Z_0|}=\frac{U_S}{\sqrt{(R+R_0)^2+(X+X_0)^2}}$$

因此，可得负载的有功功率为

$$P=I^2R=\frac{U_S^2}{(R+R_0)^2+(X+X_0)^2}$$

上式中，对于任意 R 和功率 P 获得最大值的条件是 $X+X_0=0$，即 $X=-X_0$，此时功率为

$$P=\frac{U_S^2\times R}{(R+R_0)^2}$$

上式取得最大值的条件为 $\frac{\mathrm{d}P}{\mathrm{d}R}=0$，即

$$\frac{\mathrm{d}P}{\mathrm{d}R}=\frac{2(R+R_0)U_S^2R-U_S^2(R+R_0)^2}{(R+R_0)^4}=\frac{U_S^2(R-R_0)}{(R+R_0)^3}=0$$

此时，$R=R_0$。

综上所述，图 5.24 中负载获得最大功率的条件为

$$\begin{cases}X=-X_0\\R=R_0\end{cases}$$

或者

$$Z=Z_0^*$$

此时，负载阻抗和电源内阻抗为一对共轭复数，工程上把这种状态称为共轭匹配，在共轭匹配下，负载获得的最大功率为

$$P_{\max}=\frac{U_S^2R}{(R+R_0)^2}=\frac{U_S^2}{4R_0}$$

此时，功率传输效率为

$$\eta=\frac{I^2R}{I^2(R+R_0)}=\frac{R}{R+R_0}=50\%$$

在电力系统中，不容许负载工作在共轭匹配状态下，一方面是由于这种状态下功率传输效率太低；另一方面是因为电源内阻一般较小，共轭匹配时将产生很大的电流，会危及

电源和负载。而在无线电系统中，往往要求负载和信号源共轭匹配，以获得最大功率从而放大微小的信号。

例 5.15 图 5.25 所示的电路中，已知 $\dot{I}_S=2\angle 0°\text{A}$，$R_1=10\ \Omega$，$R_2=40\ \Omega$，求电阻 R_2 上的电压 $\dot{U}$。

解 根据基尔霍夫电流定律有

$$\dot{I}_s=\dot{I}_1+\dot{I}_2 \tag{5-32}$$

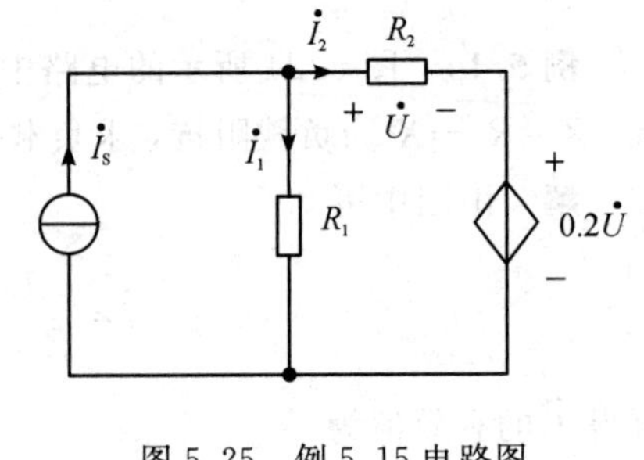

图 5.25 例 5.15 电路图

根据电阻的欧姆定律有

$$\begin{cases}\dot{I}_1=\dfrac{\dot{U}+0.2\dot{U}}{R_1}\\[2ex] I_2=\dfrac{\dot{U}}{R_2}\end{cases}$$

将上式代入式(5-32)中，可得

$$2\angle 0°\ \text{A}=\frac{1.2\dot{U}}{10\ \Omega}+\frac{\dot{U}}{40\ \Omega}$$

解得

$$\dot{U}=13.8\angle 0°\ \text{V}$$

【思考与练习】

1. 试用节点电压法重新求解例 5.9。
2. 试用电源等效变换法重新求解例 5.10。
3. 试用网孔电流法重新求解例 5.11。

本 章 小 结

1. RLC 串联电路的复阻抗为

$$Z=R+\text{j}X$$

复阻抗的实部就是电路的电阻；复阻抗的虚部是电路中感抗与容抗之差，称为电抗。复阻抗的指数形式、极坐标形式或三角形式为

$$Z=|Z|\text{e}^{\text{j}\varphi}=|Z|\angle\varphi=|Z|\cos\varphi+\text{j}|Z|\sin\varphi$$

式中，$|Z|=\sqrt{R^2+\left(\omega L-\dfrac{1}{\omega C}\right)^2}=\sqrt{R^2+X^2}$ 是复阻抗 Z 的模，称为阻抗模，它总是正值。

$\varphi=\arctan\dfrac{X}{R}=\arctan\dfrac{\omega L-\dfrac{1}{\omega C}}{R}$ 是复阻抗 Z 的辐角，称为阻抗角。

(1) 当 $\omega L>\dfrac{1}{\omega C}$ 时，$X>0$，$\varphi>0$，电压超前于电流，电路中电感的作用大于电容的作

用，这时电路呈现电感性。

(2) 当 $\omega L=\frac{1}{\omega C}$ 时，$X=0$，$\varphi=0$，电压与电流同相，电路中电感的作用与电容的作用相互抵消，这时电路呈现电阻性。

(3) 当 $\omega L<\frac{1}{\omega C}$ 时，$X<0$，$\varphi<0$，电压滞后于电流，电路中电感的作用小于电容的作用，这时电路呈现电容性。

2. RLC 并联电路的复导纳为

$$Y=G+\mathrm{j}B$$

复导纳的实部就是电路的电导 G；复导纳的虚部是电路中容纳与感纳之差，称为电纳。复导纳的指数形式、极坐标形式或三角形式为

$$Y=|Y|\mathrm{e}^{\mathrm{j}\varphi'}=|Y|\angle\varphi'=|Y|\cos\varphi+\mathrm{j}|Y|\sin\varphi'$$

式中，$|Y|=\sqrt{G^2+\left(\omega C-\frac{1}{\omega L}\right)^2}=\sqrt{G^2+B^2}$ 是复导纳 Y 的模，称为导纳模，它总是正值。$\varphi'=\arctan\frac{B}{G}=\arctan\frac{\omega C-\frac{1}{\omega L}}{G}$ 是复导纳 Y 的辐角，称为导纳角，可正可负。

(1) 当 $\omega C>\frac{1}{\omega L}$ 时，$B>0$，$\varphi'>0$，电流超前于电压，电路中电容的作用大于电感的作用，这时电路呈现电容性。

(2) 当 $\omega C=\frac{1}{\omega L}$ 时，$B=0$，$\varphi'=0$，电流与电压同相，电路中电容的作用与电感的作用相互抵消，这时电路呈现电导性。

(3) 当 $\omega C<\frac{1}{\omega L}$ 时，$B<0$，$\varphi'<0$，电流滞后于电压，电路中电容的作用小于电感的作用，这时电路呈现电感性。

3. 对于 n 个阻抗串联而成的电路，其等效阻抗为

$$Z=Z_1+Z_2+\cdots+Z_n$$

4. 对于 n 个导纳并联而成的电路，其等效导纳为

$$Y=Y_1+Y_2+\cdots+Y_n$$

5. 当阻抗的连接中既有串联又有并联时，称为阻抗的混联。阻抗的混联电路总可以通过串联等效变换与并联等效变换的方法逐步化简求出其等效阻抗。

6. 阻抗星形连接等效变换为三角形连接的计算公式为

$$\begin{cases}Z_{\mathrm{A}}=\dfrac{Z_1Z_2+Z_2Z_3+Z_3Z_1}{Z_1}\\[2ex]Z_{\mathrm{B}}=\dfrac{Z_1Z_2+Z_2Z_3+Z_3Z_1}{Z_2}\\[2ex]Z_{\mathrm{C}}=\dfrac{Z_1Z_2+Z_2Z_3+Z_3Z_1}{Z_3}\end{cases}$$

阻抗三角形连接等效变换为星形连接的计算公式为

$$\begin{cases} Z_1=\dfrac{Z_B Z_C}{Z_A+Z_B+Z_C} \\ Z_2=\dfrac{Z_A Z_C}{Z_A+Z_B+Z_C} \\ Z_3=\dfrac{Z_B Z_A}{Z_A+Z_B+Z_C} \end{cases}$$

当星形连接的三个阻抗相等时，与其等效的三角形连接的三个阻抗也相等，有

$$Z_{\triangle}=Z_A=Z_B=Z_C=3Z_Y$$

7. 如果二端网络的电流和电压分别为

$$i=\sqrt{2}I\sin\omega t$$

$$u=\sqrt{2}U\sin(\omega t+\varphi)$$

则瞬时功率为 $p=UI\cos\varphi-UI\cos(2\omega t+\varphi)$，有功功率为 $P=UI\cos\varphi$，无功功率为 $Q=UI\sin\varphi$，视在功率为 $S=UI$，复功率为 $\tilde{S}=P+\mathrm{j}Q$。

8. 提高负载功率因数，使其接近 1 的技术称为功率因数修正。对于感性负载，通常是采用在负载两端并联电容器(或同步补偿器)的方法来提高电路的功率因数。

9. 分析计算直流电路的各种方法和定理，完全适用于线性正弦稳态电路的分析计算，所不同的仅在于用电压相量和电流相量取代了直流电压和电流，以复阻抗和复导纳取代了直流电阻和电导。

习 题

1. 已知 $R=50\ \Omega$，$L=50$ mH，$C=10\ \mu$F 的串联电路，分别求 $f=50$ Hz 和 $f=5$ kHz 时串联电路的阻抗。

2. 已知 $R=50\ \Omega$，$L=50$ mH，$C=10\ \mu$F 的并联电路，分别求 $f=50$ Hz 和 $f=5$ kHz 时并联电路的导纳。

3. 图 5.26 所示的电路中，已知 $\dot{U}=50\angle 0°$ V，$Z_1=10\angle 45°\ \Omega$，$Z_2=(3+\mathrm{j}4)\ \Omega$，求图中的电流 $\dot{I}$ 和电压 $\dot{U}_1$、$\dot{U}_2$。

4. 图 5.27 所示的电路中，已知 $\dot{I}=10\angle 0°$ A，$Z_1=10\angle -60°\ \Omega$，$Z_2=(5-\mathrm{j}5)\ \Omega$，求图中的电压 $\dot{U}$ 和电流 $\dot{I}_1$、$\dot{I}_2$。

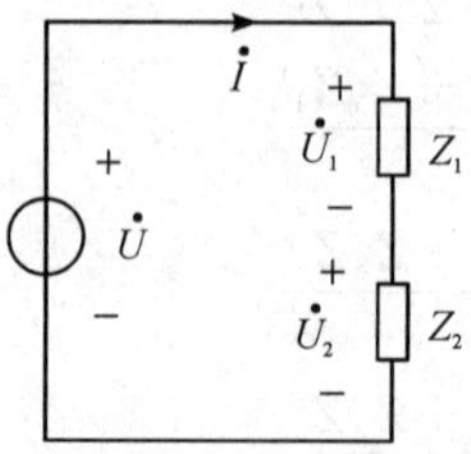

图 5.26 习题 3 电路图

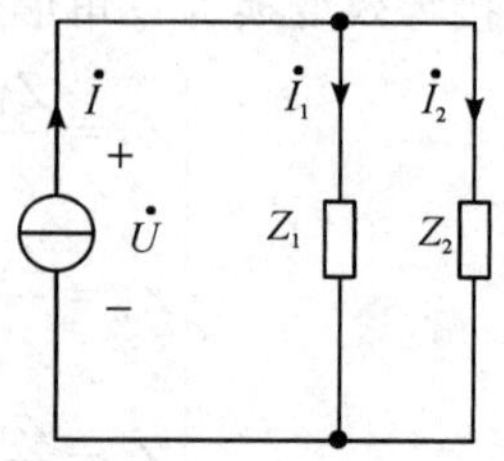

图 5.27 习题 4 电路图

5. 图 5.28 所示的电路中，已知 $\dot{I}=20\angle 45°$ A，$Z_1=5\angle -30°$ Ω，$Z_2=10$ Ω，$Z_3=(3-\mathrm{j}4)$ Ω，求图中的电压 $\dot{U}$ 和电流 $\dot{I}_2$、$\dot{I}_3$。

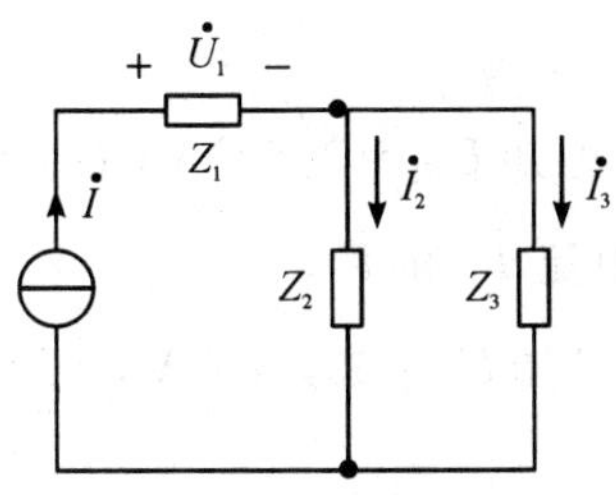

图 5.28　习题 5 电路图

6. 求图 5.29 所示的各个电路端口处的等效阻抗。

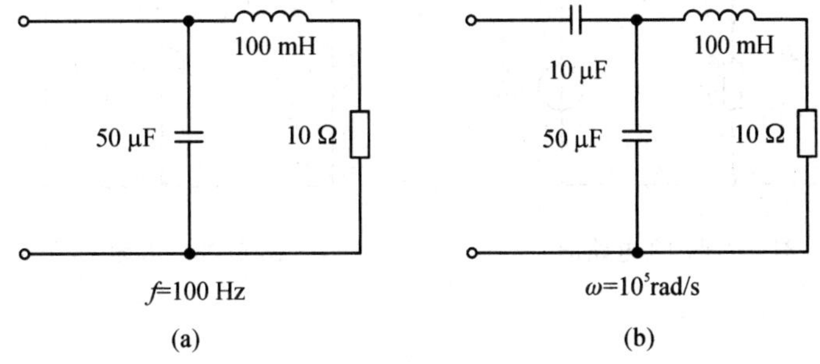

图 5.29　习题 6 电路图

7. 图 5.30 所示的电路，已知 $\dot{U}_{S1}=100\angle 60°$ V，$\dot{U}_{S2}=100\angle 0°$ V，$Z_1=(1-\mathrm{j}1)$ Ω，$Z_2=(2+\mathrm{j}3)$ Ω，$Z_3=(3+\mathrm{j}6)$ Ω，求各个元件的功率，并判断其是吸收还是输出功率。

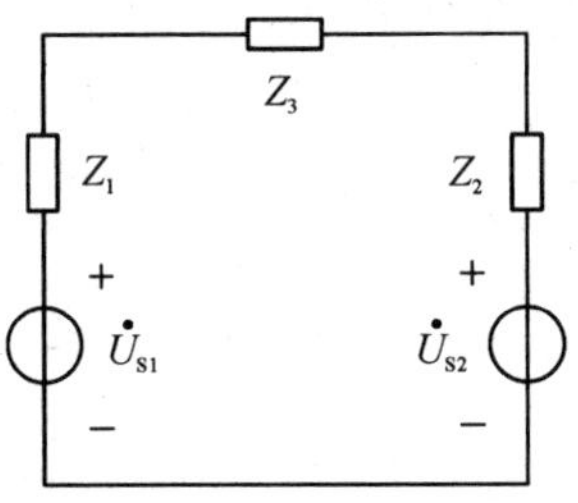

图 5.30　习题 7 电路图

8. 已知某线圈的参数为 $R=20$ Ω，$L=0.2$ H，加有效值为 100 V 的正弦电压，电源频率为 50 Hz，求该线圈的有功功率、无功功率、视在功率和功率因数。

9. 已知某负载的两端电压相量为 $\dot{U}=(120+\mathrm{j}50)$ V，流过负载的电流相量为 $\dot{I}=(6+\mathrm{j}8)$ A，电压电流为关联参考方向。求该负载的复功率、有功功率、无功功率、视在功率和功率因数，并画出功率三角形。

10. 两个负载并联在电压为 220 V 的线路上，一个是功率为 800 W，功率因数为 0.5 的日光灯，另一个是功率为 500 W，功率因数为 0.65 的电风扇，试求线路的总有功功率、无功功率、视在功率、功率因数以及总电流。

11. 某感性负载端电压为 220 V，有功功率为 20 kW，功率因数为 0.7。分别计算下列两种情况下需要并联的电容值。

(1) 功率因数提升至 0.85；

(2) 功率因数提升至 0.95。

12. 图 5.31 所示的电路中，已知 $\dot{U}_{S1}=3\angle 0^\circ$ V，$\dot{U}_{S2}=6\angle 0^\circ$ V，$R_1=1\ \Omega$，$R_2=2\ \Omega$、$X_L=2\ \Omega$，$X_C=3\ \Omega$，求图中的电流 $\dot{I}_1$ 和 $\dot{I}_2$。

13. 图 5.32 所示的电路中，已知 $\dot{U}_S=50\angle 20^\circ$ V，$\dot{I}_S=2\angle 0^\circ$ A，$R=60\ \Omega$，$X_C=30\ \Omega$，求负载 Z_L 能获得的最大功率。

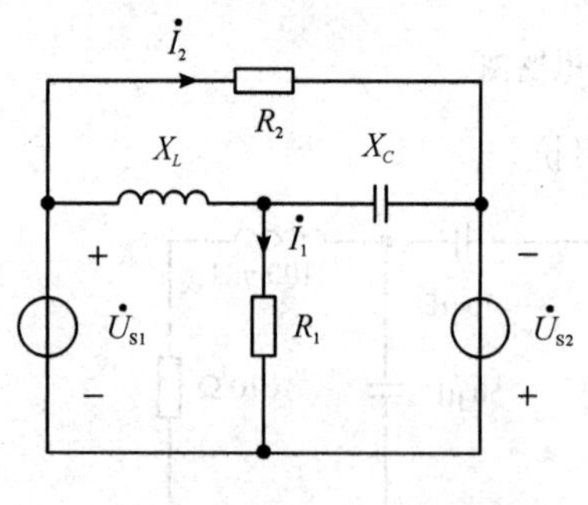

图 5.31 习题 12 电路图

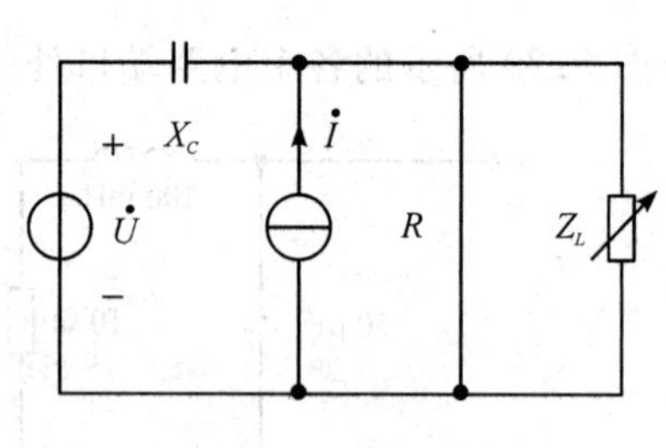

图 5.32 习题 13 电路图

第6章　耦合电感和谐振电路

本章分析正弦交流电路中的互感和谐振现象。首先介绍耦合电感及其伏安特性、含有耦合电感的电路分析方法、去耦等效变换以及空心变压器的概念和分析方法；接着分别介绍串联谐振和并联谐振的原理和主要特性。

6.1 耦合电感

实际电路中，常常遇到一些两线圈相邻的现象。例如，收音机、电视机中使用的中低频变压器、振荡线圈等。当其中任意一个线圈中通过电流时，必然会在其自身线圈中产生自感磁链，同时自感磁链的一部分也会穿过相邻的线圈。即穿过每个线圈的磁链不仅与线圈本身的电流有关，也与相邻线圈的电流有关。根据两个线圈的绕向、电流参考方向和两线圈的相对位置，按右手螺旋法则可以判定电流产生的磁链方向和两线圈的相互交链情况。这种载流线圈之间磁链相互作用的物理现象称为磁耦合或互感现象。具有磁耦合的线圈称为耦合电感线圈或互感线圈。

6.1.1 互感

耦合电感线圈的理想化模型称为耦合电感或互感。如图6.1所示为两个相邻的线圈 N_1 和 N_2，设流过线圈 N_1、N_2 的电流分别为 i_1 和 i_2。电流 i_1 产生的穿过自身线圈 N_1 的磁链 ψ_{11} 称为自感磁链，穿过线圈 N_2 的磁链 ψ_{21} 称为互感磁链。同理，电流 i_2 产生的，穿过自身线圈 N_2 的磁链 ψ_{22} 称为自感磁链，穿过线圈 N_1 的磁链 ψ_{12} 称为互感磁链。

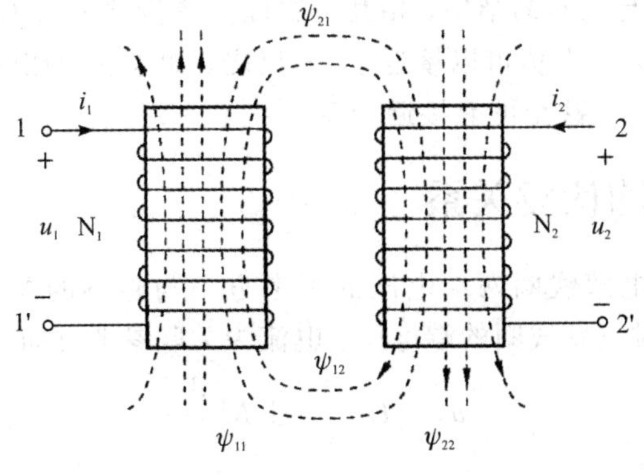

图6.1　耦合线圈

与自感系数的定义类似，可以定义

$$M_{21}=\frac{\psi_{21}}{i_1} \tag{6-1}$$

为线圈 N_1 对线圈 N_2 的互感系数，简称互感。同理，定义

$$M_{12}=\frac{\psi_{12}}{i_2} \tag{6-2}$$

为线圈 N_2 对线圈 N_1 的互感系数，简称互感。可以证明 $M_{21}=M_{12}=M$，因此可以不必区分 M_{21} 和 M_{12}，而用 M 统一来表示互感系数，即

$$M=\frac{\psi_{21}}{i_1}=\frac{\psi_{12}}{i_2} \tag{6-3}$$

互感的单位与自感相同，其国际单位制单位也是亨利(H)。

耦合线圈间的互感在无铁芯的情况下是一个与各线圈所通过的电流及其变动率无关的常量，而只与两线圈的结构、尺寸、匝数、相互位置和周围介质的磁导率有关，这种情况下的耦合线圈，称为线性耦合电感。铁磁介质的磁导率不是常量，铁芯耦合电感的磁链是电流的非线性函数，其互感系数不是常量，构成非线性耦合电感。本书只讨论线性耦合电感。

互感的量值反映了一个线圈在另一个线圈产生磁链的能力，通常两个耦合线圈的电流产生的磁通只有部分磁通相互交链，而彼此不交链的那一部分磁通称为漏磁通。为了表征两个线圈耦合的紧密程度，把两个线圈互感磁链与自感磁链的比值的几何平均值定义为耦合系数，即

$$k=\sqrt{\frac{\psi_{21}}{\psi_{11}}\times\frac{\psi_{12}}{\psi_{22}}} \tag{6-4}$$

又因为有

$$\psi_{11}=L_1\times i_1,\quad \psi_{22}=L_2\times i_2$$
$$\psi_{21}=M\times i_1,\quad \psi_{12}=M\times i_2$$

将其代入式(6-4)中，得到

$$k=\frac{M}{\sqrt{L_1L_2}} \tag{6-5}$$

因为在一般情况下，互感系数总是小于自感系数，因此有

$$0\leqslant k\leqslant 1$$

耦合系数 k 的大小与线圈的结构、相互位置以及周围磁介质有关。如果两个线圈靠得很紧或紧密地绕在一起，则 k 值可以接近于1；反之，如果它们相隔很远，或者它们的轴线互相垂直，则 k 值就很小，甚至可能接近于零。

6.1.2 耦合电感的伏安关系

如果耦合电感每个电感线圈两端电压的参考方向与磁链的参考方向符合右手螺旋法则，如图6.1所示，此时电感线圈的端电压、电流为关联参考方向，根据电磁感应定律，有

$$\begin{cases} u_1=L_1\dfrac{di_1}{dt}\pm M\dfrac{di_2}{dt} \\ u_2=L_2\dfrac{di_2}{dt}\pm M\dfrac{di_1}{dt} \end{cases} \tag{6-6}$$

式(6-6)即为耦合电感的伏安关系，可由 L_1、L_2 和 M 三个参数来描述。式中，$L_1\dfrac{di_1}{dt}$ 和 $L_2\dfrac{di_2}{dt}$ 为自感电压，分别记作 u_{11} 和 u_{22}；$M\dfrac{di_2}{dt}$ 和 $M\dfrac{di_1}{dt}$ 为互感电压，分别记作 u_{12} 和 u_{21}，则式(6-6)可以表示为

$$\begin{cases}u_1=u_{11}\pm u_{12}\\u_2=u_{22}\pm u_{21}\end{cases}$$

在耦合线圈的相对位置、绕向和电流的流入方向确定的情况下，式(6-6)中互感电压的极性可确定。在实际应用中，线圈往往是密封的，看不到实际绕向，因此互感电压的极性难以确定，而且在电路图中绘出线圈的绕向也不方便。为此，引入同名端的概念。如图 6.2 所示为耦合线圈的电路模型，其中“•”表示同名端。耦合电感的同名端可通过实验方法确定：在耦合电感的一个线圈(如 L_1)的一端(如 a)，输入正值且为增长的电流(如 i_1)，在另一个线圈(如 L_2)将产生互感电压，将电流流入端和互感电压的高电位端(如 c)做相同的标记，通常用“•”(或“*”)表示，标有标记的一对端子称为同名端，另一对没有标记的也为同名端(如图 6.2(a)中的 a、c 端和 b、d 端)；有标记和没有标记的一对端子称为异名端(如图 6.2(a)中的 a、d 端和 b、c 端)。

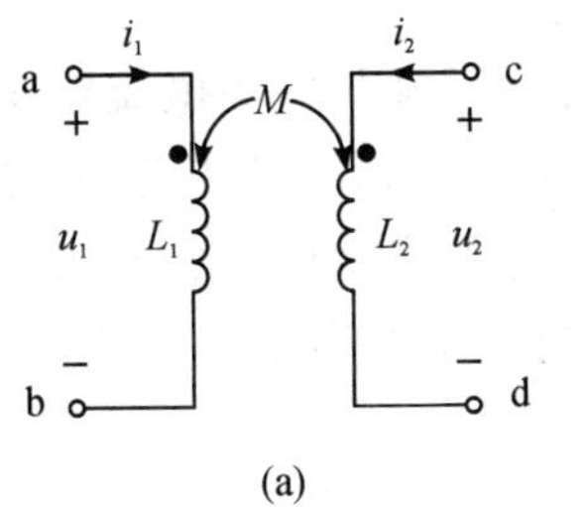

(a)

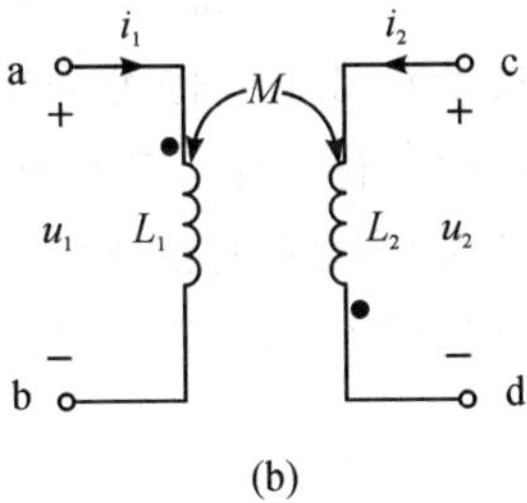

(b)

图 6.2　耦合线圈的电路模型

耦合线圈的电路模型及同名端

利用同名端可判定耦合电感互感电压的参考极性，方法如下：当电流(如 i_1)从线圈的同名端流入时，在另一线圈上所产生的互感电压的参考极性由同名端指向另一端(如由 c 端指向 d 端，即互感电压的“+”极性端与同名端一致)。互感电压的极性确定后，耦合电感的伏安关系式便可列出。图 6.2(a)所示耦合电感的伏安关系式为

$$\begin{cases}u_1=L_1\dfrac{di_1}{dt}+M\dfrac{di_2}{dt}\\[2ex]u_2=L_2\dfrac{di_2}{dt}+M\dfrac{di_1}{dt}\end{cases}\tag{6-7}$$

而图 6.2(b)所示耦合电感的伏安关系式为

$$\begin{cases}u_1=L_1\dfrac{di_1}{dt}-M\dfrac{di_2}{dt}\\[2ex]u_2=L_2\dfrac{di_2}{dt}-M\dfrac{di_1}{dt}\end{cases}\tag{6-8}$$

式(6-7)和式(6-8)表明耦合电感端口电压和电流的关系如下：

(1) 耦合电感端口电压为自感电压与互感电压的代数和。

(2) 自感电压与本线圈电流有关，其正负号取决于各线圈本身的电压电流是否为关联参考方向。若关联，则为正；非关联，则为负。

(3) 互感电压与相邻线圈的电流有关，其正负号取决于相邻线圈的电流方向和同名端位置。当相邻线圈的电流从同名端流入时，在该线圈上产生的互感电压的参考极性由同名端指向另一端。

例 6.1 图 6.3 所示的耦合电感，写出其端口的伏安关系式。

解 从图 6.3 中可知，i_1 与 u_1 为关联参考方向，自感电压为正；i_2 从带"•"的同名端流入，在 L_1 上产生的互感电压"+"极性端与同名端一致，即下"+"上"−"，与 u_1 极性相反，互感电压为负，因此有

$$u_1=L_1\frac{di_1}{dt}-M\frac{di_2}{dt}$$

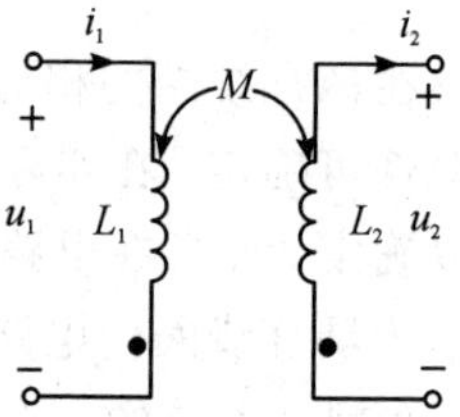

图 6.3 例 6.1 电路图

i_2 与 u_2 为非关联参考方向，自感电压为负；i_1 从不带"•"的同名端流入，在 L_2 上产生的互感电压"+"极性端与同名端不一致，即上"+"下"−"，与 u_2 极性相同，互感电压为正，因此有

$$u_2=-L_2\frac{di_2}{dt}+M\frac{di_1}{dt}$$

在计算含有耦合电感的正弦交流电路时，仍可采用相量法，基尔霍夫电流定律的形式仍然不变，但在基尔霍夫电压定律的表达式中，应正确计入由于耦合电感引起的互感电压。

如果通过耦合线圈的两个电流为同频率的正弦电流，由它们产生的互感电压也是同频率的正弦量。当线圈电流和由它引起的互感电压的参考方向对于同名端是一致(即同名端有相同的参考电压极性)时，有

$$\begin{cases}\dot{U}_{21}=j\omega M\dot{I}_1=jX_M\dot{I}_1\\ \dot{U}_{12}=j\omega M\dot{I}_2=jX_M\dot{I}_2\end{cases}\tag{6-9}$$

当线圈电流和由它引起的互感电压的参考方向对于同名端不一致(即同名端有相反的参考电压极性)时，有

$$\begin{cases}\dot{U}_{21}=-j\omega M\dot{I}_1=-jX_M\dot{I}_1\\ \dot{U}_{12}=-j\omega M\dot{I}_2=-jX_M\dot{I}_2\end{cases}\tag{6-10}$$

式(6-9)和式(6-10)中 $X_M=\omega M$ 称为互感感抗，单位是欧姆(Ω)。

因此，可得式(6-6)的相量形式

$$\begin{cases}\dot{U}_1=\dot{U}_1+\dot{U}_{12}=j\omega L_1\times\dot{I}_1\pm j\omega M\times\dot{I}_2\\ \dot{U}_2=\dot{U}_2+\dot{U}_{21}=j\omega L_2\times\dot{I}_2\pm j\omega M\times\dot{I}_1\end{cases}\tag{6-11}$$

【思考与练习】

1. 已知两个耦合线圈的 $L_1=0.2$ H，$L_2=0.3$ H，$M=0.1$ H，求它们的耦合系数。
2. 什么是耦合线圈的同名端？如何用实验的方法确定同名端？

3. 标出图 6.4 中各个耦合电感的同名端。

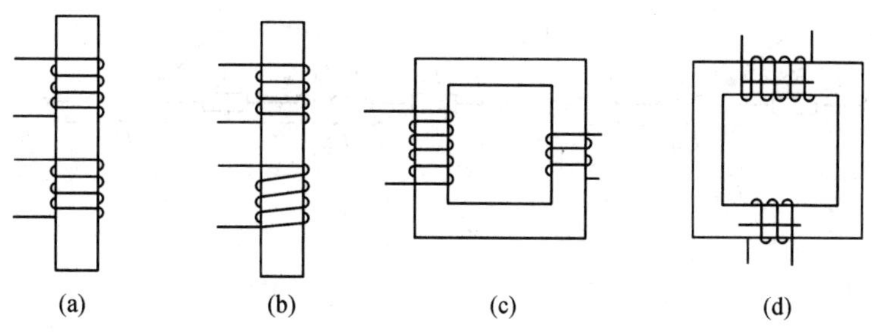

图 6.4　思考与练习题 3 电路图

6.2　含有耦合电感的电路分析

在分析含有耦合电感的正弦交流电路时，仍可采用相量法，需要注意的是基尔霍夫定律的表达式中应正确计入由耦合电感引起的互感电压。

6.2.1　耦合电感的串联

两个耦合电感线圈的串联有顺向串联和反向串联两种接法。顺向串联是把两个线圈的异名端相连，电流从两个线圈的同名端流入，两个线圈产生的磁场相互增强，如图 6.5(a)所示，图中的 R_1、L_1 和 R_2、L_2 分别代表两个线圈的电阻和自感，M 为两个线圈的互感。

根据基尔霍夫电压定律，可得

$$\begin{cases}\dot{U}_1=(R_1+\mathrm{j}\omega L_1)\times\dot{I}+\dot{U}_{12}=(R_1+\mathrm{j}\omega L_1)\times\dot{I}+\mathrm{j}\omega M\times\dot{I}\\ \dot{U}_2=(R_2+\mathrm{j}\omega L_2)\times\dot{I}+\dot{U}_{21}=(R_2+\mathrm{j}\omega L_2)\times\dot{I}+\mathrm{j}\omega M\times\dot{I}\end{cases}\tag{6-12}$$

串联后端口的总电压为

$$\dot{U}=\dot{U}_1+\dot{U}_2=[R_1+R_2+\mathrm{j}\omega(L_1+L_2+2M)]\times\dot{I}\tag{6-13}$$

耦合电感反相串联是把两个线圈的同名端相连，电流从两个线圈的异名端流入，两个线圈产生的磁场相互削弱，如图 6.5(b)所示，根据基尔霍夫电压定律，可得

$$\begin{cases}\dot{U}_1=(R_1+\mathrm{j}\omega L_1)\times\dot{I}+\dot{U}_{12}=(R_1+\mathrm{j}\omega L_1)\times\dot{I}-\mathrm{j}\omega M\times\dot{I}\\ \dot{U}_2=(R_2+\mathrm{j}\omega L_2)\times\dot{I}+\dot{U}_{21}=(R_2+\mathrm{j}\omega L_2)\times\dot{I}-\mathrm{j}\omega M\times\dot{I}\end{cases}\tag{6-14}$$

总电压为

$$\dot{U}=\dot{U}_1+\dot{U}_2=[R_1+R_2+\mathrm{j}\omega(L_1+L_2-2M)]\times\dot{I}\tag{6-15}$$

因此，耦合电感串联时的两种情况的等效阻抗可以统一写为

$$Z_{\mathrm{eq}}=\frac{\dot{U}}{\dot{I}}=(R_1+R_2)+\mathrm{j}\omega(L_1+L_2\pm 2M)\tag{6-16}$$

式中，$L_1+L_2\pm 2M$ 称为串联等效电感，顺向串联时取正号，等效电感增加；反向串联取负

号时，等效电感减少。利用这个结论，也可以用实验方法判断耦合电感的同名端。

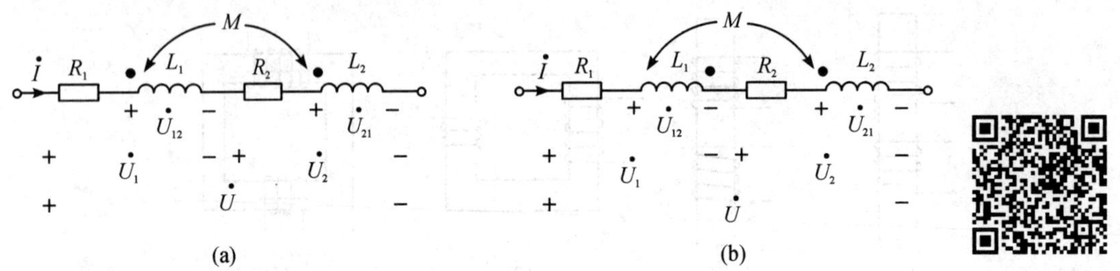

图 6.5　耦合电感的串联

耦合电感的串联

应该注意，反向串联有削弱电感的作用，互感的这种作用称为互感的“容性”效应。在一定的条件下，可能有一个线圈的自感小于互感，则该线圈呈容性反应，即其端电压滞后于电流。但串联后的等效电感必然大于或等于零，即

$$L_1+L_2\pm 2M\geqslant 0$$

例 6.2　两个耦合电感串联后接到 220 V 的工频正弦电压电源上，测得顺向串联时的电流为 2.2 A，功率为 242 W，反相串联时的电流为 4 A，求互感系数。

解　顺向串联的等效阻抗为

$$Z=(R_1+R_2)+\mathrm{j}\omega(L_1+L_2+2M)=R+\mathrm{j}\omega L_{\mathrm{eq}}$$

$$|Z|=\sqrt{R^2+(\omega L_{\mathrm{eq}})^2}$$

根据已知条件，顺向串联时有

$$|Z|=\frac{U}{I}=\frac{220\ \mathrm{V}}{2.2\ \mathrm{A}}=100\ \Omega$$

$$R=\frac{P}{I^2}=\frac{242\ \mathrm{W}}{(2.2\ \mathrm{A})^2}=50\ \Omega$$

因此，可得顺向串联的等效电感为

$$L_{\mathrm{eq}}=\frac{\sqrt{|Z|^2-R^2}}{2\pi f}=\frac{\sqrt{(100\ \Omega)^2-(50\ \Omega)^2}}{2\pi\times 50\ \mathrm{Hz}}=0.276\ \mathrm{H}$$

反相串联的等效阻抗为

$$Z'=(R_1+R_2)+\mathrm{j}\omega(L_1+L_2-2M)=R+\mathrm{j}\omega L'_{\mathrm{eq}}$$

$$|Z'|=\frac{U}{I}=\frac{220\ \mathrm{V}}{4\ \mathrm{A}}=55\ \Omega$$

因此，可得反相串联的等效电感为

$$L'_{\mathrm{eq}}=\frac{\sqrt{|Z'|^2-R^2}}{2\pi f}=\frac{\sqrt{(55\ \Omega)^2-(50\ \Omega)^2}}{2\pi\times 50\ \mathrm{Hz}}=0.073\ \mathrm{H}$$

所以，有

$$M=\frac{L_{\mathrm{eq}}-L'_{\mathrm{eq}}}{4}=\frac{0.276\ \mathrm{H}-0.073\ \mathrm{H}}{4}=0.05\ \mathrm{H}$$

6.2.2　耦合电感的并联

两个耦合电感线圈的并联也有两种接法，如图 6.6 所示。其中，图 6.6(a)电路为电感

同侧并联，即同名端在同一侧；图 6.6(b)电路为电感异侧并联，即异名端在同一侧。

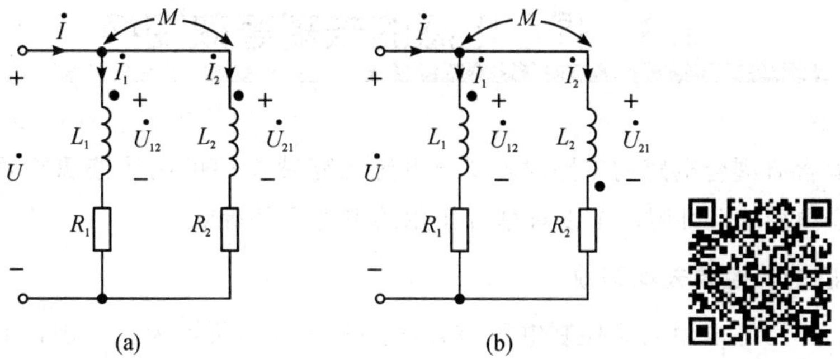

图 6.6　耦合电感的并联　　　　耦合电感的并联

对于并联的两条支路分别应用基尔霍夫电压定律可得

$$
\begin{aligned}
\dot{U} &= (R_1 + \mathrm{j}\omega L_1) \times \dot{I}_1 + \dot{U}_{12} \\
&= (R_1 + \mathrm{j}\omega L_1) \times \dot{I}_1 \pm \mathrm{j}\omega M \times \dot{I}_2 \\
&= Z_1 \times \dot{I}_1 \pm Z_M \times \dot{I}_2
\end{aligned} \tag{6-17}
$$

以及

$$
\begin{aligned}
\dot{U} &= (R_2 + \mathrm{j}\omega L_2) \times \dot{I}_2 + \dot{U}_{21} \\
&= (R_2 + \mathrm{j}\omega L_2) \times \dot{I}_2 \pm \mathrm{j}\omega M \times \dot{I}_1 \\
&= Z_2 \times \dot{I}_2 \pm Z_M \times \dot{I}_1
\end{aligned} \tag{6-18}
$$

上述两项中互感电压项前面的“±”符号，同侧并联取“+”，异侧并联取“−”。求解式(6-17)和式(6-18)，可得

$$
\dot{I}_1 = \frac{\dot{U}(Z_2 \mp Z_M)}{Z_1 Z_2 - Z_M^2},\quad \dot{I}_2 = \frac{\dot{U}(Z_1 \mp Z_M)}{Z_1 Z_2 - Z_M^2} \tag{6-19}
$$

可得端口总电流为

$$
\dot{I} = \dot{I}_1 + \dot{I}_2 = \frac{\dot{U}(Z_1 + Z_2 \mp 2Z_M)}{Z_1 Z_2 - Z_M^2} \tag{6-20}
$$

因此，端口等效阻抗为

$$
Z_{\mathrm{eq}} = \frac{\dot{U}}{\dot{I}} = \frac{Z_1 Z_2 - Z_M^2}{Z_1 + Z_2 \mp 2Z_M} \tag{6-21}
$$

在 $R_1 = R_2 = 0$ 的特殊情况下，有

$$
Z_{\mathrm{eq}} = \mathrm{j}\omega \times \frac{L_1 L_2 - M^2}{L_1 + L_2 \mp 2M} \tag{6-22}
$$

电路的等效电感为

$$
L_{\mathrm{eq}} = \frac{L_1 L_2 - M^2}{L_1 + L_2 \mp 2M} \tag{6-23}
$$

耦合电感同侧并联时，磁场增强，等效电感增大，分母取负号；耦合电感异侧并联时，磁场削弱，等效电感减小，分母取正号。

6.3 耦合电感的去耦等效变换

在分析求解含有耦合电感的电路时，耦合电感的互感作用可用受控源等效。对于有一个公共端的耦合电感，也可用三个没有耦合作用的电感元件等效。

1. 耦合电感的受控源去耦等效

互感电压的作用可以用电流控制电压源表示。图 6.7(a)所示为互感耦合电路，其端口处的伏安关系为

$$\begin{cases}\dot{U}_1=\mathrm{j}\omega L_1\times\dot{I}_1+\mathrm{j}\omega M\times\dot{I}_2\\ \dot{U}_2=\mathrm{j}\omega L_1\times\dot{I}_2+\mathrm{j}\omega M\times\dot{I}_1\end{cases}$$

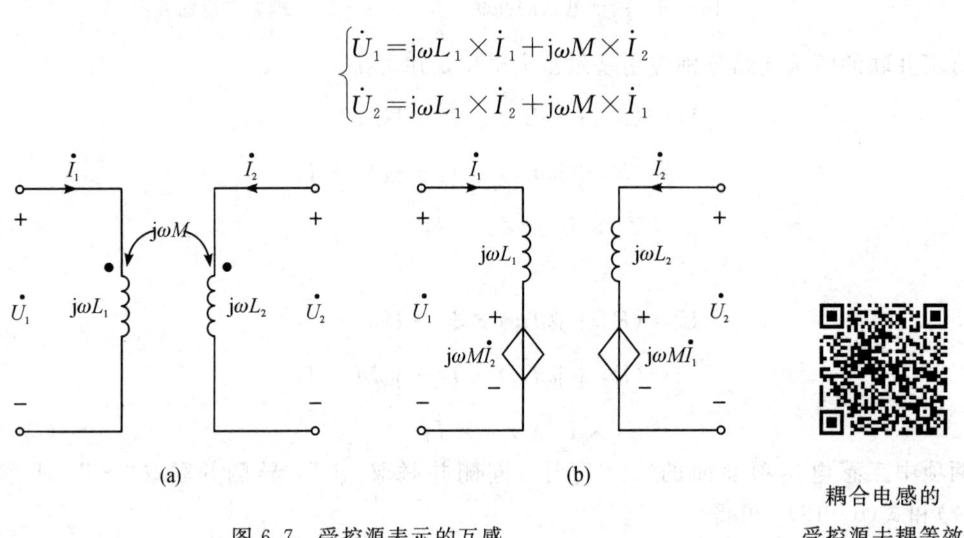

图 6.7 受控源表示的互感

耦合电感的受控源去耦等效

而图 6.7(b)所示为含有受控源的非耦合电路，其端口处的伏安关系同样为

$$\begin{cases}\dot{U}_1=\mathrm{j}\omega L_1\times\dot{I}_1+\mathrm{j}\omega M\times\dot{I}_2\\ \dot{U}_2=\mathrm{j}\omega L_1\times\dot{I}_2+\mathrm{j}\omega M\times\dot{I}_1\end{cases}$$

从上述的伏安关系可知，图 6.7(a)和图 6.7(b)是等效的。

2. T 形耦合电感的去耦等效

两个耦合电感线圈如果有一端相连接，如图 6.8(a)所示，可以化为等效的无互感电路，即去耦等效电路。这种方法称为互感消去法(或去耦法)。考虑到同名端在同侧和异侧两种不同的连接方式，因此有

$$\begin{cases}\dot{U}_{13}=\mathrm{j}\omega L_1\times\dot{I}_1\pm\mathrm{j}\omega M\times\dot{I}_2\\ \dot{U}_{23}=\mathrm{j}\omega L_2\times\dot{I}_2\pm\mathrm{j}\omega M\times\dot{I}_1\end{cases}\tag{6-24}$$

式中“±”符号，正号对应电感同侧连接，负号对应电感异侧连接。将

$$\begin{cases}\dot{I}_1=\dot{I}-\dot{I}_2\\ \dot{I}_2=\dot{I}-\dot{I}_1\end{cases}$$

代入式(6－24)，可得

$$\begin{cases}\dot{U}_{13}=\mathrm{j}\omega(L_1\mp M)\times\dot{I}_1\pm\mathrm{j}\omega M\times\dot{I}\\ \dot{U}_{23}=\mathrm{j}\omega(L_2\mp M)\times\dot{I}_2\pm\mathrm{j}\omega M\times\dot{I}\end{cases}\tag{6-25}$$

由此得如图 6.8(b)所示的无互感等效电路(M 项前面的符号，即±或∓，上面的对应同侧连接，下面的对应异侧连接)。即互感耦合电路可以用无互感的 T 形电路来等效。

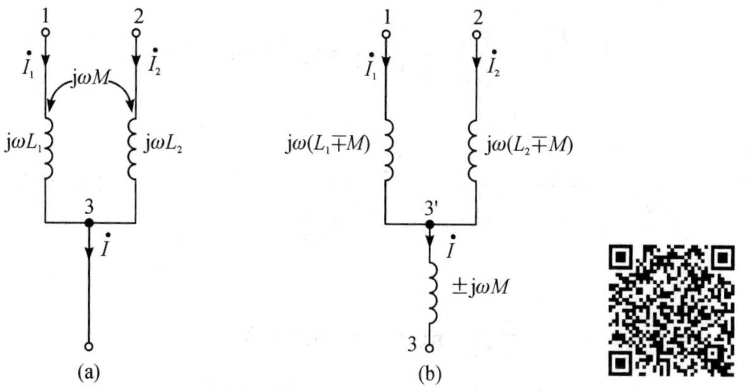

图 6.8　耦合电感的 T 形等效　　　　T 形耦合电感的去耦等效

关于耦合电感的去耦等效变换需要注意以下几点：

(1) 去耦等效电路只适用于线性耦合电感元件。如果是非线性耦合电感元件，去耦等效电路不适用。

(2) 去耦等效电路只是对耦合元件端口而言等效，它只能用来分析计算耦合电感元件端口的电流和电压。

(3) T 形电路去耦时，耦合电感元件两个互感支路应有公共节点。

(4) 在去耦等效电路的参数中出现$-M$，它本身没有实际的物理意义。

例 6.3　图 6.9(a)所示的电路中，已知 $U_S=\sqrt{2}\times100\sin10^4t$ V，$R=80\ \Omega$，$L_1=9$ mH，$L_2=6$ mH，$M=4$ mH，$C=5\ \mu$F，求电流 i 和电容上的电压 u_C。

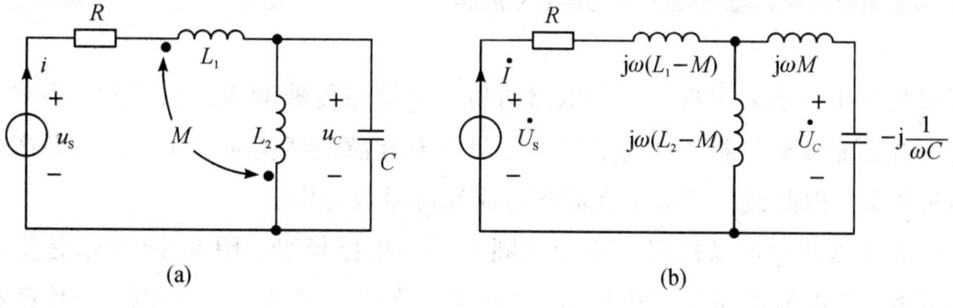

图 6.9　例 6.3 电路图

解 首先，对图 6.9(a)中的 T 形耦合电感进行去耦等效，得到图 6.9(b)，计算输入阻抗为

$$Z=R+\mathrm{j}\omega(L_1-M)+\frac{\mathrm{j}\omega(L_2-M)\times\mathrm{j}\left(\omega M-\frac{1}{\omega C}\right)}{\mathrm{j}\omega(L_2-M)+\mathrm{j}\left(\omega M-\frac{1}{\omega C}\right)}$$

代入题中已知数据，得到

$$Z=100\angle 36.9^\circ\ \Omega$$

因此，可得电流为

$$\dot{I}=\frac{\dot{U}}{Z}=\frac{100\angle 0^\circ\ \mathrm{V}}{100\angle 36.9^\circ\ \Omega}=1\angle -36.9^\circ\ \mathrm{A}$$

以及

$$\dot{U}_C=-\mathrm{j}\,\frac{1}{\omega C}\times\frac{\mathrm{j}\omega(L_2-M)}{\mathrm{j}\omega(L_2-M)+\left(\mathrm{j}\omega M-\mathrm{j}\,\frac{1}{\omega C}\right)}\times\dot{I}=10\angle -126.9^\circ\ \mathrm{V}$$

所以，有

$$i=\sqrt{2}\sin(10^4 t-36.9^\circ)\mathrm{A}$$

$$u_c=\sqrt{2}\times 10\sin(10^4 t-126.9^\circ)\mathrm{V}$$

【思考与练习】

1. 已知两个耦合线圈的 $L_1=0.2$ H，$L_2=0.3$ H，$M=0.1$ H，求两个线圈顺向串联和反向串联时的等效电感。

2. 已知两个耦合线圈的 $L_1=0.5$ H，$L_2=0.8$ H，$M=0.3$ H，求两个线圈同侧并联和异侧并联时的等效电感。

3. 什么是耦合线圈的去耦等效？去耦等效有哪些方法？

6.4 空芯变压器

变压器是利用互感来实现从一个电路向另一个电路传输能量或信号的一种器件，空芯变压器是由绕在非铁磁材料制成的芯子上并且具有互感的线圈组成的，它不会产生由铁芯引起的能量损耗，因此被广泛应用在高频电路和测量设备中。

分析空芯变压器时可以采用与耦合线圈相同的电路模型。图 6.10 所示是空芯变压器的电路模型图，与电源相连的一边称为原边(或原绕组)，也叫初级线圈；与负载相连的一边称为副边(或副绕组)，也叫次级线圈。其中，R_1、R_2 和 L_1、L_2 分别表示各个线圈的电阻和电感，M 为两个线圈的互感，Z_L 为负载的阻抗。

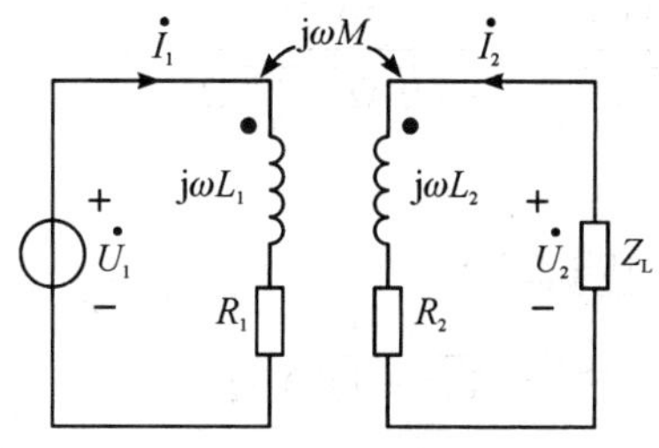

图 6.10　空芯变压器电路模型

空芯变压器

根据图 6.10 所示的电流、电压的参考方向和同名端，可得

$$\begin{cases}(R_1+\mathrm{j}\omega L_1)\times\dot{I}_1+\mathrm{j}\omega M\times\dot{I}_2=\dot{U}_1\\(R_2+\mathrm{j}\omega L_2+Z_L)\times\dot{I}_2+\mathrm{j}\omega M\times\dot{I}_1=0\end{cases}\tag{6-26}$$

整理，可得

$$\begin{cases}Z_{11}\times\dot{I}_1+Z_M\times\dot{I}_2=\dot{U}_1\\Z_M\times\dot{I}_1+Z_{22}\times\dot{I}_2=0\end{cases}\tag{6-27}$$

式中，$Z_{11}=R_1+\mathrm{j}\omega L_1$，$Z_{22}=R_2+\mathrm{j}\omega L_2+Z_L$，$Z_M=\mathrm{j}\omega M$，将其代入式(6-27)中，可解得

$$\dot{I}_1=\frac{\dot{U}_1}{Z_{11}+(\omega M)^2Y_{22}},\ \dot{I}_2=\frac{-\dot{U}_1Y_{11}Z_M}{Z_{22}+(\omega M)^2Y_{11}}=-\frac{\dot{U}_{oc}}{Z_{eq}+Z_L}\tag{6-28}$$

式中，$Y_{11}=\frac{1}{Z_{11}}$，$Y_{22}=\frac{1}{Z_{22}}$，$\dot{U}_{oc}=\dot{U}_1Y_{11}Z_M$，$Z_{eq}=(\omega M)^2Y_{11}+R_2+\mathrm{j}\omega L_2$。式(6-28)中分母项 $Z_{11}+(\omega M)^2Y_{22}$ 是原边的输入阻抗，式中，$(\omega M)^2Y_{22}$ 称为引入阻抗或反映阻抗，它是副边的回路阻抗 Z_{22} 通过互感反映到原边的等效阻抗。显然，引入阻抗的性质与 Z_{22} 相反，即感性变为容性，容性变为感性，引入阻抗吸收的复功率就是副边回路吸收的复功率。

根据式(6-28)可以得到空芯变压器原边和副边的等效电路，如图 6.11 所示。其中，图 6.11(a)是变压器原边的等效电路，图 6.11(b)是副边的等效电路，其中 $Z_{eq}=(\omega M)^2Y_{11}+R_2+\mathrm{j}\omega L_2$ 是副边从端口 2-2′看过去的戴维南等效阻抗。

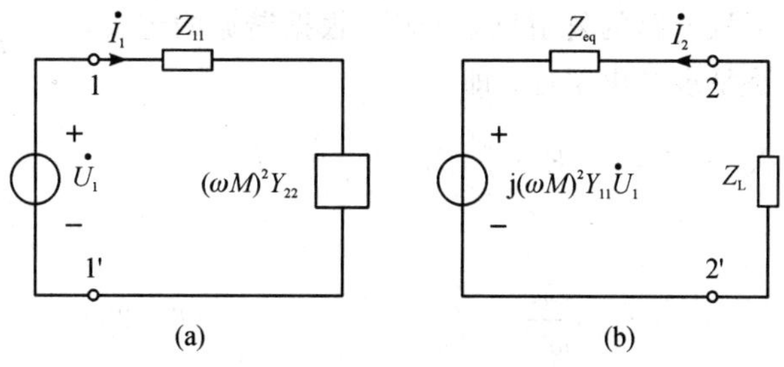

图 6.11　空芯变压器的等效电路

例 6.4　图 6.10 所示变压器电路中，已知 $R_1=R_2=0$，$\omega L_1=50\ \Omega$，$\omega L_2=32\ \Omega$，$\omega M=40\ \Omega$，$\dot{U}_1=100\angle 0°\ \mathrm{V}$，$Z_L=10\ \Omega$，求变压器的耦合系数以及原边和副边的电流。

解　根据定义得变压器的耦合系数为

$$k=\frac{M}{\sqrt{L_1L_2}}=\frac{\omega M}{\sqrt{\omega L_1\times\omega L_2}}=\frac{40\ \Omega}{\sqrt{50\ \Omega\times32\ \Omega}}=1$$

根据式(6-28)得原边电流为

$$\dot{I}_1=\frac{\dot{U}_1}{Z_{11}+(\omega M)^2Y_{22}}=\frac{100\angle0°\text{V}}{\text{j}50\ \Omega+(40\ \Omega)^2\times\frac{1}{(10+\text{j}32)\ \Omega}}=6.7\angle-17.35°\text{A}$$

副边电流为

$$\dot{I}_2=\frac{-\dot{U}_1Y_{11}Z_M}{Z_{22}+(\omega M)^2Y_{11}}=\frac{-100\angle0°\text{V}\times\frac{1}{\text{j}50\ \Omega}\times\text{j}40\ \Omega}{(10+\text{j}32)\ \Omega+(40\ \Omega)^2\times\frac{1}{\text{j}50\ \Omega}}=-8\angle0°\ \text{A}$$

6.5 谐振电路

在有电感和电容元件的电路中，电路两端的电压与其中的电流一般是不同相的。如果调节电路的参数或电源的频率而使电路呈电阻性，即电路的电压与电流同相，把电路的这种现象称为谐振现象，简称谐振。谐振现象的物理本质是电路中无功功率完全补偿，自给自足，无需与外界交换能量。

谐振现象在电工和无线电技术中有着非常广泛的应用，而在电力输配电系统中发生谐振时又可能破坏系统的正常工作状态，所以必须加以避免。因此，研究谐振的目的就是要充分认识这种现象的客观规律。按照发生谐振的电路结构，谐振现象可以分为串联谐振和并联谐振。

6.5.1 串联谐振

串联谐振电路由电阻、电感和电容串联而成，如图 6.12 所示。

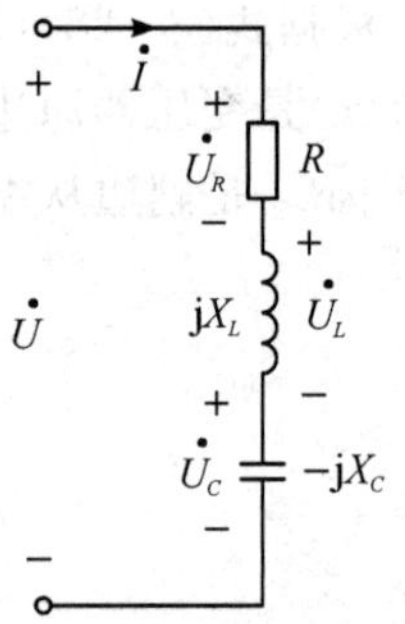

串联谐振的条件可从电路的复阻抗来分析。根据谐振的定义，谐振发生的条件为电路呈现纯电阻性，即

$$Z=R+\text{j}(X_L-X_C)=R+\text{j}\left(\omega L-\frac{1}{\omega C}\right)=R$$

因此，有

$$\omega L=\frac{1}{\omega C}\tag{6-29}$$

图 6.12 串联谐振电路图

发生谐振的角频率称为谐振角频率，用 ω_0 表示，由式(6-29)得

$$\omega_0=\sqrt{\frac{1}{LC}}\tag{6-30}$$

由 $\omega_0=2\pi f_0$，则可得谐振频率为

$$f_0 = \frac{1}{2\pi\sqrt{LC}} \tag{6-31}$$

对于给定的电路，为了实现谐振，可以固定电路参数(L 或 C)，改变电源频率；也可以固定电源频率，改变电感或电容参数。调节而达到谐振的过程称为调谐。对于任一给定的 RLC 串联电路，总有一个对应的谐振频率 f_0，它反映了电路的一种固有性质。因此，f_0 又称为电路的固有频率，它是由电路自身参数确定的。

当 RLC 串联电路发生谐振时，电路具有以下特性：

(1) 电抗为零，阻抗最小且为纯电阻，即 $Z=R$，电路中的电流最大，并且与外加电压同相位，即

$$I_0 = I_{\max} = \frac{U}{|Z|} = \frac{U}{R}$$

式中，I_0 称为谐振电流。

(2) 串联电路发生谐振时，尽管电抗为零，但感抗和容抗都不为零，这时的感抗或容抗称为特性阻抗，用 ρ 表示，即

$$\rho = \omega_0 L = \frac{1}{\omega_0 C} = \sqrt{\frac{L}{C}} \tag{6-32}$$

式中，ρ 的单位为欧姆(Ω)。式(6-32)表明特性阻抗是由电路参数 L 和 C 确定的常量，与谐振角频率 ω_0 无关。

(3) 串联电路发生谐振时，由于 $\omega_0 L = \frac{1}{\omega_0 C}$，可得

$$\dot{U}_L + \dot{U}_C = \mathrm{j}\left(\omega_0 L - \frac{1}{\omega_0 C}\right) \times \dot{I} = 0$$

所以，有

$$\dot{U}_L = -\dot{U}_C, \quad \dot{U} = \dot{U}_R$$

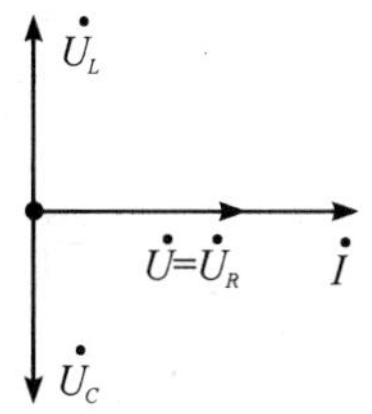

图 6.13　串联谐振相量图

即串联谐振时 $\dot{U}_L$ 与 $\dot{U}_C$ 的有效值相等，相位相反，相互完全补偿，因此串联谐振又称为电压谐振。电路发生串联谐振时的电压、电流相量图如图 6.13 所示。

发生串联谐振时，电感和电容两端电压的有效值分别为

$$\begin{cases} U_{L0} = \omega_0 L \times I = \omega_0 L \times \dfrac{U}{R} = \dfrac{\omega_0 L}{R} \times U \\ U_{C0} = \dfrac{1}{\omega_0 C} \times I = \dfrac{1}{\omega_0 C} \times \dfrac{U}{R} = \dfrac{1}{\omega_0 CR} \times U \end{cases} \tag{6-33}$$

将式(6-32)代入式(6-33)中，可得

$$\begin{cases} U_{L0} = \dfrac{\rho}{R} \times U \\ U_{C0} = \dfrac{\rho}{R} \times U \end{cases} \tag{6-34}$$

定义

$$Q = \frac{\rho}{R} = \frac{\omega_0 L}{R} = \frac{1}{\omega_0 CR} = \frac{1}{R}\sqrt{\frac{L}{C}} \tag{6-35}$$

为谐振电路的感抗或容抗与电路电阻之比，称为串联电路的品质因数，工程上简称 Q 值。它是一个仅与电路参数有关而无量纲的常数，用来表征谐振电路的性能，还可以表示为

$$Q=\frac{U_L}{U_R}=\frac{U_C}{U_R} \tag{6-36}$$

由 Q 的定义可知，Q 越大，U_L 或 U_C 的值就越大于电源电压。收音机中利用串联谐振电路来选择电台信号，就是应用了这一原理。在电子系统中，Q 值一般为 10～500。但是在电力系统中，一般要避免发生串联谐振现象，避免出现过高的电压破坏电气设备的绝缘性。

(4) 串联电路发生谐振时，由于电抗为零，阻抗角为零，电路的功率因数 $\cos\varphi=1$，因此有

$$P=UI\cos\varphi=UI$$

$$Q=UI\sin\varphi=0$$

此时，电路的有功功率即为电阻元件消耗的功率，电路的无功功率为零，即电路的磁场储能和电场储能之间的相互转换仅在电感和电容之间进行，而与电源没有储能交换。

在 RLC 串联电路中的感抗 X_L、容抗 X_C、电抗 X、阻抗模 $|Z|$ 和阻抗角 φ 等表示电路性质的量均是电源角频率的函数，均可用随角频率变化的曲线来表示，这些量随角频率变化的曲线叫作频率特性曲线，如图 6.14 所示。

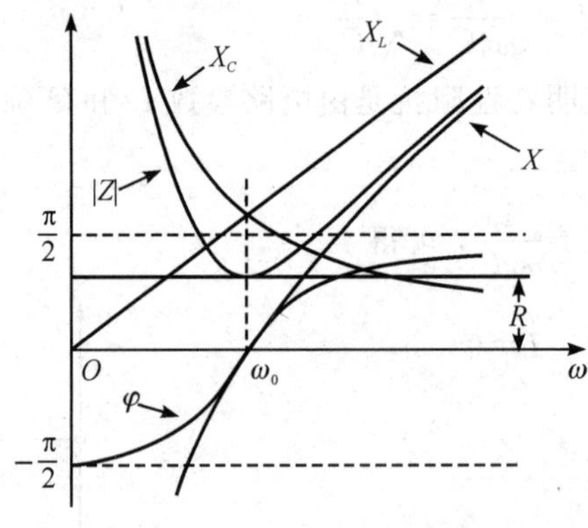

图 6.14 串联谐振频率特性曲线

串联谐振频率特性曲线

由于电路的阻抗为

$$Z=R+\mathrm{j}\left(\omega L-\frac{1}{\omega C}\right)=R+\mathrm{j}X$$

$$|Z|=\sqrt{R^2+X^2},\quad \varphi=\arctan\frac{X}{R}$$

可见，当 ω 从零开始逐渐增大时，感抗 $X_L=\omega L$ 成正比例增大；容抗 $X_C=\dfrac{1}{\omega C}$ 则逐渐减小；电抗 $X=\omega L-\dfrac{1}{\omega C}$ 则由负的无穷大到正的无穷大变化，当 $\omega=\omega_0$ 时，电抗为零，电路的性质由容性开始变为感性，阻抗角 φ 也由 $-\dfrac{\pi}{2}$ 逐步改变到 $\dfrac{\pi}{2}$，在谐振点 $\varphi=0$；阻抗模 $|Z|$ 在 $\omega=\omega_0$ 时最小，此时 $|Z|=R$，当 ω 由 ω_0 变大或变小时，$|Z|$ 总是逐渐增大。

当电源电压一定时，电路的电流有效值为

$$I=\frac{U}{|Z|}=\frac{U}{\sqrt{R^2+X^2}}$$

它也是频率 ω 的函数，其变化曲线如图 6.15 所示，称为串联谐振电流曲线。

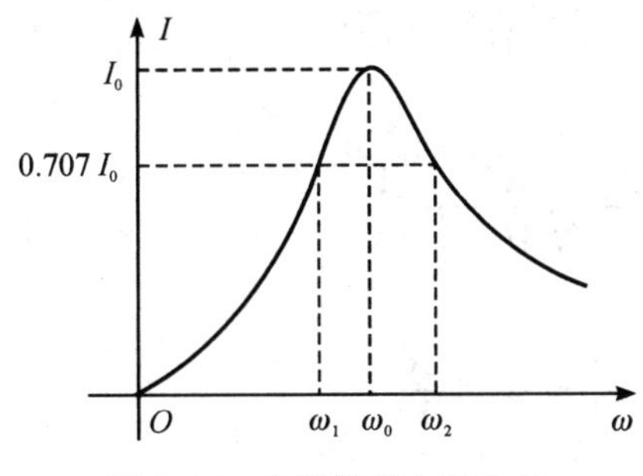

图 6.15　串联谐振电流曲线

串联谐振电流曲线

由图 6.15 可知，当 $\omega=\omega_0$ 时，电流达到最大值，即谐振电流 I_0，其越偏离谐振点电抗越大，电流也就越小。这表明串联谐振电路具有选择出最接近谐振频率的电流的能力，这种特性称为电路的选择性。

工程上，常将谐振电流 I_0 的 $\frac{\sqrt{2}}{2}\approx 0.707$ 倍对应的两个频率点之间的宽度称为带宽，又称为通频带，它规定了谐振电路容许通过信号的频率范围。图 6.15 所示谐振电路的通频带为

$$\Delta\omega=\omega_2-\omega_1$$

或

$$\Delta f=f_2-f_1=\frac{\omega_2-\omega_1}{2\pi}$$

通常把 ω_1 称为下截止角频率，ω_2 称为上截止角频率。下面来计算 ω_1 和 ω_2 的大小。根据定义，在 ω_1 和 ω_2 处，有

$$I=\frac{U}{|Z|}=\frac{U}{\sqrt{R^2+\left(\omega L-\frac{1}{\omega C}\right)^2}}=\frac{\sqrt{2}}{2}\times I_0=\frac{\sqrt{2}}{2}\times\frac{U}{R}$$

整理上式，可得

$$\frac{1}{\sqrt{R^2+\left(\omega L-\frac{1}{\omega C}\right)^2}}=\frac{\sqrt{2}}{2R}$$

化简后，得

$$\left(\omega L-\frac{1}{\omega C}\right)^2=R^2$$

因此，有

$$\omega L-\frac{1}{\omega C}=\pm R \tag{6-37}$$

从图 6.15 可知，在 $\omega=\omega_1$ 处，电路呈现容性，即 $\omega L<\frac{1}{\omega C}$，因此式(6-37)变为

$$\omega L-\frac{1}{\omega C}=-R$$

可解得

$$\omega_1=\frac{-R}{2L}+\sqrt{\frac{R^2}{4L^2}+\frac{1}{LC}} \tag{6-38}$$

同理可得

$$\omega_2=\frac{R}{2L}+\sqrt{\frac{R^2}{4L^2}+\frac{1}{LC}} \tag{6-39}$$

因此，可得通频带为

$$\Delta\omega=\omega_2-\omega_1=\frac{R}{L}$$

将上式分子和分母同乘 ω_0，可得

$$\Delta\omega=\frac{\omega_0 R}{\omega_0 L}=\frac{\omega_0 R}{\sqrt{\frac{1}{LC}}\times L}=\frac{\omega_0 R}{\sqrt{\frac{L}{C}}}$$

将式(6-35)代入上式中，可得

$$\Delta\omega=\frac{\omega_0}{Q} \tag{6-40}$$

或者

$$\Delta f=\frac{f_0}{Q} \tag{6-41}$$

当 $Q>10$ 时，可以认为 ω_0 位于通频带的中心点，则截止频率的计算可以简化为

$$\begin{cases}\omega_1=\omega_0-\dfrac{\Delta\omega}{2}\\ \omega_2=\omega_0+\dfrac{\Delta\omega}{2}\end{cases}$$

为了使电流谐振曲线具有普遍意义，可以将图 6.15 所示中的横坐标改为$\frac{\omega}{\omega_0}$，纵坐标改为$\frac{I}{I_0}$，作出对应不同 Q 值的标准化谐振曲线，如图 6.16 所示 。由此可见，较大的 Q 值对应较尖锐的电流谐振曲线，而较尖锐的电流谐振曲线意味着电路有较高的选择性。因此 Q 值越大，电路的通频带越窄，选频特性越好；反之，Q 值越小，电路的通频带越宽，选频性也就越差。当强调电路的选频性时，就希望通频带窄一些，当强调电路的信号通过能力时，则希望通频带宽一些。在实际选择电路的 Q 值时，则需要兼顾这两方面的要求。

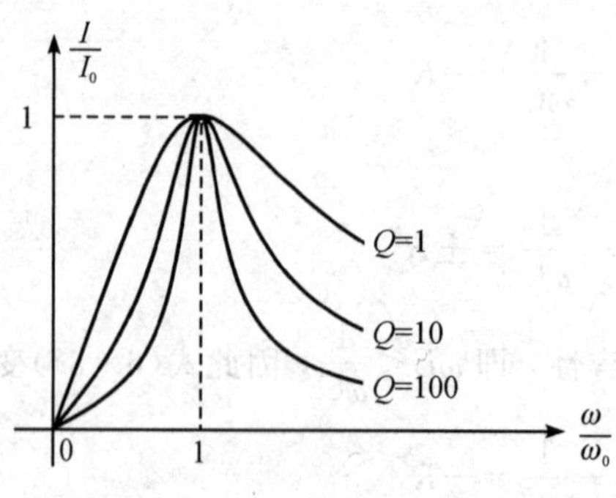

图 6.16 标准化串联谐振曲线

标准化串联谐振曲线

例 6.5　已知 RLC 串联电路中，$R=10\ \Omega$，$L=10\ \text{mH}$，$C=1\ \mu\text{F}$，求该电路的谐振角频率、带宽、上截止角频率和下截止角频率。

解　根据式(6－30)得

$$\omega_0=\frac{1}{\sqrt{LC}}=\frac{1}{\sqrt{10\ \text{mH}\times 1\ \mu\text{F}}}=10\ 000\ \text{rad/s}$$

根据式(6－35)得

$$Q=\frac{1}{R}\sqrt{\frac{L}{C}}=\frac{1}{10\ \Omega}\times\sqrt{\frac{10\ \text{mH}}{1\ \mu\text{F}}}=10$$

因此，根据式(6－40)可得

$$\Delta\omega=\frac{\omega_0}{Q}=1000\ \text{rad/s}$$

根据式(6－38)和式(6－39)可得

$$\omega_1=\frac{-R}{2L}+\sqrt{\frac{R^2}{4L^2}+\frac{1}{LC}}=\frac{-10\ \Omega}{2\times 10\ \text{mH}}+\sqrt{\frac{(10\ \Omega)^2}{4\times(10\ \text{mH})^2}+\frac{1}{10\ \text{mH}\times 1\ \mu\text{F}}}=9512.5\ \text{rad/s}$$

$$\omega_2=\frac{R}{2L}+\sqrt{\frac{R^2}{4L^2}+\frac{1}{LC}}=\frac{10\ \Omega}{2\times 10\ \text{mH}}+\sqrt{\frac{(10\ \Omega)^2}{4\times(10\ \text{mH})^2}+\frac{1}{10\ \text{mH}\times 1\ \mu\text{F}}}=10\ 512.5\ \text{rad/s}$$

例 6.6　将一线圈($L=4\ \text{mH}$，$R=50\ \Omega$)与电容器($C=160\ \text{pF}$)串联接在 $U=25\ \text{V}$ 的电源上。

(1) 当 $f_0=200\ \text{kHz}$ 时发生谐振，求电流和电容器上的电压；

(2) 当频率增加 10%时，求电流和电容器上的电压。

解　(1) 发生谐振时有

$$X_L=2\pi f_0 L=2\times 3.14\times 200\ \text{kHz}\times 4\ \text{mH}=5000\ \Omega$$

$$X_C=\frac{1}{2\pi f_0 C}=\frac{1}{2\times 3.14\times 200\ \text{kHz}\times 160\ \text{pF}}=5000\ \Omega$$

$$I_0=\frac{U}{R}=\frac{25\ \text{V}}{50\ \Omega}=0.5\ \text{A}$$

$$U_{C0}=X_C\times I_0=5000\ \Omega\times 0.5\ \text{A}=2500\ \text{V}$$

(2) 当频率增加 10%时，即 $f=220\ \text{kHz}$，有

$$X_L=5500\ \Omega$$

$$X_C=4500\ \Omega$$

$$|Z|=\sqrt{R^2+X^2}=\sqrt{(50\ \Omega)^2+(5500\ \Omega-4500\ \Omega)^2}\approx 1000\ \Omega$$

$$I=\frac{U}{|Z|}=\frac{25\ \text{V}}{1000\ \Omega}=0.025\ \text{A}$$

$$U_C=X_C\times I=4500\ \Omega\times 0.025\ \text{A}=112.5\ \text{V}$$

可见，偏离谐振频率为 10%时，电路中的电流和电容器上的电压都会大大减小，可知该电路的选择性较好。($Q=\frac{1}{R}\sqrt{\frac{L}{C}}=100$)

6.5.2　并联谐振

串联谐振电路适合应用在信号源内阻较小的情况下，因为信号源内阻是和谐振电路相

串联的，当信号源内阻较大时，就会使串联谐振电路的品质因数大为降低，从而影响到谐振电路的选择性。因此，在高内阻信号源的情况下，应当采用并联谐振电路。

工程上广泛应用电感线圈和电容器组成的并联谐振电路，由于实际线圈总是有电阻的，因此当电感线圈与电容器并联时，其等效电路如图 6.17 所示。其中 R 为线圈的等效电阻。

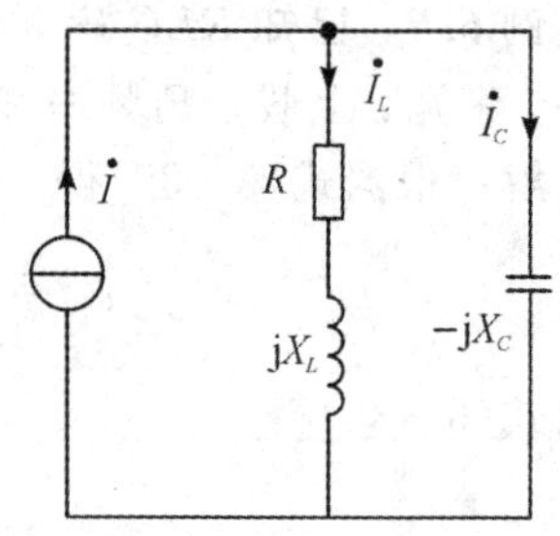

图 6.17 并联谐振电路图

并联谐振电路与串联谐振电路相似，它的谐振条件可从电路的复导纳来分析。图 6.17 所示电路的复导纳为

$$Y=\frac{1}{R+\mathrm{j}\omega L}+\mathrm{j}\omega C=\frac{R}{R^2+(\omega L)^2}+\mathrm{j}\left[\omega C-\frac{\omega L}{R^2+(\omega L)^2}\right] \tag{6-42}$$

根据定义，发生并联谐振时，式(6-42)的电纳部分(虚部)应该为零，即

$$B=\omega C-\frac{\omega L}{R^2+(\omega L)^2}=0$$

因此，有

$$\omega C=\frac{\omega L}{R^2+(\omega L)^2} \tag{6-43}$$

称为并联谐振的条件。式(6-43)包含 R、L、C、ω 四个参数，固定其中任意三个量，调节第四个量都可能使电路发生谐振。

并联谐振的角频率为

$$\omega_{\mathrm{p}}=\frac{1}{\sqrt{LC}}\sqrt{1-\frac{CR^2}{L}} \tag{6-44}$$

并联谐振电路的谐振频率 ω_{p} 不仅取决于 L 和 C，还与 R 有关，且小于串联谐振频率 ω_0。谐振角频率与电路的电阻有关，是并联谐振电路与串联谐振电路的第一个不同点。只有当 $R=0$ 时，才有 $\omega_0=\omega_{\mathrm{p}}$，即并联谐振电路的谐振频率等于串联谐振电路的谐振频率。

实际应用中的并联谐振电路，线圈本身的电阻很小，在工作频率范围内一般都能满足 $R\ll\omega L$，谐振时 $R\ll\omega_{\mathrm{p}}L$，因此并联谐振条件可简化为

$$\omega_{\mathrm{p}}C\approx\frac{1}{\omega_{\mathrm{p}}L}$$

因此，有

$$\omega_{\mathrm{p}}\approx\frac{1}{\sqrt{LC}}=\omega_0 \tag{6-45}$$

以及

$$f_{\mathrm{p}}\approx\frac{1}{2\pi\sqrt{LC}}=f_0 \tag{6-46}$$

也就是说，当线圈的电阻很小时，电路满足 $R\ll\omega L$ 的条件下，并联谐振电路的谐振频率与串联谐振电路的谐振频率相等。

当 RLC 并联电路发生谐振时，电路具有以下特性：

(1) 回路的总导纳最小，且为纯电导，根据式(6-42)有

$$Y_p = \frac{R}{R^2 + (\omega_p L)^2} \tag{6-47}$$

将式(6-43)代入式(6-47)中，可得

$$Y_p = G_p = \frac{RC}{L} \tag{6-48}$$

由于阻抗与导纳互为倒数，因此并联谐振时电路的阻抗最大，有

$$Z_p = \frac{1}{Y_p} = \frac{L}{RC} \tag{6-49}$$

并联谐振电路的品质因数定义为谐振时容纳(或感纳)与等效电导 G_p 的比值，即

$$Q = \frac{1}{G_p \omega_p L} = \frac{\omega_p C}{G_p} = \frac{\omega_p C}{\frac{RC}{L}} = \frac{\omega_p L}{R} \tag{6-50}$$

将式(6-45)代入式(6-50)中，可得

$$Q \approx \frac{1}{R}\sqrt{\frac{L}{C}} = \frac{\rho}{R} \tag{6-51}$$

式中，$\rho = \sqrt{\frac{L}{C}}$ 为并联谐振电路的特性阻抗。

引入品质因数 Q 之后，还可以推导出

$$Z_p = R_p = \frac{L}{RC} = \frac{1}{R}\sqrt{\frac{L}{C}} \times \sqrt{\frac{L}{C}} = Q^2 R \tag{6-52}$$

并联电路谐振时，电路的等效电阻只由电路参数决定，而与信号频率无关。因为通常 R 很小，而 Q 很大，所以并联电路谐振时阻抗很大，这是与串联谐振电路的第二个不同点。

(2) 并联电路谐振时，回路的总电流为一最小值，且与回路的端电压相位相同，即

$$I_p = \frac{U}{Z_p} = \frac{U}{R_p}$$

(3) 并联电路谐振时，电感支路上的电流与电容支路上的电流近似相等，方向相反。即有

$$I_{pL} = \frac{U}{\sqrt{R^2 + (\omega L)^2}} \approx \frac{U}{\omega_p L} = \frac{UG_p}{\omega_p L G_p} = Q \times \frac{U}{R_p} = Q \times I_p$$

$$I_{pC} = \omega_p CU = \frac{\omega_p CUG_p}{G_p} = Q \times I_p$$

上式表明，当 $R \ll \omega L$ 时，各支路的电流即流经电感支路的电流和流经电容支路的电流几乎相等，即 $I_{pL} = I_{pC} = Q \times I_p$，由于并联谐振电流 I_p 极小，端电压与电流又同相，因此电感电流相量与电容电流相量为反相。

(4) 并联谐振时，电感或电容支路的电流有可能大大超过总电流，即可能出现过电流现象。流过电感或电容支路的电流是总电流的 Q 倍，即

$$I_{pL} = I_{pC} = Q \times I_p$$

而 Q 值一般可达几十到几百。Q 值越大，谐振时两支路电流相比总电流就越大，因此并联谐振又称为电流谐振。并联谐振也可以进行选频，如电子电路中的 LC 正弦振荡器就是利用并联谐振的频率特性，使其只对某一频率的信号满足振荡条件。同样的，并联谐振电路

的选频特性也由 Q 值确定。

图 6.18 所示为不同 Q 值时并联谐振电路的阻抗频率特性曲线。从图中可知，当电路发生谐振时，电路的阻抗最大，电流通过时在电路两端产生的电压也最大。当电源频率偏离谐振频率时，电路的阻抗较小，电路两端的电压也较小，这样就起到了选频的作用。由式(6-52)可知，同样条件下，电路的 Q 值越大，谐振电路的 $|Z_p|$ 也越大，阻抗频率特性曲线越尖锐，选择性也就越强。

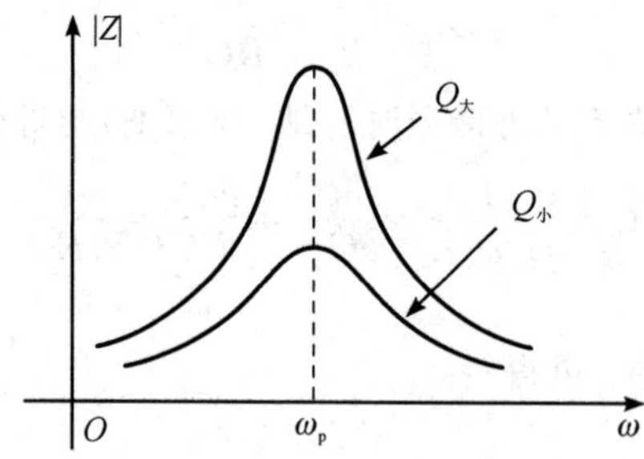

图 6.18 并联谐振的阻抗频率特性

与串联谐振电路类似，可分析得到并联谐振电路的上下截止角频率和通频带分别为

$$\begin{cases} \omega_1 = \dfrac{-1}{2RC} + \sqrt{\dfrac{1}{4R^2C^2} + \dfrac{1}{LC}} \\ \omega_2 = \dfrac{1}{2RC} + \sqrt{\dfrac{1}{4R^2C^2} + \dfrac{1}{LC}} \\ \Delta\omega = \omega_2 - \omega_1 = \dfrac{1}{RC} = \dfrac{\omega_p}{\omega_p RC} = \dfrac{\omega_p}{Q} \end{cases} \tag{6-53}$$

当 $Q>10$ 的情况下，可以认为 ω_p 位于通频带的中心点，则截止频率的计算可以简化为

$$\begin{cases} \omega_1 = \omega_p - \dfrac{\Delta\omega}{2} \\ \omega_2 = \omega_p + \dfrac{\Delta\omega}{2} \end{cases}$$

例 6.7 图 6.17 所示的电路中，已知 $R=10\ \Omega$，$L=100\ \mu\text{H}$，$C=100\ \text{pF}$，$I=1\ \mu\text{A}$，试求并联谐振角频率 ω_p，品质因数 Q，等效阻抗 Z_p，端口电压 U_p，支路电流 I_{pL} 和 I_{pC}，通频带 $\Delta\omega$ 以及截止角频率 ω_1 和 ω_2。

解 根据已知条件可得

$$\omega_p = \frac{1}{\sqrt{LC}} = \frac{1}{\sqrt{100\ \mu\text{H} \times 100\ \text{pF}}} = 1\times 10^7\ \text{rad/s}$$

$$Q = \frac{1}{R}\sqrt{\frac{L}{C}} = \frac{1}{10\ \Omega}\sqrt{\frac{100\ \mu\text{H}}{100\ \text{pF}}} = 100$$

$$Z_p = \frac{L}{RC} = \frac{100\ \mu\text{H}}{10\ \Omega \times 100\ \text{pF}} = 1\times 10^5\ \Omega$$

$$U_p = Z_p I_p = 1\times 10^5\ \Omega \times 1\ \mu\text{A} = 0.1\ \text{V}$$

$$I_{pL} = I_{pC} = Q \times I_p = 100 \times 1\ \mu\text{A} = 100\ \mu\text{A}$$

$$\Delta\omega=\frac{\omega_p}{Q}=\frac{1\times10^7\ \text{rad/s}}{100}=1\times10^5\ \text{rad/s}$$

由于$Q=100\gg10$，计算通频带可以使用简便方式，即

$$\omega_1=\omega_p-\frac{\Delta\omega}{2}=\left(1\times10^7-\frac{1\times10^5}{2}\right)\ \text{rad/s}=0.995\times10^5\ \text{rad/s}$$

$$\omega_2=\omega_p+\frac{\Delta\omega}{2}=\left(1\times10^7+\frac{1\times10^5}{2}\right)\ \text{rad/s}=1.005\times10^5\ \text{rad/s}$$

本章小结

1. 耦合线圈的互感系数定义为

$$M=\frac{\psi_{21}}{i_1}=\frac{\psi_{12}}{i_2}$$

互感的单位与自感相同，在国际制单位中也是亨利(H)。耦合线圈的耦合系数定义为

$$k=\frac{M}{\sqrt{L_1L_2}}$$

因为一般情况下互感系数总是小于自感系数，因此有

$$0\leqslant k\leqslant1$$

2. 为了便于表示耦合线圈的相对绕向，引入同名端的概念。同名端可通过实验方法确定：在耦合电感的一个线圈的一端，输入正值且为增长的电流，在另一个线圈将产生互感电压，将电流流入端和互感电压的高电位端做相同的标记，通常用“·”(或“*”)表示，标有标记的一对端子称为同名端，另一对没有标记的也为同名端；有标记和没有标记的一对端子称为异名端。

3. 耦合线圈端口的伏安关系为

$$\begin{cases}u_1=L_1\dfrac{\mathrm{d}i_1}{\mathrm{d}t}\pm M\dfrac{\mathrm{d}i_2}{\mathrm{d}t}\\[2ex]u_2=L_2\dfrac{\mathrm{d}i_2}{\mathrm{d}t}\pm M\dfrac{\mathrm{d}i_1}{\mathrm{d}t}\end{cases}$$

其相量形式为

$$\begin{cases}\dot U_1=\dot U_1+\dot U_{12}=\mathrm{j}\omega L_1\times\dot I_1\pm\mathrm{j}\omega M\times\dot I_2\\\dot U_2=\dot U_2+\dot U_{21}=\mathrm{j}\omega L_2\times\dot I_2\pm\mathrm{j}\omega M\times\dot I_1\end{cases}$$

4. 耦合电感串联等效互感为$L_1+L_2\pm2M$，顺向串联时取正号，反向串联时取负号。

5. 耦合电感并联等效互感为$L_{eq}=\dfrac{L_1L_2-M^2}{L_1+L_2\mp2M}$，同侧并联时取负号，异侧并联时取正号。

6. 空芯变压器是由绕在非铁磁材料制成的芯子上并且具有互感的线圈组成的，它是线性器件。分析空芯变压器时可以采用与耦合线圈相同的电路模型，分别作出原边和副边的等效电路来进行分析。

7. RLC 电路的串联谐振角频率 $\omega_0=\sqrt{\frac{1}{LC}}$，此时电抗为零，阻抗最小且为一纯电阻，电路中的电流最大，并且与外加电压同相；品质因数 $Q=\frac{\omega_0 L}{R}=\frac{1}{\omega_0 CR}=\frac{1}{R}\sqrt{\frac{L}{C}}$，$Q$ 值越大，电路的通频带越窄，选频特性越好。反之，Q 值越小，电路的通频带越宽，选频性也就越差；通频带 $\Delta\omega=\frac{\omega_0}{Q}$，当 Q 比较大的时候，可以认为谐振频率 ω_0 位于通频带的中心点。

8. RLC 电路的并联谐振角频率 $\omega_p=\frac{1}{\sqrt{LC}}\sqrt{1-\frac{CR^2}{L}}$，此时电纳为零，导纳最小且为一纯电导，电路中的电流最小，并且与外加电压同相；品质因数 $Q\approx\frac{1}{R}\sqrt{\frac{L}{C}}=\frac{\rho}{R}$；通频带 $\Delta\omega=\frac{\omega_p}{Q}$，当 Q 比较大的时候，可以认为谐振频率 ω_p 位于通频带的中心点；并联谐振电路同样具有选频性，Q 值越大，选频性越强。

习　题

1. 两个耦合线圈顺向串联时等效电感为 0.6 H，反相串联时等效电感为 0.2 H，并且已知两个线圈的电感值是相等的，求线圈的电感和互感。

2. 两个耦合线圈串联后接到 220 V 的工频正弦电压电源上，测得顺向串联时的电流为 3 A，功率为 300 W，反相串联时的电流为 6 A，求互感系数。

3. 两个耦合线圈的自感分别是 0.6 H 和 0.8 H，互感为 0.5 H，线圈的电阻忽略不计，求当电源电压一定时，两线圈顺向串联和反向串联的电流之比。

4. 图 6.19 所示的电路中，已知 $R_1=R_2=100\ \Omega$，$L_1=3$ H，$L_2=10$ H，$M=5$ H，$\dot{U}=220\angle 0°$ V，电源角频率 $\omega=100$ rad/s，分别求两种连接情况下电路中的 $\dot{I}$、$\dot{I}_1$ 和 $\dot{I}_2$。

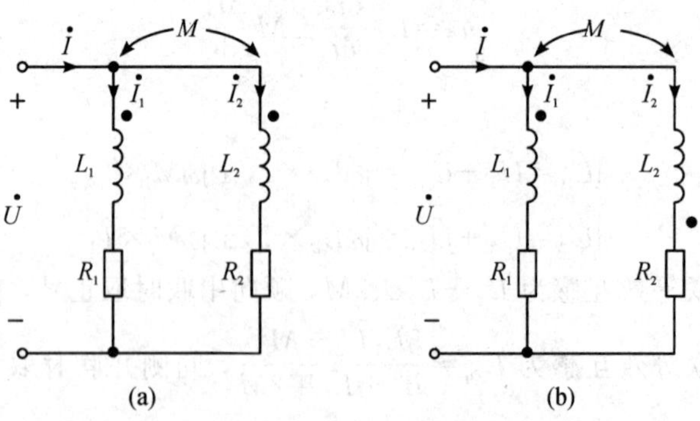

图 6.19　习题 4 电路图

5. 图 6.20 所示的电路中，已知 $X_{L1}=80\ \Omega$，$X_{L2}=20\ \Omega$，$X_C=10\ \Omega$，$R=10\ \Omega$，$\dot{U}=$

$100\angle0°$ V，耦合系数 $k=0.5$。求电流 $\dot{I}$ 和电阻上的电压 $\dot{U}_R$。

6. 求图 6.21 所示电路中的输入阻抗。($\omega=100$ rad/s)

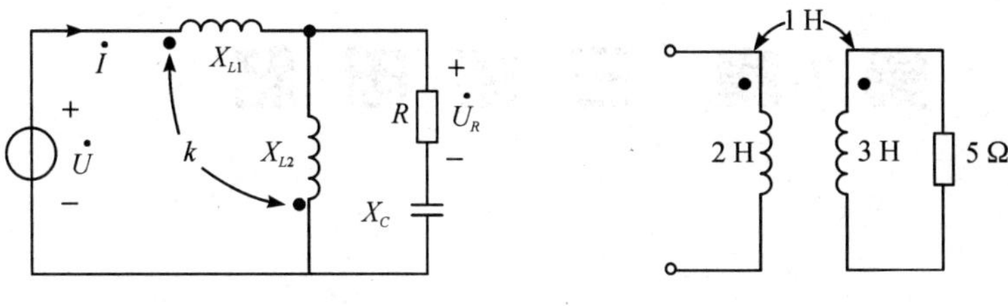

图 6.20　习题 5 电路图　　　图 6.21　习题 6 电路图

7. 有一个 RLC 串联电路，它在频率 $f=500$ Hz 时发生谐振，谐振时电流 $I=0.5$ A，容抗 $X_C=314$ Ω，并测得电容两端电压为电源电压的 20 倍，求该电路中的电阻 R 和电感 L。

8. 一个电感为 0.5 mH、电阻为 1515 Ω 的线圈与 80 pF 的电容器并联。求该并联电路的谐振频率、品质因数、通频带和上下截止频率。

第7章 三相电路

本章介绍三相交流电路的分析方法。首先介绍三相电路的基本概念；然后介绍三相电源和三相负载的连接方式；接着分别介绍对称三相电路和非对称三相电路的分析方法；最后讨论三相电路的功率问题。

7.1 三相电路概述

在电力系统输配电过程中，普遍采用三相交流发电机产生交流电压并经三相输电线路完成交流电的传输，即采用由三相电源、三相输电线路和三相负载组成的三相电力系统。三相交流电与单相交流电相比，在发电、输电以及电能转换为机械能等方面都具有明显的优越性。例如，在尺寸相同时，三相发电机比单相发电机的输出功率大；在传输电能时，在电气指标(距离、功率等)相同的情况下，三相电路比单相电路可以节省 1/4 的金属材料。前面章节介绍的单相交流电也是由三相系统中的一相提供的。

由三相交流发电机同时产生的三个频率相同、振幅相等而相位不同的三个正弦电压，称为三相电源。如果三个正弦电压之间的相位差为 120°，就称为对称三相电源。图 7.1(a)所示为对称三相电源的波形图。工程上，一般将正极性端分别记为 A、B、C，负极性端分别记为 X、Y、Z。每一个电压源称为一相，三个电压源分别称为 A 相、B 相、C 相，分别用黄色、绿色、红色标记。图 7.1(b)所示为三相电源电路模型。

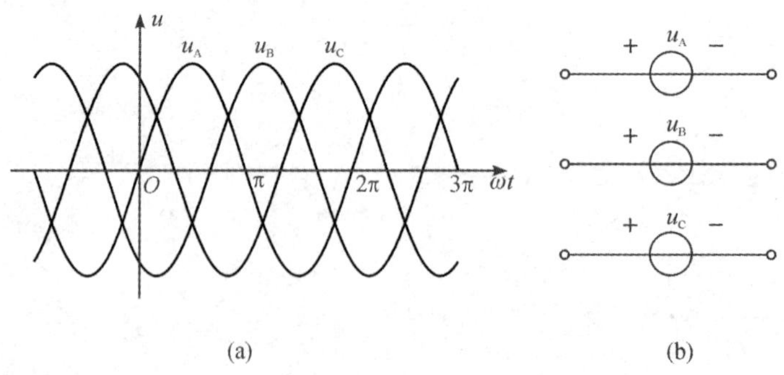

图 7.1 对称三相电源及其电路模型

若以 A 相作为参考，则对称三相电源中各相电压的瞬时值可分别表示为

$$\begin{cases} u_A = \sqrt{2}U\sin\omega t \\ u_B = \sqrt{2}U\sin(\omega t - 120^\circ) \\ u_C = \sqrt{2}U\sin(\omega t - 240^\circ) = \sqrt{2}U\sin(\omega t + 120^\circ) \end{cases} \tag{7-1}$$

对应的相量表达式为

$$\begin{cases} \dot{U}_A = U\angle 0^\circ \\ \dot{U}_B = U\angle -120^\circ \\ \dot{U}_C = U\angle 120^\circ \end{cases} \tag{7-2}$$

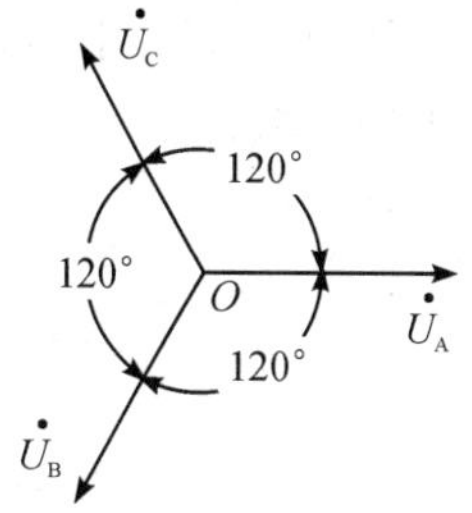

$\dot{U}_C$ 120° 120° O $\dot{U}_A$ 120° $\dot{U}_B$

图 7.2　对称三相电源的相位图

相量图如图 7.2 所示。不难证明：

$$\begin{cases} u_A + u_B + u_C = 0 \\ \dot{U}_A + \dot{U}_B + \dot{U}_C = 0 \end{cases} \tag{7-3}$$

在三相交流电源中，通常将三相交流电源依次出现最大值的先后顺序称为三相电源的相序。如果相序依次出现的顺序为 A、B、C，则称为正序，反之称为逆序。电力系统一般采用正序。

【思考与练习】

1. 已知对称三相正弦电压中 $\dot{U}_A = 220\angle 30^\circ$ V，写出其余两相电压的相量和瞬时值表达式，并作出其相量图。

2. 已知对称三相正弦电流中 $i_A = 10\sqrt{2}\sin\omega t$ A，写出 i_B 和 i_C 的表达式，并作出其波形图。

7.2　三相电路的连接

在三相交流电路中，每一相电源的电压称为相电压，其有效值记为 U_P。三相电源的连接方式有星形(Y)和三角形(△)两种。三相负载也有星形和三角形两种连接方式。三相电源与三相负载之间通过传输线相连，两传输线之间的电压称为线电压，其有效值记为 U_L；流过传输线的电流称为线电流，其有效值记为 I_L；流过每一相负载的电流称为相电流，其有效值记为 I_P。

7.2.1　三相电源的连接

三相电源有星形连接和三角形连接两种形式。

1. 电源的星形连接

在低压供电系统中，星形连接是最常见的连接方式。如图 7.3(a)所示，从电源的三个正极性端 A、B、C 引出的传输线称为相线或端线，俗称火线；电源的三个负极性端 X、Y、

Z连在一起形成公共的端点N，称为中点或中性点。从N点引出的线称为中线或零线。零线接地也称地线，一般用黑色标记。没有中线的三相输电系统称为三相三线制，有中线的三相输电系统称为三相四线制。

三相电源的连接

从图7.3(a)中容易得知线电压(任意两条相线之间的电压)与相电压的关系：

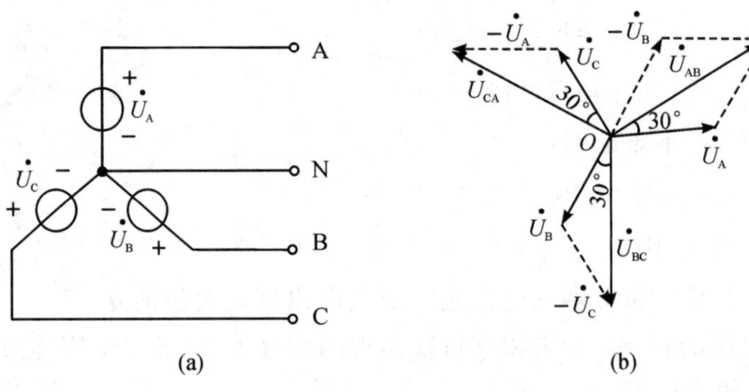

图7.3 三相电源星形连接图和电压相量图

$$\begin{cases}\dot{U}_{AB}=\dot{U}_A-\dot{U}_B\\ \dot{U}_{BC}=\dot{U}_B-\dot{U}_C\\ \dot{U}_{CA}=\dot{U}_C-\dot{U}_A\end{cases} \tag{7-4}$$

将式(7-2)代入式(7-4)，得

$$\begin{cases}\dot{U}_{AB}=\sqrt{3}\dot{U}_A\angle 30^\circ\\ \dot{U}_{BC}=\sqrt{3}\dot{U}_B\angle 30^\circ\\ \dot{U}_{CA}=\sqrt{3}\dot{U}_C\angle 30^\circ\end{cases} \tag{7-5}$$

式(7-5)说明，当三相电源作星形连接时，若相电压对称，则其线电压也是对称的，且线电压的有效值是相电压的有效值的$\sqrt{3}$倍，即

$$U_L=\sqrt{3}U_P \tag{7-6}$$

各线电压的相位超前各自对应的两个相电压中的超前相30°。线电压和相电压的相量图如图7.3(b)所示。

我国低压配电系统中，三相电源大多数采用三相四线制的星形连接，线电压的有效值大多数为380 V，相电压的有效值为220 V。工程上若无特殊说明，则三相电路的电压均指线电压。三相电源作星形连接时能同时提供两种电源，能满足动力和照明用电的需要，因此得到了广泛的应用。

2. 电源的三角形连接

若将三相电源的始末端依次相连接，即X与B、Y与C、Z与A相连形成一个三角形回路，再从三个连接点A、B、C引出三条端线向外送电，这种接法称为三相电源的三角形连接，如图7.4所示。

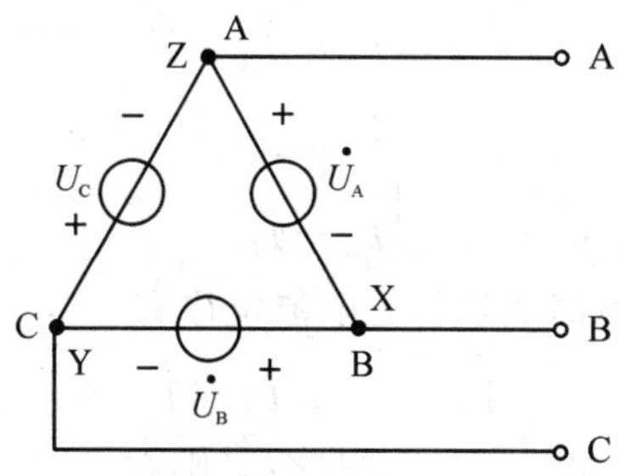

图 7.4 三相电源的三角形连接

当三相电源作三角形连接时，任意两条端线都是由发电机一相绕组的始端和末端节点引出的，因此其线电压就是各自的相电压，即

$$\begin{cases}\dot{U}_{AB}=\dot{U}_A\\ \dot{U}_{BC}=\dot{U}_B\\ \dot{U}_{CA}=\dot{U}_C\end{cases}\tag{7-7}$$

对于对称的三相电源，也可以表示为

$$U_L=U_P\tag{7-8}$$

从图 7.4 中观察得知，对称三相电源按三角形连接时，构成一个闭合回路，由基尔霍夫电压定律可知，任何时刻都有

$$\dot{U}_A+\dot{U}_B+\dot{U}_C=0\ \text{V}$$

若三相电源不对称，或有某相电源接反了，则在三相电源的闭合回路中将会产生很大的电流，导致发生烧坏三相发电机等事故。实际上，三相发电机所产生的三相电压只能是近似的对称，即使三角形接法正确，电源回路中依然会有环流，这会引起电能损耗，降低电源效率。因此，三相电源一般不作三角形连接。

7.2.2 三相负载的连接

三相负载的连接

在三相电路中，用电设备的额定电压应与电源的电压相符，否则设备不能正常工作。在三相电路中，负载也有星形和三角形两种连接方式。当三相负载的额定电压等于三相电源线电压的 $1/\sqrt{3}$ 时，三相负载应采用星形连接方式；当三相负载的额定电压等于电源的线电压时，三相负载应采用三角形连接方式。

每一个负载称为三相负载的一相。如果三个负载都具备相同的参数，即负载阻抗的模和辐角完全相同，则称为对称三相负载；否则称为不对称三相负载。

1. 负载的星形连接

图 7.5(a)所示为三相负载 Z_A、Z_B、Z_C 的星形连接。负载各相的相电流分别为 $\dot{I}_{A'}$、$\dot{I}_{B'}$、$\dot{I}_{C'}$，线电流分别为 $\dot{I}_A$、$\dot{I}_B$、$\dot{I}_C$，显然有

$$\begin{cases}\dot{I}_{A}=\dot{I}_{A'}\\ \dot{I}_{B}=\dot{I}_{B'}\\ \dot{I}_{C}=\dot{I}_{C'}\end{cases}\tag{7-9}$$

即线电流等于相电流。另外，根据基尔霍夫电流定律有

$$\dot{I}_{N}=\dot{I}_{A}+\dot{I}_{B}+\dot{I}_{C}\tag{7-10}$$

若三相负载对称，即 $Z_A=Z_B=Z_C=Z=|Z|\angle\varphi$，则有

$$\begin{cases}\dot{I}_{A'}=\dfrac{\dot{U}_A}{Z}=\dfrac{U_P\angle 0°}{Z}=I_P\angle-\varphi\\ \dot{I}_{B'}=\dfrac{\dot{U}_B}{Z}=\dfrac{U_P\angle-120°}{Z}=I_P\angle(-120°-\varphi)\\ \dot{I}_{C'}=\dfrac{\dot{U}_C}{Z}=\dfrac{U_P\angle 120°}{Z}=I_P\angle(120°-\varphi)\end{cases}\tag{7-11}$$

由此可见，在星形连接的对称三相负载中，相电流和线电流对应相等，且相电流也是对称的，因此有

$$\dot{I}_{N}=\dot{I}_{A}+\dot{I}_{B}+\dot{I}_{C}=0\ \mathrm{A}\tag{7-12}$$

即在对称三相电路中，中线上的电流等于零，因此可以把中线省掉，简化为星形连接的三相三线制，如图 7.5(b)所示。

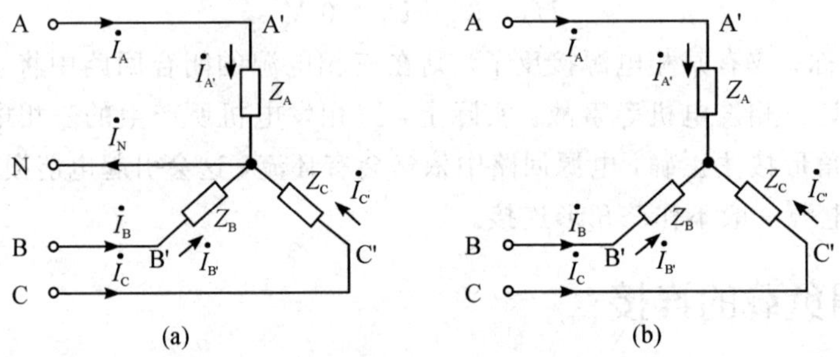

图 7.5 三相负载的星形连接

2. 负载的三角形连接

图 7.6 所示为三相负载 Z_A、Z_B、Z_C 的三角形连接。从图 7.6 中可知，各相负载的相电压就是线电压，而流经各相负载的相电流分别为 $\dot{I}_{A'B'}$、$\dot{I}_{B'C'}$、$\dot{I}_{C'A'}$，线电流分别为 $\dot{I}_A$、$\dot{I}_B$、$\dot{I}_C$。

根据基尔霍夫电流定律，有

$$\begin{cases}\dot{I}_{A}=\dot{I}_{A'B'}-\dot{I}_{C'A'}\\ \dot{I}_{B}=\dot{I}_{B'C'}-\dot{I}_{A'B'}\\ \dot{I}_{C}=\dot{I}_{C'A'}-\dot{I}_{B'C'}\end{cases}\tag{7-13}$$

若三相负载对称，即 $Z_A=Z_B=Z_C=Z=|Z|\angle\varphi$，则有

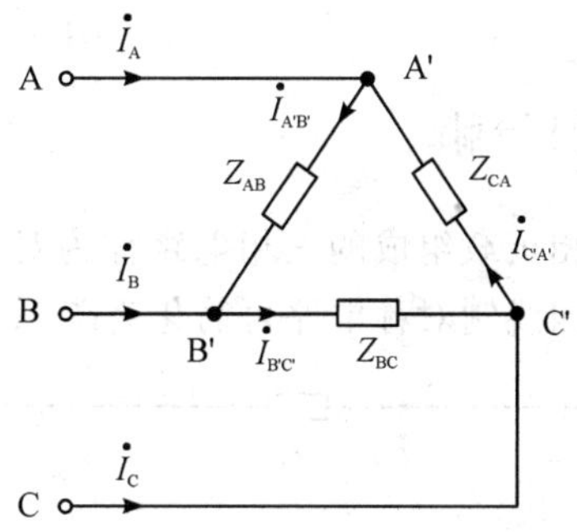

图 7.6 三相负载的三角形连接

$$\begin{cases} \dot{I}_{A'B'}=\dfrac{\dot{U}_{AB}}{Z}=\dfrac{U_L\angle 0^\circ}{Z}=I_P\angle -\varphi \\ \dot{I}_{B'C'}=\dfrac{\dot{U}_{BC}}{Z}=\dfrac{U_L\angle -120^\circ}{Z}=I_P\angle(-120^\circ-\varphi) \\ \dot{I}_{C'A'}=\dfrac{\dot{U}_{CA}}{Z}=\dfrac{U_L\angle 120^\circ}{Z}=I_P\angle(120^\circ-\varphi) \end{cases} \tag{7-14}$$

可见，三个相电流也是对称的。将式(7-14)代入式(7-13)中，可得

$$\begin{cases} \dot{I}_A=I_P\angle -\varphi - I_P\angle(120^\circ-\varphi)=\sqrt{3}I_P\angle(-\varphi-30^\circ) \\ \dot{I}_B=I_P\angle(-120^\circ-\varphi)-I_P\angle -\varphi=\sqrt{3}I_P\angle(-\varphi-150^\circ) \\ \dot{I}_C=I_P\angle(120^\circ-\varphi)-I_P\angle(-120^\circ-\varphi)=\sqrt{3}I_P\angle(-\varphi+90^\circ) \end{cases}$$

即

$$\begin{cases} \dot{I}_A=\sqrt{3}\dot{I}_{A'B'}\angle -30^\circ \\ \dot{I}_B=\sqrt{3}\dot{I}_{B'C'}\angle -30^\circ \\ \dot{I}_C=\sqrt{3}\dot{I}_{C'A'}\angle -30^\circ \end{cases} \tag{7-15}$$

可见，对称三相负载作三角形连接时，负载上的相电流和线电流都是对称的，并且线电流的有效值等于相电流的有效值的$\sqrt{3}$倍。

【思考与练习】

1. 三相电源连接方式有哪些？各有何优缺点？
2. 什么是三相三线制？什么是三相四线制？
3. 三相负载的连接方式有哪些？

7.3 三相电路的分析

三相电路实际上是正弦交流电路的一种特殊形式。因此，正弦交流电路的分析方法对三相电路完全适用。

7.3.1 对称三相电路的分析

由对称三相电源和对称三相负载组成的三相电路称为对称三相电路。星形连接的电源和星形连接的负载组成的三相四线制对称电路可简化为图 7.7。

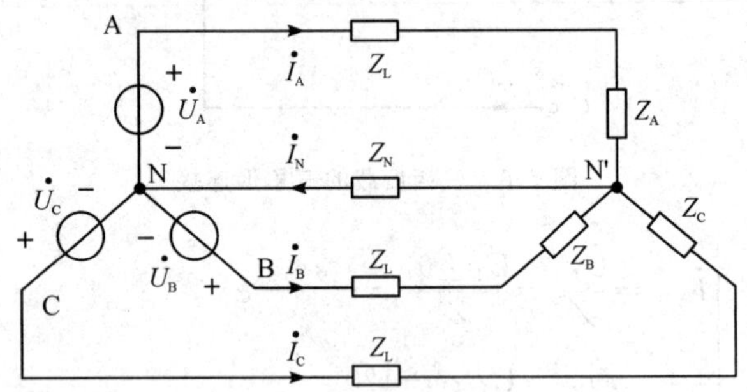

图 7.7 对称三相电路

图 7.7 中，$\dot{U}_A$、$\dot{U}_B$、$\dot{U}_C$ 组成对称三相电源，$Z_A=Z_B=Z_C=|Z|\angle\varphi$ 组成对称三相负载，Z_L 为传输线等效阻抗，Z_N 为中线等效阻抗。选取 N 点为参考节点，写出 N′点的节点电压方程为

$$\frac{\dot{U}_A-\dot{U}_{N'}}{Z_L+Z_A}+\frac{\dot{U}_B-\dot{U}_{N'}}{Z_L+Z_B}+\frac{\dot{U}_C-\dot{U}_{N'}}{Z_L+Z_C}=\frac{\dot{U}_{N'}}{Z_N}$$

将 $Z_A=Z_B=Z_C=|Z|\angle\varphi$ 代入上式，得到

$$\left(\frac{3}{Z_L+Z}+\frac{1}{Z_N}\right)\times\dot{U}_{N'}-\frac{1}{Z_L+Z}\times(\dot{U}_A+\dot{U}_B+\dot{U}_C)=0\ \text{A}$$

由于三相电源对称，有 $\dot{U}_A+\dot{U}_B+\dot{U}_C=0$ V，因此，$\dot{U}_{N'}=0$ V，即 N 点和 N'点等电位，中线上没有电流流过。因此，在电源星形连接和负载星形连接的对称三相电路中有没有中线效果是一样的，中线可以省去。

进一步求得各相电流为

$$\dot{I}_A=\frac{\dot{U}_A}{Z_L+Z_A}=\frac{\dot{U}_A}{Z_L+Z}=\frac{U_P\angle 0^\circ}{|Z'|\angle\varphi'}=I_P\angle-\varphi'$$

$$\dot{I}_B=\frac{\dot{U}_B}{Z_L+Z_B}=\frac{\dot{U}_B}{Z_L+Z}=\frac{U_P\angle 120^\circ}{|Z'|\angle\varphi'}=I_P\angle(-120^\circ-\varphi') \qquad (7-16)$$

$$\dot{I}_C=\frac{\dot{U}_C}{Z_L+Z_C}=\frac{\dot{U}_C}{Z_L+Z}=\frac{U_P\angle 120^\circ}{|Z'|\angle\varphi'}=I_P\angle(120^\circ-\varphi')$$

可见，三个相电流也是对称的，彼此相位差为 120°，因此在实际计算时只需要计算其中的一相，利用对称性可以直接得出其余两相的电流值。

例 7.1 有一星形连接的对称三相电路如图 7.7 所示，每相阻抗 $Z=(30+\text{j}40)\ \Omega$，线路阻抗忽略不计，设电源电压 $u_{AB}=380\sqrt{2}\sin(\omega t+30^\circ)$ V，求各相电流的瞬时值表达式。

解 已知 $\dot{U}_{AB}=380\angle 30^\circ$ V，根据式(7-5)，可得

$$\dot{U}_A=\frac{\dot{U}_{AB}}{\sqrt{3}\angle 30^\circ}=220\angle 0^\circ\ \text{V}$$

根据式(7-16)，可得

$$\dot{I}_A=\frac{\dot{U}_A}{Z_A}=\frac{220\angle 0^\circ\ \text{V}}{(30+\text{j}40)\ \Omega}=4.4\angle -53^\circ\ \text{A}$$

根据对称性，可得

$$\dot{I}_B=4.4\angle -173^\circ\ \text{A}$$

$$\dot{I}_C=4.4\angle 67^\circ\ \text{A}$$

因此，各相电流的瞬时值表达式为

$$\begin{cases}i_A=4.4\sqrt{2}\sin(\omega t-53^\circ)\ \text{A}\\ i_B=4.4\sqrt{2}\sin(\omega t-173^\circ)\ \text{A}\\ i_C=4.4\sqrt{2}\sin(\omega t+67^\circ)\ \text{A}\end{cases}$$

例 7.2　对称三相电源的线 0 电压为 380 V，对称三相负载作三角形连接，每相阻抗为 $Z=(16+\text{j}12)\ \Omega$，试求各相负载上的相电流和线路的线电流。

解　负载作三角形连接时，无论电源是星形连接还是三角形连接，其各相负载的电压等于电源的线电压。因此，可得负载各相上的电流，即相电流为

$$I_P=\frac{U_P}{|Z|}=\frac{U_L}{|Z|}=\frac{380\ \text{V}}{20\ \Omega}=19\ \text{A}$$

各线电流的有效值为

$$I_L=\sqrt{3}I_P=\sqrt{3}\times 19\ \text{A}=32.9\ \text{A}$$

在分析负载为三角形连接的对称三相电路时，往往可以通过阻抗的星形-三角形等效变换将三角形连接的负载转换成星形连接的负载，其转换关系为 $Z_Y=\frac{Z_\triangle}{3}$。再利用星形-三相电路的分析方法进行分析计算。

例 7.3　对称三相电路如图 7.8(a)所示，负载为三角形连接，阻抗 $Z_\triangle=(19.2+\text{j}14.4)\ \Omega$，线路阻抗 $Z_L=(3+\text{j}4)\ \Omega$，电源线电压 $U_L=380$ V，求负载端的线电压、线电流和相电流。

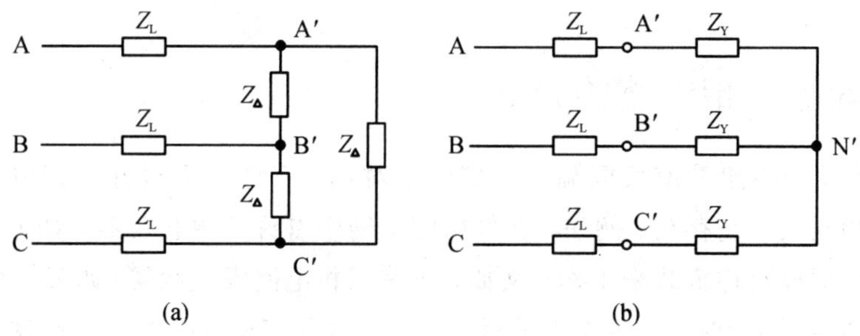

图 7.8　例 7.3 电路图

解　首先将负载从三角形连接等效变换为星形连接，得到图 7.8(b)，其中

$$Z_{\mathrm{Y}}=\frac{Z_{\triangle}}{3}=\frac{(19.2+\mathrm{j}14.4)\ \Omega}{3}=(6.4+\mathrm{j}4.8)\ \Omega$$

因为电源线电压 $U_{\mathrm{L}}=380\ \mathrm{V}$，可知电源相电压为

$$U_{\mathrm{P}}=\frac{U_{\mathrm{L}}}{\sqrt{3}}=\frac{380\ \mathrm{V}}{\sqrt{3}}=220\ \mathrm{V}$$

设 A 相为参考相，可计算得线电流为

$$\dot{I}_{\mathrm{A}}=\frac{\dot{U}_{\mathrm{A}}}{Z_{\mathrm{L}}+Z_{\mathrm{Y}}}=\frac{220\angle 0^{\circ}\ \mathrm{V}}{(3+\mathrm{j}4)\ \Omega+(6.4+\mathrm{j}4.8)\ \Omega}=17.1\angle -43.2^{\circ}\ \mathrm{A}$$

根据对称性有

$$\dot{I}_{\mathrm{B}}=17.1\angle -163.2^{\circ}\ \mathrm{A}$$

$$\dot{I}_{\mathrm{C}}=17.1\angle 76.8^{\circ}\ \mathrm{A}$$

因此，可得负载端的相电压为

$$\dot{U}_{\mathrm{AN'}}=\dot{I}_{\mathrm{A}}Z_{\mathrm{Y}}=136.8\angle -6.3^{\circ}\ \mathrm{V}$$

在图 7.8(a)中，根据线电压和相电压的关系可得负载端的线电压为

$$\dot{U}_{\mathrm{A'B'}}=\dot{U}_{\mathrm{AN'}}\times\sqrt{3}\angle 30^{\circ}=236.9\angle 23.7^{\circ}\ \mathrm{V}$$

根据对称性，可得

$$\dot{U}_{\mathrm{B'C'}}=236.9\angle -96.3^{\circ}\ \mathrm{V}$$

$$\dot{U}_{\mathrm{C'A'}}=236.9\angle 143.7^{\circ}\ \mathrm{V}$$

因此，负载中的相电流为

$$\dot{I}_{\mathrm{A'B'}}=\frac{\dot{U}_{\mathrm{A'B'}}}{Z_{\triangle}}=9.9\angle -13.2^{\circ}\ \mathrm{A}$$

$$\dot{I}_{\mathrm{B'C'}}=\frac{\dot{U}_{\mathrm{B'C'}}}{Z_{\triangle}}=9.9\angle -133.2^{\circ}\ \mathrm{A}$$

$$\dot{I}_{\mathrm{C'A'}}=\frac{\dot{U}_{\mathrm{C'A'}}}{Z_{\triangle}}=9.9\angle 106.8^{\circ}\ \mathrm{A}$$

7.3.2 不对称三相电路的分析

三相电路中，只要电源或负载端有一部分不对称，就称为不对称三相电路。实际工作中，不对称三相电路大量存在。例如，在低压配电网中有许多单相负载，如电灯、家用电器等，难以把它们配成对称负载来工作；又如，对称三相电路发生故障(如某一条输电线断线或某一相负载发生故障)时，它就失去了对称性。不对称三相电路的分析计算原则上与复杂正弦稳态电路的分析计算相同。

如图 7.7 所示的电路中，如果三相电源对称而三相负载不对称，则每相负载的伏安关系为

$$\dot{I}_A=\frac{\dot{U}_A}{Z_A},\quad \dot{I}_B=\frac{\dot{U}_B}{Z_B},\quad \dot{I}_C=\frac{\dot{U}_C}{Z_C}$$

显然三个电流不再对称，此时

$$\dot{I}_N=\dot{I}_A+\dot{I}_B+\dot{I}_C\neq 0$$

中线上有电流流过，因此在不对称三相电路中，中线不能省略。

例 7.4 图 7.9 所示的电路中，三相电源对称，相电压为 220 V，三相负载不对称，$Z_A=484\ \Omega$，$Z_B=242\ \Omega$，$Z_C=121\ \Omega$，求各相负载实际承受的电压各为多少。

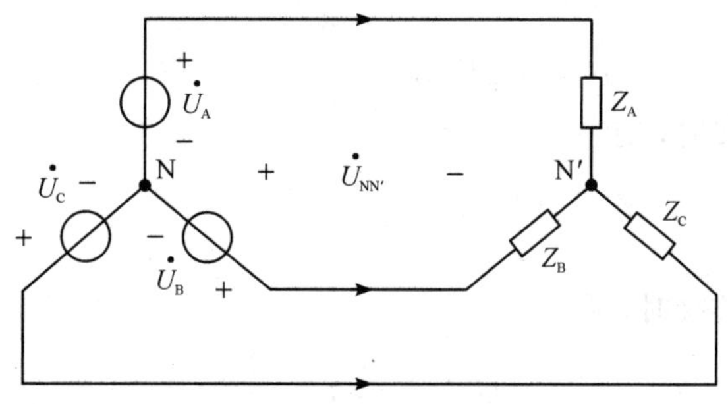

图 7.9 例 7.4 电路图

解 选 N 为参考点，对 N′点列出节点电压方程，得

$$\frac{\dot{U}_A-\dot{U}_{N'}}{Z_A}+\frac{\dot{U}_B-\dot{U}_{N'}}{Z_B}+\frac{\dot{U}_C-\dot{U}_{N'}}{Z_C}=0$$

代入已知条件可解得

$$\dot{U}_{N'}=\frac{\dfrac{\dot{U}_A}{Z_A}+\dfrac{\dot{U}_B}{Z_B}+\dfrac{\dot{U}_C}{Z_C}}{\dfrac{1}{Z_A}+\dfrac{1}{Z_B}+\dfrac{1}{Z_C}}$$

$$=\frac{\dfrac{220\angle 0^\circ\ \text{V}}{484\ \Omega}+\dfrac{220\angle -120^\circ\ \text{V}}{242\ \Omega}+\dfrac{220\angle 120^\circ\ \text{V}}{121\ \Omega}}{\dfrac{1}{484\ \Omega}+\dfrac{1}{242\ \Omega}+\dfrac{1}{121\ \Omega}}$$

$$=83.15\angle 139^\circ\ \text{V}$$

因此，可计算出各相实际承受的电压为

$$\dot{U}_{ZA}=\dot{U}_A-\dot{U}_{N'}=288\angle -10.9^\circ\ \text{V}$$

$$\dot{U}_{ZB}=\dot{U}_B-\dot{U}_{N'}=249.5\angle -100.9^\circ\ \text{V}$$

$$\dot{U}_{ZC}=\dot{U}_C-\dot{U}_{N'}=144\angle -109.1^\circ\ \text{V}$$

可见，在负载不对称的三相电路中，负载实际承受的电压有可能低于电源电压，也有可能高于电源电压，导致负载无法正常工作，甚至烧毁负载设备。因此，在三相负载不对称的情况下，必须要有中线，才能使三相负载的相电压对称，保证负载正常工作。

7.4 三相电路的功率

三相负载消耗的总功率(总有功功率)等于各相有功功率之和，即

$$P = P_A + P_B + P_C = U_{AP} I_{AP} \cos\varphi_A + U_{BP} I_{BP} \cos\varphi_B + U_{CP} I_{CP} \cos\varphi_C$$

当三相负载对称时，各相电压、电流都相等，功率因数也一样，上式可以写为

$$P = 3U_P I_P \cos\varphi \tag{7-17}$$

三相电路的功率

当负载为星形连接时，有

$$U_P = \frac{U_L}{\sqrt{3}},\ I_P = I_L$$

当负载为三角形连接时，有

$$U_P = U_L,\ I_P = \frac{I_L}{\sqrt{3}}$$

因此，式(7-17)可以表示为

$$P = \sqrt{3} U_L I_L \cos\varphi \tag{7-18}$$

由此可见，在对称三相电路中，不论负载采用星形连接或者是三角形连接，三相负载的有功功率都等于线电压、线电流的有效值和功率因数三者乘积的$\sqrt{3}$倍。其中，功率因数为每相的功率因数；φ 仍为负载上相电压与相电流之间的夹角，实际上它是负载的阻抗角。工程实际中，常用式(7-18)计算三相负载的功率。原因是：一方面线电压、线电流容易测量；另一方面电气设备铭牌上标明的额定电压和额定电流都是线电压和线电流。

在三相电路中，总的瞬时功率为各相负载瞬时功率之和，即

$$p = p_A + p_B + p_C$$

将各相负载的瞬时电压和瞬时电流值代入瞬时功率的计算式，可进一步证明对称三相电路负载所消耗的总瞬时功率是恒定的，且等于负载的总有功功率，即

$$p = P = \sqrt{3} U_L I_L \cos\varphi \tag{7-19}$$

式(7-19)表明对于对称三相电路，虽然每相电流(或电压)随时间变化，但总功率是恒定的。这是对称三相电路的一个优越性能。习惯上把这一性能称为瞬时功率平衡。若负载是三相电机，那么由于瞬时功率平衡，电机的转动就会比较稳定，不会引起机械振动。

类似地，可求出对称三相负载的无功功率为

$$Q = 3U_P I_P \sin\varphi = \sqrt{3} U_L I_L \sin\varphi \tag{7-20}$$

视在功率为

$$S = \sqrt{P^2 + Q^2} = \sqrt{3} U_L I_L \tag{7-21}$$

当三相负载不对称时，负载的有功功率、无功功率分别为各相负载的有功功率、无功功率的代数和，即

$$\begin{cases}P=P_A+P_B+P_C\\Q=Q_A+Q_B+Q_C\\S=\sqrt{P^2+Q^2}\end{cases}$$

例 7.5　某对称三相负载 $Z=(6+j8)\ \Omega$，接在线电压为 380 V 的对称三相电源上，求：

(1) 负载作星形连接时的有功功率；

(2) 负载作三角形连接时的有功功率。

解　因为 $Z=6+j8\ \Omega=10\angle 53°\ \Omega$，所以：

(1) 负载作星形连接时，有

$$U_P=\frac{U_L}{\sqrt{3}}=\frac{380\ \text{V}}{\sqrt{3}}=220\ \text{V}$$

$$I_L=I_P=\frac{U_P}{|Z|}=\frac{220\ \text{V}}{10\ \Omega}=22\ \text{A}$$

$$P_Y=\sqrt{3}U_LI_L\cos\varphi=\sqrt{3}\times 380\ \text{V}\times 22\ \text{A}\times\cos 53.13°=8688\ \text{W}$$

(2) 负载作三角形连接时，有

$$U_P=U_L=380\ \text{V}$$

$$I_P=\frac{U_P}{|Z|}=\frac{380\ \text{V}}{10\ \Omega}=38\ \text{A}$$

$$I_L=\sqrt{3}I_P=\sqrt{3}\times 38\ \text{A}=65.8\ \text{A}$$

$$P_\triangle=\sqrt{3}U_LI_L\cos\varphi=\sqrt{3}\times 380\ \text{V}\times 65.8\ \text{A}\times\cos 53.13°=25\ 998\ \text{W}$$

本章小结

1. 由三相交流发电机同时产生的三个频率相同、振幅相等而相位不同的三个正弦电压，称为三相电源。对称三相电源中各相电压的瞬时值可分别表示为

$$\begin{cases}u_A=\sqrt{2}U\sin\omega t\\u_B=\sqrt{2}U\sin(\omega t-120°)\\u_C=\sqrt{2}U\sin(\omega t-240°)=\sqrt{2}U\sin(\omega t+120°)\end{cases}$$

对应的相量表达式为

$$\begin{cases}\dot{U}_A=U\angle 0°\\\dot{U}_B=U\angle -120°\\\dot{U}_C=U\angle 120°\end{cases}$$

2. 三相电源的连接方式有星形(Y)和三角形(△)两种。当三相电源作星形连接时，当相电压对称时，其线电压也是对称的，且线电压的有效值是相电压的有效值的$\sqrt{3}$倍；当三

相电源作三角形连接时，任意两条端线都是由发电机一相绕组的始端和末端节点引出的，因此，线电压就是各自的相电压。

3. 三相负载也有星形和三角形两种连接方式。当三相负载的额定电压等于三相电源线电压的 $1/\sqrt{3}$ 时，三相负载采用星形连接方式；当三相负载的额定电压等于电源的线电压时，三相负载采用三角形连接方式。

4. 对于由星形连接的三相电源和星形连接的三相负载组成的三相对称电路，可以使用正弦交流电路的分析方法来计算其中一相，然后根据对称性直接写出另外两相的结果。

5. 在分析负载为三角形连接的对称三相电路时，往往可以通过阻抗的星形-三角形等效变换将三角形连接的负载转换成星形连接的负载，再利用星形三相电路的分析方法进行分析计算。

6. 对于不对称三相电路的分析计算，原则上与复杂正弦稳态电路的分析计算相同。

7. 在对称三相电路中，三相负载的有功功率、无功功率和视在功率分别为

$$\begin{cases} P=\sqrt{3}U_L I_L\cos\varphi \\ Q=\sqrt{3}U_L I_L\sin\varphi \\ S=\sqrt{3}U_L I_L \end{cases}$$

8. 当三相负载不对称时，负载的有功功率、无功功率和视在功率分别为

$$\begin{cases} P=P_A+P_B+P_C \\ Q=Q_A+Q_B+Q_C \\ S=\sqrt{P^2+Q^2} \end{cases}$$

习　题

1. 已知对称三相电源的频率 $f=50$ Hz，相电压的有效值 $U_P=220$ V，写出该三相电源的电压瞬时值表达式和相量表达式。

2. 对称 Y-Y 连接的三相三线制电路中，每相负载 $Z=(30-j40)\ \Omega$，已知电源电压 $\dot{U}_A=220\angle 30°$ V，求负载的各相电流。

3. 已知三角形连接的对称三相负载中，每相负载 $Z=(6+j8)\ \Omega$，电源的线电压为 380 V，求各相线电流和相电流，并画出其相量图。

4. 已知 Y-△连接的对称三相电路中，电源相电压为 220 V，负载每相阻抗 $Z=(18+j24)\ \Omega$，线路阻抗 $Z_L=(1+j1)\ \Omega$，求负载的线电流和相电流。

5. Y-Y 连接的三相四线制电路中，电源对称，线电压为 380 V，各相负载阻抗分别为 $Z_A=3\angle 0°\ \Omega$，$Z_B=4\angle 60°\ \Omega$，$Z_C=5\angle 90°\ \Omega$，求负载相电流及中线电流。

6. 有一个三相电机，每相的阻抗 $Z=(29+j21.8)\ \Omega$，求在下列两种情况下电动机从电源获取的功率：

(1) 绕组连成星形接在线电压为 380 V 的三相电源上；

(2) 绕组连成三角形接在线电压为 220 V 的三相电源上。

7. 两组对称三相负载接到线电压为 380 V 的三相电源上，已知星形连接负载 $Z_1=(10-j15)\ \Omega$，三角形连接负载 $Z_2=(10+j20)\ \Omega$，求三相负载的有功功率、无功功率、视在功率以及功率因数。

第 8 章　非正弦周期交流电路

本章介绍非正弦周期交流电路。首先，介绍非正弦周期量的概念以及利用傅里叶级数将非正弦周期量分解为正弦量的方法；然后，介绍非正弦周期量的有效值、平均值和平均功率；最后，介绍非正弦周期交流电路的分析方法。

8.1　非正弦周期量

在第 4 章中讨论了正弦交流电路的分析计算方法，从中得出，在一个线性电路中有一个或多个同频率的正弦信号同时作用时，电路的稳态响应仍为同频率的正弦量。但是在科学研究和生产实践中，除了正弦交流电外，还会经常遇到非正弦交流电。在电力工程中，由于交流发电机制造等方面的原因，其发出的电压波形实际上是一种近似的正弦波，而在晶体管交流放大器中的电压、电流是直流分量和交流分量的叠加。图 8.1 所示为晶体管交流放大器中的电流波形。

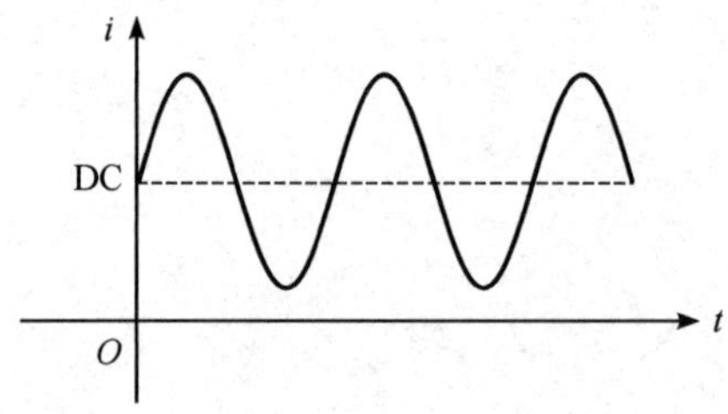

图 8.1　晶体管放大器中的电流

在计算机、自动控制等技术领域内大量应用的脉冲电路中，电压和电流的波形也都是非正弦的。图 8.2(a)、(b)和(c)所示分别为周期脉冲电压、方波电压和锯齿波电压的波形图。另外，如电路中含有非线性元件，即使在正弦电压的作用下，电路中也会出现非正弦电流，如图 8.2(d)所示为通过半波整流器得出的电压波形。

上述电流和电压的波形虽然各不相同，但如果它们能按一定规律周而复始地变化，则称为非正弦周期电压或电流。分析非正弦周期交流电路时，首先，需要用傅立叶级数将非正弦周期电流或电压分解为一系列不同频率的正弦电流或电压之和；然后，分别计算它们在电路中单独作用时产生的正弦电流或电压分量；最后，根据线性电路的叠加定理，把所有分量叠加起来就得到了电路中实际的稳态电流或电压。

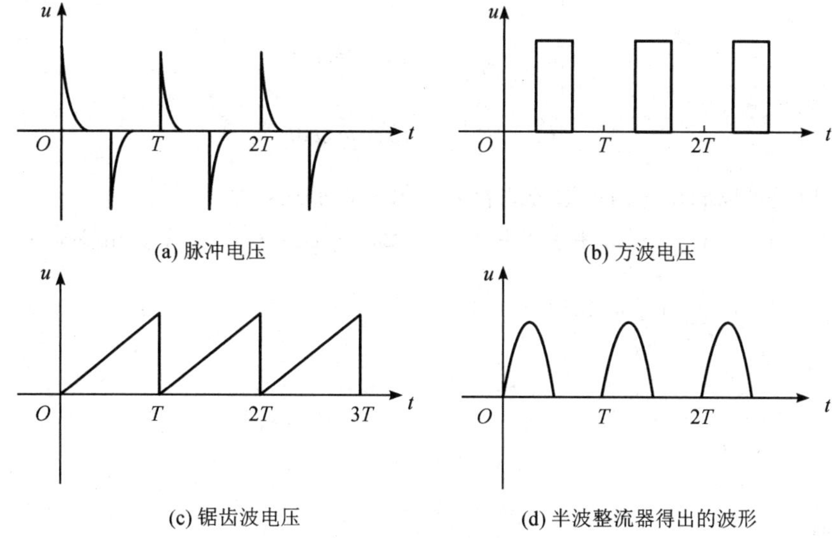

(a) 脉冲电压　(b) 方波电压　(c) 锯齿波电压　(d) 半波整流器得出的波形

图 8.2　非正弦周期量

8.2　非正弦周期量的分解

为了便于利用前面直流电路和正弦稳态电路的分析方法来分析非正弦周期交流电路，很有必要对非正弦周期量进行分解。

8.2.1　傅里叶级数

傅里叶级数

对于给定的周期函数 $f(t)$，当其满足狄里赫利条件，即：

(1) 周期函数极值点的个数有限；

(2) 间断点的数目有限；

(3) 在一个周期内绝对可积，即

$$\int_T |f(t)|\,\mathrm{d}t < \infty$$

它就可以分解为一个收敛的傅里叶级数，即

$$\begin{aligned} f(t) &= a_0 + a_1\cos\omega t + a_2\cos 2\omega t + \cdots + a_k\cos k\omega t + \cdots + \\ &\quad b_1\sin\omega t + b_2\sin 2\omega t + \cdots + b_k\sin k\omega t + \cdots \\ &= a_0 + \sum_{k=1}^{\infty}(a_k\cos k\omega t + b_k\sin k\omega t) \end{aligned} \tag{8-1}$$

式中，$\omega=\dfrac{2\pi}{T}$；a_k 项为偶函数；b_k 项为奇函数。可按下列公式计算得到

$$
\begin{cases}
a_0 = \dfrac{1}{T}\displaystyle\int_0^T f(t)\,\mathrm{d}t \\
a_k = \dfrac{2}{T}\displaystyle\int_0^T f(t)\cos k\omega t\,\mathrm{d}t \\
b_k = \dfrac{2}{T}\displaystyle\int_0^T f(t)\sin k\omega t\,\mathrm{d}t
\end{cases}
\tag{8-2}
$$

式(8-1)还可以利用三角函数公式合并成另一种形式，为

$$
\begin{aligned}
f(t) &= A_0 + A_{1\mathrm{m}}\sin(\omega t + \varphi_1) + A_{2\mathrm{m}}\sin(2\omega t + \varphi_2) + \cdots + A_{k\mathrm{m}}\sin(k\omega t + \varphi_k) \\
&= A_0 + \sum_{k=1}^{\infty} A_{k\mathrm{m}}\sin(k\omega t + \varphi_k)
\end{aligned}
\tag{8-3}
$$

式中，

$$
\begin{cases}
A_0 = a_0 \\
a_k = A_{k\mathrm{m}}\cos\varphi_k \\
b_k = A_{k\mathrm{m}}\sin\varphi_k \\
A_{k\mathrm{m}} = \sqrt{a_k^2 + b_k^2} \\
\varphi_k = \arctan\dfrac{b_k}{a_k}
\end{cases}
$$

式(8-1)和式(8-3)的无穷三角级数称为周期函数 $f(t)$的傅里叶级数，式(8-3)中 A_0 称为 $f(t)$的直流分量，它是非正弦周期函数在一个周期内的平均值。$A_{k\mathrm{m}}\sin(k\omega t+\varphi_k)$称为 $f(t)$的 k 次谐波分量；$A_{k\mathrm{m}}$ 为 k 次谐波分量的振幅；φ_k 为 k 次谐波分量的初相位。特别地，当 $k=1$ 时，$A_{1\mathrm{m}}\sin(\omega t+\varphi_1)$称为 $f(t)$的基波分量，其周期或频率与 $f(t)$相同。$k\geqslant 2$ 的各项统称为高次谐波，它们的频率是基波频率的整数倍。

将周期函数 $f(t)$分解为直流分量、基波分量和一系列不同频率的各次谐波分量之和，称为谐波分析。表 8.1 所示给出了工程中常见的几种典型的非正弦周期函数的傅里叶级数。

表 8.1 典型的非正弦周期函数的傅里叶级数

名称	$f(t)$的波形	傅里叶级数	有效值	平均值
矩形波	$f(t)$, A_m, $-A_\mathrm{m}$, O, $T/2$, T, t	$f(t) = \dfrac{4A_\mathrm{m}}{\pi} \times \displaystyle\sum_{k=1}^{\infty} \dfrac{\sin(k\omega t)}{k} \quad k = 1, 3, 5, \cdots$	A_m	A_m
矩形脉冲	$f(t)$, A_m, aT, $-T$, O, T, t	$f(t) = aA_\mathrm{m} + \dfrac{2A_\mathrm{m}}{\pi} \times \displaystyle\sum_{k=1}^{\infty} \dfrac{\sin(ka\pi)\cdot\cos(k\omega t)}{k}$	$\sqrt{a}A_\mathrm{m}$	aA_m

续表

名称	$f(t)$ 的波形	傅里叶级数	有效值	平均值
三角波		$f(t)=\frac{8A_m}{\pi^2}\times\sum_{k=1}^{\infty}\frac{(-1)^{\frac{k-1}{2}}}{k^2}\sin(k\omega t)$ $k=1, 3, 5, \cdots$	$\frac{A_m}{\sqrt{3}}$	$\frac{A_m}{2}$
锯齿波		$f(t)=\frac{A_m}{2}-\frac{A_m}{\pi}\times\sum_{k=1}^{\infty}\frac{\sin(k\omega t)}{k}$	$\frac{A_m}{\sqrt{3}}$	$\frac{A_m}{2}$
全波整流		$f(t)=\frac{2A_m}{\pi}+\frac{4A_m}{\pi}\times\sum_{k=2}^{\infty}\left[\frac{\cos\frac{k\pi}{2}}{k^2-1}\cos(k\omega t)\right]$ $k=2, 4, 6, \cdots$	$\frac{A_m}{\sqrt{2}}$	$\frac{2A_m}{\pi}$
半波整流		$f(t)=\frac{A_m}{\pi}+\frac{A_m}{2}\cos\omega t-\sum_{k=2}^{\infty}\left[\cos\frac{k\pi}{2}\times\frac{\cos(k\omega t)}{k^2-1}\right]$ $k=2, 4, 6, \cdots$	$\frac{A_m}{2}$	$\frac{A_m}{\pi}$

傅里叶级数一般收敛很快，较高次谐波的振幅很小，实际工程中一般只需计算前几项就足够准确了。以表 8－1 中的三角波为例，其傅里叶级数的展开式为

$$f(t)=\frac{8A_m}{\pi^2}\sin\omega t-\frac{8A_m}{9\pi^2}\sin3\omega t+\frac{8A_m}{25\pi^2}\sin5\omega t-\frac{8A_m}{49\pi^2}\sin7\omega t+\cdots$$

式中，各项系数分别为$\frac{8A_m}{\pi^2}$、$-\frac{8A_m}{9\pi^2}$、$\frac{8A_m}{25\pi^2}$等，其收敛速度非常快。

8.2.2　周期函数的对称性

周期函数的对称性

在电工电子技术中，常见的非正弦周期函数具有某种对称性，在对称周期函数的傅里叶级数中不一定包含式(8－3)中的全部项，但它们却有一定的规律可循，掌握这些规律可使得傅里叶级数系数的求解大大简化。下面讨论几种常见的对称周期函数。

1. 周期函数为偶函数

偶函数满足关系

$$f(t)=f(-t) \tag{8-4}$$

其波形关于纵轴对称，图 8.3 所示的矩形脉冲波形即为偶函数。

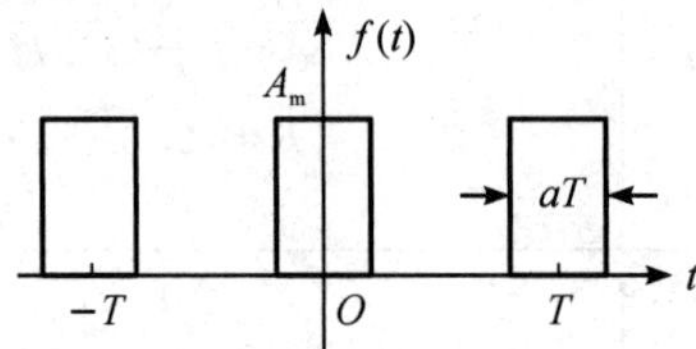

图 8.3 偶函数示意图

将偶函数展开为傅里叶级数时，根据式(8-2)和式(8-4)有

$$b_k=\frac{2}{T}\int_0^T f(t)\sin k\omega t\,\mathrm{d}t=0$$

即偶函数的傅里叶级数无正弦谐波分量，只含有直流分量和余弦谐波分量。

2. 周期函数为奇函数

奇函数满足关系

$$f(t)=-f(-t) \tag{8-5}$$

其波形关于原点对称，图 8.4 所示的三角波形即为奇函数。

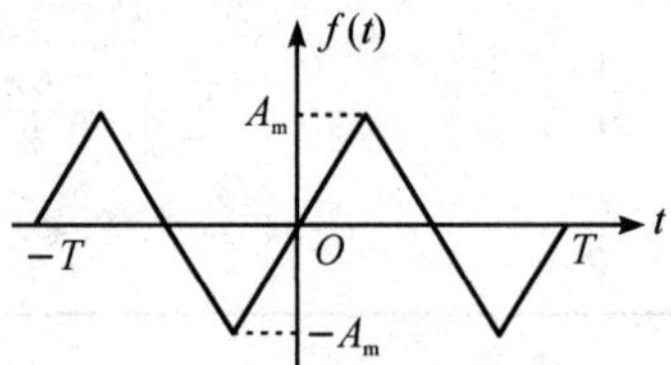

图 8.4 奇函数示意图

将奇函数展开为傅里叶级数时，根据式(8-2)和式(8-5)有

$$a_0=\frac{1}{T}\int_0^T f(t)\,\mathrm{d}t=0$$

$$a_k=\frac{2}{T}\int_0^T f(t)\cos k\omega t\,\mathrm{d}t=0$$

即奇函数的傅里叶级数不含直流分量和余弦谐波分量。

3. 周期函数为半波对称函数

半波对称函数满足关系

$$f(t)=-f\left(t+\frac{T}{2}\right) \tag{8-6}$$

其波形平移半个周期后与原波形关于横轴对称，如图 8.5 所示即为半波对称函数。

将半波对称函数展开为傅里叶级数时，根据式(8-2)和式(8-6)有

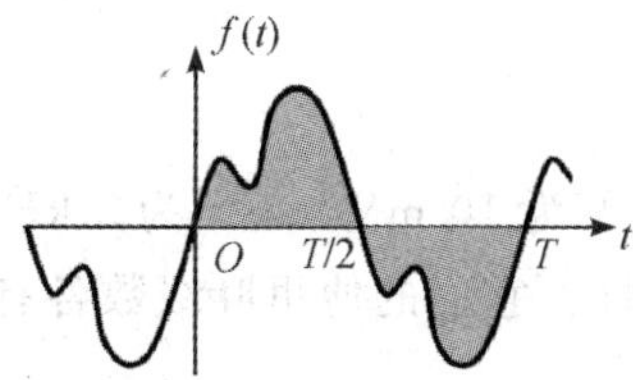

图 8.5 半波对称函数示意图

$$a_0=\frac{1}{T}\int_0^T f(t)\mathrm{d}t=0$$

$$a_k=\frac{2}{T}\int_0^T f(t)\cos k\omega t\,\mathrm{d}t=0,\ k=2,\ 4,\ 6,\ \cdots$$

$$b_k=\frac{2}{T}\int_0^T f(t)\sin k\omega t\,\mathrm{d}t=0,\ k=2,\ 4,\ 6,\ \cdots$$

即半波对称函数的傅里叶级数无直流分量，无偶次谐波分量，因此半波对称函数又称为奇次谐波函数。

例 8.1 求图 8.6 所示周期函数的傅里叶级数。

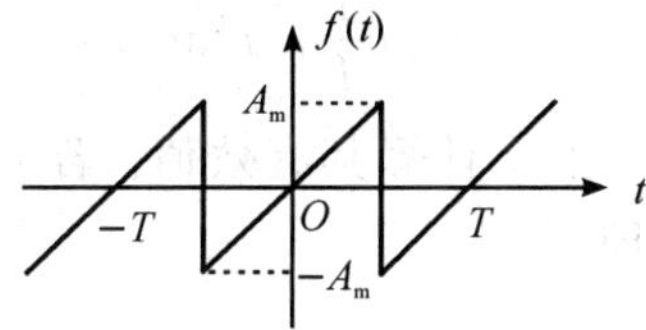

图 8.6 例 8.1 波形图

解 根据图示波形可写出函数的表达式为

$$f(t)=\frac{2A_{\mathrm{m}}}{T}t,\ -\frac{T}{2}<t<\frac{T}{2}$$

由于 $f(t)$关于原点对称，因此它是奇函数，根据对称性可知其傅里叶级数中只包含正弦谐波分量，其系数为

$$b_k=\frac{2}{T}\int_0^T f(t)\sin k\omega t\,\mathrm{d}t=\frac{4A_{\mathrm{m}}}{T}\left[\frac{1}{(k\omega)^2}\sin k\omega t-\frac{t}{k\omega}\cos k\omega t\right]$$

将 $\omega=\frac{2\pi}{T}$代入上式，得

$$b_k=\frac{2A_{\mathrm{m}}}{\pi}\left(-\frac{\cos k\pi}{k}\right),\ k=1,\ 2,\ 3,\ \cdots$$

因此，可得 $f(t)$的傅里叶级数展开式为

$$f(t)=\frac{2A_{\mathrm{m}}}{\pi}\left(\sin\frac{2\pi t}{T}-\frac{1}{2}\sin\frac{4\pi t}{T}+\frac{1}{3}\sin\frac{6\pi t}{T}-\cdots\right)$$

有的周期函数同时具有两种对称性，这样的周期函数其傅里叶级数展开式中应具有两种特点。表 8-1 所示的矩形波函数和三角波函数，它们具有原点对称性，同时又具有半波对称性，因此它们的傅里叶级数中不包含直流分量和余弦谐波分量，仅含正弦谐波分量，同时也是奇次谐波分量。

【思考与练习】

1. 利用表 8-1 所示，把振幅为 10 mV，频率为 5 kHz 的锯齿波分解为傅里叶级数。
2. 周期函数有哪几种对称性？它们的傅里叶级数各有什么特点？

8.3 有效值、平均值和平均功率

在非正弦周期交流电路的分析计算中，常涉及非正弦周期信号的有效值、平均值和平均功率，下面对此进行讨论。

8.3.1 有效值

在正弦交流电路中讨论过，任何周期量的有效值都定义为它的方均根值。以电流 i 为例，其有效值为

$$I=\sqrt{\frac{1}{T}\int_0^T i^2\mathrm{d}t}$$

若 i 的解析式已知，可直接由上式计算其有效值。若 i 为非正弦周期电流，可利用式(8-3)将其分解为傅里叶级数，即

$$i=I_0+\sum_{k=1}^{\infty}I_{km}\sin(k\omega t+\varphi_k)$$

将该表达式代入有效值定义式中，得

$$I=\sqrt{\frac{1}{T}\int_0^T\left[I_0+\sum_{k=1}^{\infty}I_{km}\sin(k\omega t+\varphi_k)\right]^2\mathrm{d}t}$$

先将上式根号内的平方项展开，展开后有 4 项可分为两种类型，第一类是各次谐波的平方，有下面 2 项，它们在一个周期内的平均值分别为

$$\frac{1}{T}\int_0^T I_0^2\mathrm{d}t=I_0^2$$

$$\frac{1}{T}\int_0^T\sum_{k=1}^{\infty}I_{km}^2\sin^2(k\omega t+\varphi_k)\mathrm{d}t=\frac{1}{2}\sum_{k=1}^{\infty}I_{km}^2=\sum_{k=1}^{\infty}I_k^2$$

第二类是两个不同次谐波乘积的 2 倍，有下列 2 项，根据三角函数的正交性，它们在一个周期内的平均值为零，即

$$\frac{1}{T}\int_0^T 2I_0\sum_{k=1}^{\infty}I_{km}\sin(k\omega t+\varphi_k)\mathrm{d}t=0$$

$$\frac{1}{T}\int_0^T 2\sum_{k=1}^{\infty}\sum_{q=1}^{\infty}I_{km}\sin(k\omega t+\varphi_k)I_{qm}\sin(q\omega t+\varphi_q)\mathrm{d}t=0,\ k\neq q$$

所以，非正弦周期电流的有效值与它的各次谐波分量的有效值的关系为

$$I=\sqrt{I_0^2+I_1^2+\cdots+I_k^2\cdots}\tag{8-7}$$

同理可得，非正弦周期电压的有效值为

$$U=\sqrt{U_0^2+U_1^2+\cdots+U_k^2+\cdots}\tag{8-8}$$

例 8.2　求电压 $u=564\sin\omega t\ \text{V}+282\sin3\omega t\ \text{V}+141\sin\left(5\omega t+\frac{\pi}{6}\right)\ \text{V}$ 的有效值。

解　先求各谐波分量的有效值为

$$U_1=\frac{564}{\sqrt{2}}\ \text{V}=400\ \text{V}$$

$$U_3=\frac{282}{\sqrt{2}}\ \text{V}=200\ \text{V}$$

$$U_5=\frac{141}{\sqrt{2}}\ \text{V}=100\ \text{V}$$

而后根据式(8－8)，可得

$$U=\sqrt{(400\ \text{V})^2+(200\ \text{V})^2+(100\ \text{V})^2}=458\ \text{V}$$

8.3.2　平均值

在实际工程中，除用到有效值外，还常用到平均值。仍以电流 i 为例，用 I_{av} 表示其平均值，其定义为

$$I_{\text{av}}=\frac{1}{T}\int_0^T i\,\text{d}t$$

从上式可知，交流量的平均值实际上就是其傅里叶级数中的直流分量。对于那些直流分量为零的交流量，其平均值总是为零。为了便于测量与分析，常用交流量的绝对值在一个周期内的平均值来定义交流量的平均值，即

$$I_{\text{av}}=\frac{1}{T}\int_0^T |i|\,\text{d}t\tag{8-9}$$

式(8－9)也称为整流平均值。例如，当 $i=I_{\text{m}}\sin\omega t$ 时，其平均值为

$$I_{\text{av}}=\frac{1}{2\pi}\int_0^{2\pi}|I_{\text{m}}\sin\omega t|\,\text{d}t=\frac{1}{\pi}\int_0^{\pi}I_{\text{m}}\sin\omega t\,\text{d}t=\frac{2I_{\text{m}}}{\pi}=0.898I$$

或

$$I=1.11I_{\text{av}}$$

即正弦波的有效值是其整流平均值的 1.11 倍。

同样地，对于电压有

$$U_{\text{av}}=\frac{1}{T}\int_0^T |u|\,\text{d}t\tag{8-10}$$

用不同类型的仪表测量同一个非正弦周期量，会得到不同的测量结果。例如，磁电系仪表指针偏转角度正比于被测信号的直流分量，读数为直流量；电磁系仪表指针偏转角度正比于被测信号有效值的平方，读数为有效值；而整流系仪表指针偏转角度正比于被测信号的整流平均值，其标尺是按正弦量的有效值与整流平均值的关系换算成有效刻度的，只在测量正弦量时，测得的才确实是它的有效值，而测量非正弦量时就会有误差。因此，在测量非正弦周期量时要合理地选择测量仪表。

8.3.3　平均功率

非正弦周期电流电路的平均功率仍定义为其瞬时功率在一个周期内的平均值。设一个

负载或者二端网络的电压、电流为

$$u=U_0+\sum_{k=1}^{\infty}U_{km}\sin(k\omega t+\varphi_{ku})$$

$$i=I_0+\sum_{k=1}^{\infty}I_{km}\sin(k\omega t+\varphi_{ki})$$

式中，u、i 取关联参考方向，则负载或二端网络的瞬时功率为

$$p=ui=\left[U_0+\sum_{k=1}^{\infty}U_{km}\sin(k\omega t+\varphi_{ku})\right]\times\left[I_0+\sum_{k=1}^{\infty}I_{km}\sin(k\omega t+\varphi_{ki})\right]$$

将上式代入平均功率的定义式中，得平均功率为

$$\begin{aligned}P&=\frac{1}{T}\int_0^T p\,\mathrm{d}t=\frac{1}{T}\int_0^T ui\,\mathrm{d}t\\&=\frac{1}{T}\int_0^T\left[U_0+\sum_{k=1}^{\infty}U_{km}\sin(k\omega t+\varphi_{ku})\right]\times\left[I_0+\sum_{k=1}^{\infty}I_{km}\sin(k\omega t+\varphi_{ki})\right]\mathrm{d}t\end{aligned}$$

上式右边项展开后将包含有两种类型的积分项：一种是同次谐波电压和电流的乘积，它们的平均值为

$$P_0=\frac{1}{T}\int_0^T U_0I_0\,\mathrm{d}t=U_0I_0$$

$$\begin{aligned}P_k&=\frac{1}{T}\int_0^T U_{km}\sin(k\omega t+\varphi_{ku})I_{km}\sin(k\omega t+\varphi_{ki})\,\mathrm{d}t\\&=\frac{1}{2}U_{km}I_{km}\cos(\varphi_{ku}-\varphi_{ki})\\&=U_kI_k\cos\varphi_k\end{aligned}$$

式中，$U_k=\dfrac{U_{km}}{\sqrt{2}}$、$I_k=\dfrac{I_{km}}{\sqrt{2}}$分别为 k 次谐波电压、电流的有效值，$\varphi_k=\varphi_{ku}-\varphi_{ki}$ 为 k 次谐波电压与电流的相位差；另一种是不同次谐波电压和电流的乘积，根据三角函数的正交性，它们的平均值为零。因此得到平均功率为

$$P=U_0I_0+\sum_{k=1}^{\infty}U_kI_k\cos\varphi_k=P_0+P_1+\cdots+P_k+\cdots \tag{8-11}$$

由上述讨论可知，非正弦周期电流电路中，不同次(包括零次)谐波电压、电流虽然构成瞬时功率，但不构成平均功率。只有同次谐波电压、电流才构成平均功率。电路的平均功率等于各次谐波的平均功率之和(包括直流分量 U_0I_0)。

非正弦周期电流电路的无功功率定义为各次谐波无功功率之和，即

$$Q=\sum_{k=1}^{\infty}U_kI_k\sin\varphi_k \tag{8-12}$$

非正弦周期电流电路中有时也用到视在功率，定义为

$$S=UI=\sqrt{U_0^2+U_1^2+\cdots+U_k^2+\cdots}\times\sqrt{I_0^2+I_1^2+\cdots+I_k^2+\cdots}$$

显然，视在功率不等于各次谐波视在功率之和。

功率因数定义为

$$\lambda=\cos\varphi=\frac{P}{S}$$

式中，φ 是一个假想角，它并不表示非正弦电压和电流之间的相位差。

例 8.3　设某无源二端网络端口电压、电流为关联参考方向，并且已知

$$u=100\ \text{V}+100\sqrt{2}\sin t\ \text{V}+30\sqrt{2}\sin 3t\ \text{V}+15\sqrt{2}\sin 5t\ \text{V}$$

$$i=10\ \text{A}+50\sqrt{2}\sin(t-45°)\ \text{A}+10\sqrt{2}\sin(3t-60°)\ \text{A}$$

求该二端网络的平均功率。

解　根据式(8-11)可得平均功率为

$$\begin{aligned}P&=U_0I_0+\sum_{k=1}^{\infty}U_kI_k\cos\varphi_k\\&=U_0I_0+U_1I_1\cos\varphi_1+U_3I_3\cos\varphi_3\\&=100\times10\ \text{W}+100\times50\times\cos45°\ \text{W}+30\times10\times\cos60°\ \text{W}\\&=4685.5\ \text{W}\end{aligned}$$

注意：尽管电压的五次谐波分量不为零，但电流的五次谐波分量为零，因此五次谐波分量产生的平均功率为零。

【思考与练习】

1. 流过 10 Ω 电阻的电流为 $i=4\ \text{A}+5\sin\omega t\ \text{A}-3\cos\omega t\ \text{A}$，求电流的有效值和平均功率。

2. 某二端网络的电压、电流为

$$u=100\ \text{V}+100\sin t\ \text{V}+50\sin 2t\ \text{V}+30\sin 3t\ \text{V}$$

$$i=10\sin(t-60°)\ \text{A}+2\sin(3t-135°)\ \text{A}$$

求该二端网络吸收的平均功率。

8.4　非正弦周期交流电路的分析

非正弦周期交流电路的分析通常采用谐波分析法，其步骤如下：

(1) 将给定的非正弦周期电源的电压或电流分解为傅里叶级数，谐波取到第几项，由所需的计算精度来决定。

(2) 分别计算电路对直流分量和各次谐波分量单独作用时的响应。对直流分量，电感相当于短路，电容相当于开路，电路成为电阻性电路。对各次谐波，电路成为正弦交流电路。要注意：电感、电容对不同频率的谐波的感抗、容抗不同，谐波次数越高，感抗越大，容抗越小。

(3) 应用叠加定理，将步骤(2)所计算的结果化为瞬时值表达式后进行相加，最终求得电路的响应。这里要注意：因为不同谐波分量的角频率不同，其对应的相量直接相加是没有意义的。

例 8.4　图 8.7(a)所示电路中，已知 $R_1=5\ \Omega$，$R_2=10\ \Omega$，$L=3\ \text{mH}$，$C=100\ \mu\text{F}$，$\omega=10^3\ \text{rad/s}$，$u_S=10\ \text{V}+100\sqrt{2}\sin\omega t\ \text{V}+50\sqrt{2}\sin(3\omega t+30°)\ \text{V}$。求各个支路的电流。

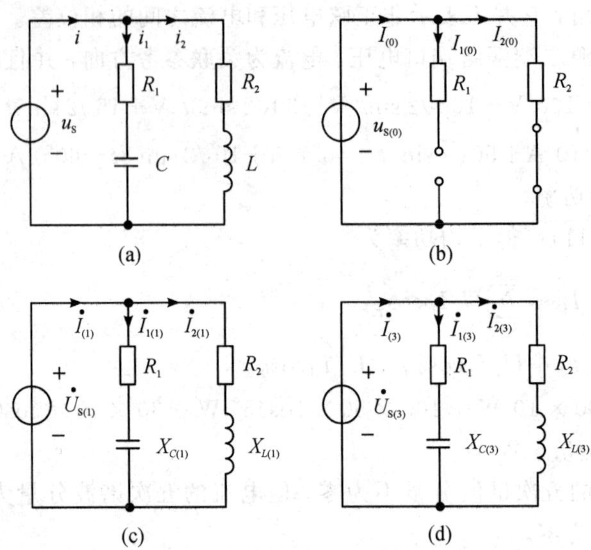

图 8.7 例 8.4 电路图

解 由于非正弦周期电压源的傅里叶级数展开式已经给出，因此可直接计算电源电压各谐波分量单独作用于电路时的响应。

(1) 电压源 u_S 的直流分量 $U_{S(0)}=10\ \text{V}$，单独作用时的电路如图 8.7(b)所示，用下标(0)表示各直流分量(即零次谐波)。此时电感相当于短路，电容相当于开路，各支路电流为

$$I_{1(0)}=0,\quad I_{(0)}=I_{2(0)}=\frac{U_{S(0)}}{R_2}=\frac{10\ \text{V}}{10\ \Omega}=1\ \text{A}$$

(2) 电压源 u_S 的基波分量 $u_{S(1)}=100\sqrt{2}\sin\omega t\ \text{V}$，单独作用时的电路如图 8.7(c)所示，用下标(1)表示各基波分量(即一次谐波)，此时感抗和容抗为

$$X_{L(1)}=\omega L=10^3\ \text{rad/s}\times10\times10^{-3}\ \text{mH}=10\ \Omega$$

$$X_{C(1)}=\frac{1}{\omega C}=\frac{1}{10^3\ \text{rad/s}\times100\times10^{-6}\ \mu\text{F}}=10\ \Omega$$

因此，各支路电流相量为

$$\dot{I}_{1(1)}=\frac{\dot{U}_{S(1)}}{R_1-\text{j}X_{C(1)}}=\frac{100\angle0^\circ\ \text{V}}{(5-\text{j}10)\ \Omega}=8.94\angle63.4^\circ\ \text{A}$$

$$\dot{I}_{2(1)}=\frac{\dot{U}_{S(1)}}{R_2+\text{j}X_{L(1)}}=\frac{100\angle0^\circ\ \text{V}}{(10+\text{j}10)\ \Omega}=7.07\angle-45^\circ\ \text{A}$$

$$\dot{I}_{(1)}=\dot{I}_{1(1)}+\dot{I}_{2(1)}=8.94\angle63.4^\circ\ \text{A}+7.07\angle-45^\circ\ \text{A}=9.49\angle18.4^\circ\ \text{A}$$

(3) 电压源 u_S 的三次谐波分量 $u_{S(3)}=50\sqrt{2}\sin(\omega t+30^\circ)\ \text{V}$，单独作用时的电路如图 8.7(d)所示，用下标(3)表示各三次谐波分量，此时感抗和容抗为

$$X_{L(3)}=3\omega L=3\times10^3\ \text{rad/s}\times10\times10^{-3}\ \text{mH}=30\ \Omega$$

$$X_{C(3)}=\frac{1}{3\omega C}=\frac{1}{3\times10^3\ \text{rad/s}\times100\times10^{-6}\ \mu\text{F}}=\frac{10}{3}\ \Omega$$

因此，各支路电流相量为

$$\dot{I}_{1(3)}=\frac{\dot{U}_{S(3)}}{R_1-jX_{C(3)}}=\frac{50\angle 30^\circ\ V}{\left(5-j\,\frac{10}{3}\right)\ \Omega}=8.33\angle -3.7^\circ\ A$$

$$\dot{I}_{2(3)}=\frac{\dot{U}_{S(3)}}{R_2+jX_{L(3)}}=\frac{50\angle 30^\circ\ V}{(10+j30)\ \Omega}=1.58\angle -41.56^\circ\ A$$

$$\dot{I}_{(3)}=\dot{I}_{1(3)}+\dot{I}_{2(3)}=8.33\angle -3.7^\circ\ A+1.58\angle -41.56^\circ\ A=9.62\angle -9.51^\circ\ A$$

(4) 将上述计算所得的直流分量和各次谐波分量叠加在一起，得各个支路的电流为

$$i_1=i_{1(0)}+i_{1(1)}+i_{1(3)}=[8.94\sqrt{2}\sin(\omega t-63.4^\circ)+8.33\sqrt{2}\sin(3\omega t-3.7^\circ)]\ A$$

$$i_2=i_{2(0)}+i_{2(1)}+i_{2(3)}=[1+7.07\sqrt{2}\sin(\omega t-45^\circ)+1.58\sqrt{2}\sin(3\omega t-41.56^\circ)]\ A$$

$$i=i_{(0)}+i_{(1)}+i_{(3)}=[1+9.49\sqrt{2}\sin(\omega t+18.4^\circ)+9.62\sqrt{2}\sin(3\omega t-9.51^\circ)]\ A$$

例 8.5　图 8.8 所示的电路中，已知 $R=20\ \Omega$，$\omega L_1=20\ \Omega$，$\omega L_2=30\ \Omega$，$\frac{1}{\omega C_1}=180\ \Omega$，$\frac{1}{\omega C_2}=30\ \Omega$，$u_S=40\sqrt{2}\sin\omega t\ \ V+20\sqrt{2}\sin(3\omega t-60^\circ)\ V$，求 BC 两点之间的电压及其有效值。

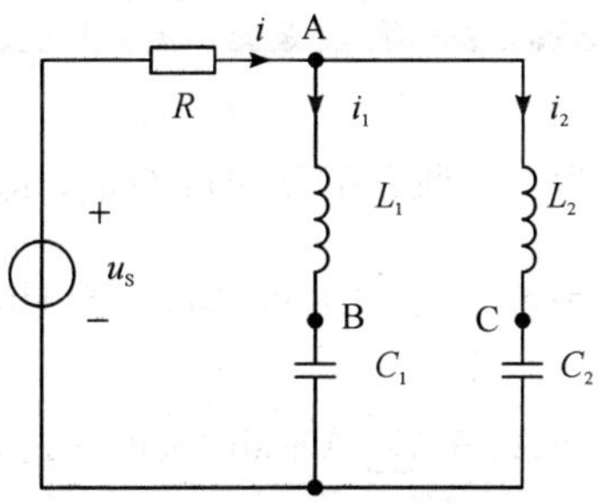

图 8.8　例 8.5 电路图

解　(1) 基波单独作用于电路时，由于 $\omega L_2=\frac{1}{\omega C_2}=30\ \Omega$，此时 L_2、C_2 所在支路发生串联谐振，支路阻抗为零，因此 L_1、C_1 所在支路被短路。计算得电流为

$$\dot{I}_{(1)}=\dot{I}_{2(1)}=\frac{\dot{U}_{S(1)}}{R}=\frac{40\angle 0^\circ\ V}{20\ \Omega}=2\angle 0^\circ\ A$$

由此可得

$$\dot{U}_{BC(1)}=\dot{U}_{AC(1)}=j\omega L_2\times\dot{I}_{2(1)}=j30\ \Omega\times 2\angle 0^\circ\ A=60\angle 90^\circ\ V$$

(2) 三次谐波单独作用于电路时，由于 $3\omega L_1=\frac{1}{3\omega C_1}=60\ \Omega$，此时 L_1、C_1 所在支路发生串联谐振，支路阻抗为零，因此 L_2、C_2 所在支路被短路。计算得电流为

$$\dot{I}_{(3)}=\dot{I}_{1(3)}=\frac{\dot{U}_{S(3)}}{R}=\frac{20\ V\angle -60^\circ}{20\ \Omega}=1\angle -60^\circ\ A$$

由此可得

$$\dot{U}_{BC(3)}=\dot{U}_{BA(3)}=-j3\omega L_1\times\dot{I}_{1(3)}=-j60\ \Omega\times 1\angle -60^\circ\ A=60\angle -150^\circ\ V$$

(3) 将上述计算所得的一次谐波和三次谐波分量叠加在一起，可得

$$u_{BC}=60\sqrt{2}\sin(\omega t+90^\circ)\ \mathrm{V}+60\sqrt{2}\sin(3\omega t-150^\circ)\ \mathrm{V}$$

有效值为

$$U_{BC}=\sqrt{(60\ \mathrm{V})^2+(60\ \mathrm{V})^2}=60\sqrt{2}\ \mathrm{V}$$

【思考与练习】

1. 已知电路中某一支路电流的直流分量为 1 A，基波分量为 $1.2\angle 20^\circ$ A，二次谐波分量为 $0.3\angle -30^\circ$ A，写出该电流的瞬时值表达式(设基波角频率为 ω)。

2. 已知某电感线圈对基波的感抗为 5 Ω，它对于三次谐波和五次谐波的感抗各是多少?

3. 在 RLC 串联电路中，电源电压为 $u=50+30\sin\omega t+40\sin 3\omega t$ V，已知 $R=10$ Ω、$\omega L=20$ Ω、$\frac{1}{\omega C}=80$ Ω，求电路中的电流。

本章小结

1. 非正弦周期量可以分解为一个收敛的傅里叶级数，即

$$\begin{aligned}f(t)&=a_0+\sum_{k=1}^{\infty}(a_k\cos k\omega t+b_k\sin k\omega t)\\&=A_0+\sum_{k=1}^{\infty}A_{km}\sin(k\omega t+\varphi_k)\end{aligned}$$

其各项系数为

$$\begin{cases}a_0=\dfrac{1}{T}\displaystyle\int_0^T f(t)\mathrm{d}t\\ a_k=\dfrac{2}{T}\displaystyle\int_0^T f(t)\cos k\omega t\,\mathrm{d}t\\ b_k=\dfrac{2}{T}\displaystyle\int_0^T f(t)\sin k\omega t\,\mathrm{d}t\end{cases}$$

以及

$$\begin{cases}A_0=a_0\\ a_k=A_{km}\cos\varphi_k\\ b_k=A_{km}\sin\varphi_k\\ A_{km}=\sqrt{a_k^2+b_k^2}\\ \varphi_k=\arctan\dfrac{b_k}{a_k}\end{cases}$$

2. 非正弦周期函数常具有某种对称性，利用其对称性可简化计算分析过程。

(1) 偶函数的傅里叶级数无正弦谐波分量，只含有直流分量和余弦谐波分量。

(2) 奇函数的傅里叶级数不含直流分量和余弦谐波分量。

(3) 半波对称函数的傅里叶级数无直流分量，无偶次谐波分量，因此半波对称函数又称为奇谐波函数。

(4) 有的周期函数同时具有两种对称性，这样的周期函数其傅里叶级数展开式中应具有两种特点。

3. 非正弦周期电流和电压的有效值与它的各次谐波分量的有效值的关系为

$$\begin{cases} I=\sqrt{I_0^2+I_1^2+\cdots+I_k^2+\cdots} \\ U=\sqrt{U_0^2+U_1^2+\cdots+U_k^2+\cdots} \end{cases}$$

4. 非正弦周期电流的平均值定义为

$$I_{av}=\frac{1}{T}\int_0^T |i|\,dt$$

5. 非正弦周期交流电路中，不同次(包括零次)谐波电压、电流虽然构成瞬时功率，但不构成平均功率。只有同次谐波电压、电流才构成平均功率。电路的平均功率等于各次谐波的平均功率之和，即

$$P=U_0I_0+\sum_{k=1}^{\infty}U_kI_k\cos\varphi_k=P_0+P_1+\cdots+P_k+\cdots$$

6. 非正弦周期交流电路的分析通常采用谐波分析法，其步骤如下：

(1) 将给定的非正弦周期电源的电压或电流分解为傅里叶级数，谐波取到第几项，由所需的计算精度来决定。

(2) 分别计算电路对直流分量和各次谐波分量单独作用时的响应。对直流分量，电感相当于短路，电容相当于开路，电路成为电阻性电路。对各次谐波，电路成为正弦交流电路。要注意的是电感、电容对不同频率的谐波的感抗、容抗不同，谐波次数越高，感抗越大，容抗越小。

(3) 应用叠加定理，将步骤(2)所计算的结果化为瞬时值表达式后进行相加，最终求得电路的响应。

习　题

1. 写出半波整流信号的傅里叶级数展开式(至五次谐波)，并求其平均值和有效值。

2. 写出锯齿波信号的傅里叶级数展开式(至五次谐波)，并求其平均值和有效值。

3. 已知电流为 $i=15\ \text{A}+25\sqrt{2}\sin(\omega t+30°)\ \text{A}+10\sqrt{2}\sin(\omega t-30°)\ \text{A}$，求该电流的有效值。

4. 已知在 RLC 串联电路中，电感 $L=20$ mH，电容 $C=40\ \mu$F，电阻 $R=40\ \Omega$，端电压为 $u=210\sin314t\ \text{V}+76\sin942t\ \text{V}+42\sin1570t\ \text{V}$，求电路中的电流及其有效值以及电路消耗的功率。

5. 有一 LC 并联电路，已知 $\omega L=8\ \Omega$，$\dfrac{1}{\omega C}=72\ \Omega$，外加电压为 $u=180\sin\omega t\ \text{V}+$

$3\sin 3\omega t$ V，求并联电路的总电流及其有效值。

6. 已知某二端网络端口上的电压 $u=50\text{ A}+20\sqrt{2}\sin(\omega t+45°)\text{ A}+5\sqrt{2}\sin(2\omega t-75°)\text{ V}$，流经端口的电流 $i=25\text{ A}+15\sqrt{2}\sin(\omega t-45°)\text{ A}+9\sqrt{2}\sin(2\omega t+15°)\text{ A}$，求二端网络吸收的平均功率。

7. 图 8.9 所示的电路中，已知 $u=200\sin\omega t\text{ V}+90\sin 3\omega t\text{ V}+50\sin 5\omega t\text{ V}$，$R=X_{L(1)}=X_{C(1)}=10\ \Omega$。求各支路电流、总电流的瞬时值表达式和有效值。

8. 图 8.10 所示的电路图中，已知直流电源 $U_S=200$ V，交流电源 $u_S=220\sqrt{2}\sin 314t\text{ V}+20\sqrt{2}\sin 942t\text{ V}$，电阻 $R=100\ \Omega$，电感 $L_1=50$ mH、$L_2=10$ mH，电容 $C=50\ \mu$F，求各支路电流和各电源输出的平均功率。

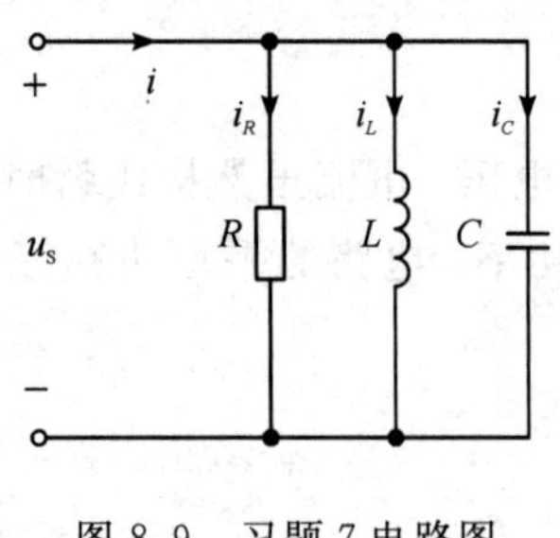

图 8.9 习题 7 电路图

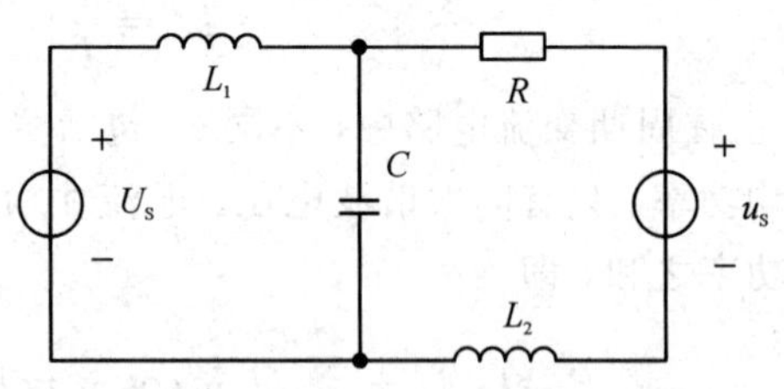

图 8.10 习题 8 电路图

第 9 章　线性电路的动态分析

本章介绍线性电路的动态分析方法。首先，介绍动态电路的概念、过渡过程和换路定律；接着，介绍 *RC* 电路和 *RL* 电路的全响应、零输入响应和零状态响应以及一阶电路动态响应分析的三要素法；最后，介绍一阶电路的阶跃响应和二阶电路的零输入响应。

9.1　动态电路概述

前面几章中，我们对直流电路、正弦交流电路、非正弦交流电路等进行了讨论和分析。这些电路中的电流和电压，或是恒定不变的，或是随时间按周期规律变化的，电路的状态都是稳定的，称为稳态电路。因此，前面几章的电路分析都属于稳态电路的分析。

本章所要讨论的是一种非稳定状态的电路，即动态电路。动态电路是指在含有储能元件(如电容、电感)的电路中，当电路发生换路(如开关切换、电源变化、电路变动、元件参数改变等)时，电路的状态从一种稳态变换到另一种稳态的中间过程的电路状态。研究动态电路中电流与电压的变化规律，在实际工程中具有十分重要的意义。

9.1.1　过渡过程

当电路含有储能元件(如电容、电感)，且电路的结构或元件参数发生改变时，电路的工作状态将由原来的稳态转变到另一个稳态，这种转变一般不能即时完成，需要经历一个过程，这个所经历随时间变化的电磁过程就称为过渡过程。例如，在一个电感线圈与灯泡串联后接入直流电源的电路中可观察到如下现象：当接通电源以前，电路中没有电流，灯泡不亮，这是一种稳定状态；当开关闭合接通电源后，由于电感的作用，电路中的电流是慢慢增大的，灯泡慢慢亮起来，这是一种过渡过程；当灯泡达到某一亮度后就维持在这一亮度，说明电路中的电流维持恒定，这又是一种稳定状态。灯泡从不亮到维持一定的亮度是经过一定时间的，这就是 *RL* 电路接通直流电源的过渡过程。

但是在开关动作后，是不是所有的电路都会产生过渡过程呢？观察图 9.1 所示的电路，图中 3 个电路都是由直流电源供电的，所不同的是灯泡分别与电阻器、电容器和电感器并联。先使开关 S 处于闭合状态，当电路稳定后再切断开关 S，则会观察到下列现象：

(1) 图 9.1(a)所示的电路中，灯泡原先发光，当开关 S 断开后，由于电路中没有储能元件，灯泡立即熄灭。

(2) 图 9.1(b)所示的电路中，灯泡原先发光，当开关 S 断开后，由于电容器的放电作

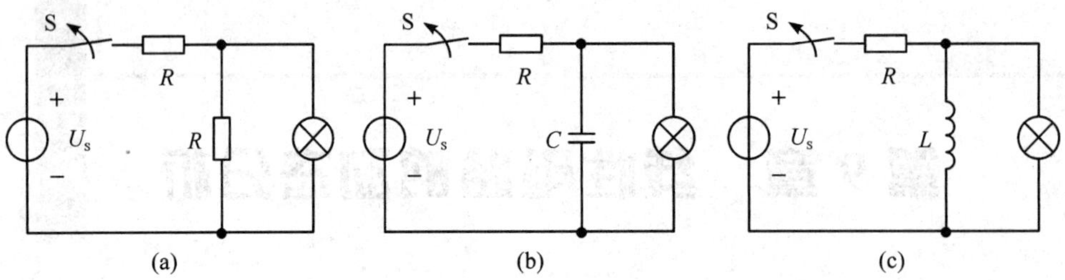

图 9.1　过渡过程示意图

用，灯泡逐渐变暗最后熄灭。

(3) 图 9.1(c)所示的电路中，灯泡原先不亮，当开关 S 断开后，由于电感的电磁感应作用，灯泡闪烁一下，而后逐渐熄灭。

可见，过渡过程产生的条件是：电路含有储能元件，并且电路的状态发生了改变。

进一步研究还会发现，除了开关动作外，电路结构的改变、元件参数的变化等都能使电路的状态改变而产生过渡过程。引发电路过渡过程的这些电路要素的变化统称为换路。

研究电路中的过渡过程具有十分重要的意义。一方面是为了利用电路的过渡过程以实现某种技术目的，例如在电子电路中常常利用电容器充电和放电的过渡过程来实现一些特定的功能，如积分运算、微分运算、多谐振荡等；另一方面，则是为了预见到电力系统中某些电路在过渡过程可能引起的过电压和过电流的现象，以便采取相应的措施防止损坏电气设备。

9.1.2　换路定律

换路定律

不论产生电路中过渡过程的原因如何，在换路后的一瞬间，任何电感中的电流和任何电容上的电压都应当保持换路前一瞬间的原值不能跃变，换路以后就以此为初始值而连续变化，这个规律就称为换路定律。

计算动态电路的过渡过程，一般都把换路的瞬间取为计时起点，即取为 $t=0$，并把换路前的最后一瞬间记作 $t=0_-$，把换路后的最初一瞬间记作 $t=0_+$。0_+ 与 0、0 与 0_- 间的间隔都趋近于零。则换路定律可以表达为

$$\begin{cases} u_C(0_+)=u_C(0_-) \\ i_L(0_+)=i_L(0_-) \end{cases} \tag{9-1}$$

在分析电路的过渡过程时，常用换路定律来确定电路换路后的初始值。初始值的计算可按下列步骤进行：

(1) 根据换路前的稳态电路求出 $t=0_-$ 时的电容电压 $u_C(0_-)$和电感电流$i_L(0_-)$。

(2) 利用换路定律，即式(9-1)确定出 $t=0_+$ 时的电容电压 $u_C(0_+)$和电感电流 $i_L(0_+)$。

(3) 将电容元件用电压为 $u_C(0_+)$的电压源替代，将电感元件用电流为 $i_L(0_+)$的电流源替代，电路中的独立电源则取其在 $t=0_+$ 时的值，画出换路后的电路在 $t=0_+$ 时的等效电路，它是一个电阻电路，并在 $t=0_+$ 时与换路后的原动态电路等效。

(4) 利用基尔霍夫定律和欧姆定律求解 $t=0_+$ 时的等效电路，求出其他相关初始值。

例 9.1　图 9.2 所示的电路中，开关闭合前电容未储能。在 $t=0$ 时将开关闭合，求换

路后各个支路电流的初始值和电容电压的初始值。

解　根据题意，换路前电容未储能，可知 $u_C(0_-)=0$。根据换路定律可知

$$u_C(0_+)=u_C(0_-)=0\ \text{V}$$

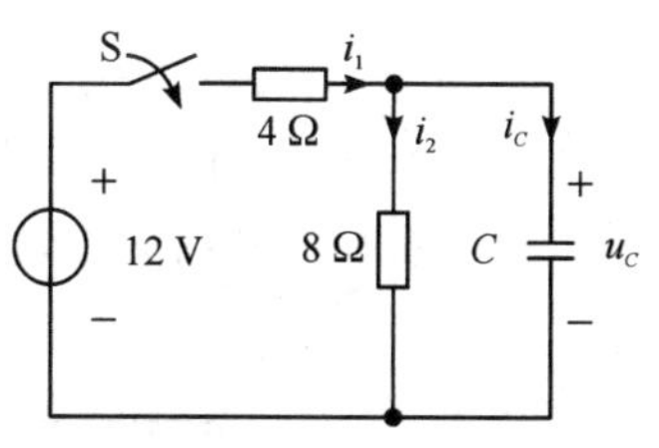

图 9.2　例 9.1 电路图

因此，得

$$i_2(0_+)=\frac{u_C(0_+)}{8\ \Omega}=0\ \text{A}$$

根据基尔霍夫电压定律和欧姆定律，可得

$$i_1(0_+)=\frac{12\ \text{V}}{4\ \Omega}=3\ \text{A}$$

根据基尔霍夫电流定律，可得

$$i_C(0_+)=i_1(0_+)=3\ \text{A}$$

例 9.2　图 9.3 所示的电路中，开关闭合前电路处于稳态。在 $t=0$ 时将开关 S 闭合，求换路后各个支路电流的初始值和电感电压的初始值。

解　根据题意，换路前电路处于稳态，可知

$$i_L(0_-)=i_1(0_-)=\frac{20\ \text{V}}{4\ \Omega+6\ \Omega}=2\ \text{A}$$

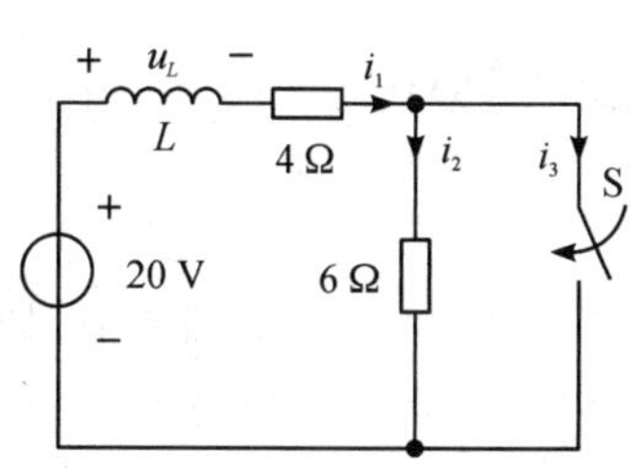

图 9.3　例 9.2 电路图

根据换路定律，可知

$$i_1(0_+)=i_L(0_+)=i_1(0_-)=2\ \text{A}$$

$$i_2(0_+)=0\ \text{A}$$

因此，根据基尔霍夫电流定律，可得

$$i_3(0_+)=i_1(0_+)=2\ \text{A}$$

最后，根据基尔霍夫电压定律，可知

$$u_L(0_+)+4\ \Omega\times 2\ \text{A}-20\ \text{V}=0\ \text{V}$$

可得

$$u_L(0_+)=12\ \text{V}$$

【思考与练习】

1. 什么是电路的过渡过程？引发电路过渡过程需要满足什么条件？
2. 什么是换路定律？电路换路时，如何求电路元件的初始值？

9.2　*RC* 电路的动态响应分析

若电路中只含有一个储能元件(电容或电感)，则电路的动态响应可用一阶微分方程描述，因此也称为一阶电路。本节先讨论由电阻和电容构成的 *RC* 电路的动态响应。

9.2.1　*RC* 电路的全响应

图 9.4 所示的电路，换路前电路处于稳态，设电容有初始储能，其两端的初始电压

$u_C(0_-)=U_0$，在 $t=0$ 时开关闭合，直流电源 U_S 接入电路。

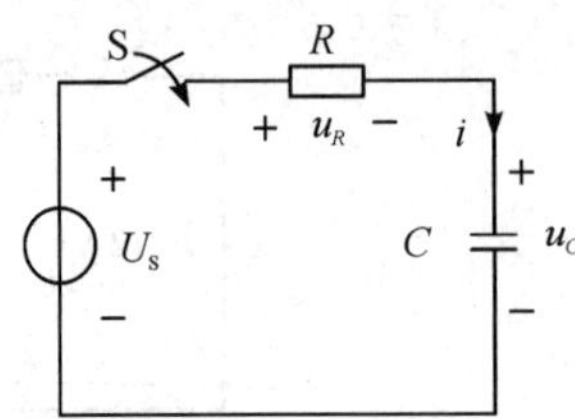

图 9.4 RC 电路的全响应

RC 电路的全响应

开关 S 闭合后，根据基尔霍夫电压定律有

$$u_R+u_C-U_S=0\ \text{V} \tag{9-2}$$

根据元件的伏安关系，有

$$\begin{cases}u_R=i\times R\\ i=C\dfrac{\mathrm{d}u_C}{\mathrm{d}t}\end{cases} \tag{9-3}$$

将式(9-3)代入式(9-2)中，可得

$$RC\frac{\mathrm{d}u_C}{\mathrm{d}t}+u_C=U_S \tag{9-4}$$

式(9-4)为一阶非齐次线性常微分方程，根据数学中微分方程求解的规律可知它的解由特解 u'_C 和对应的齐次微分方程的通解 u''_C 组成，即

$$u_C=u'_C+u''_C \tag{9-5}$$

式(9-5)描述的是电路在开关 S 合上后的全过程，因此电路过渡过程结束后，电路进入新的直流稳态时的稳态值必定满足式(9-4)，故可把该稳态值作为式(9-4)的特解，即 u'_C，由于该值与电路激励有关，因此称为强制分量，又称为稳态分量。由电路可知

$$u'_C=U_S \tag{9-6}$$

而式(9-4)对应的齐次微分方程为

$$RC\frac{\mathrm{d}u_C}{\mathrm{d}t}+u_C=0\ \text{V} \tag{9-7}$$

其通解为

$$u''=A\mathrm{e}^{-\frac{t}{RC}} \tag{9-8}$$

式中，A 为积分常数，由初始条件决定。u'' 按照指数规律衰减，与电源无关，称为自由分量。自由分量随时间的变化进程是趋向于零，因此又称为暂态分量。

根据式(9-6)和式(9-8)可得式(9-4)的解为

$$u_C=u'_C+u''_C=U_S+A\mathrm{e}^{-\frac{t}{RC}} \tag{9-9}$$

由换路定律可知，电路的初始条件为 $u_C(0_+)=u_C(0_-)=U_0$，将其代入式(9-9)中，得

$$U_0=U_S+A$$

因此，可得常数 $A=U_0-U_S$。

综上所述，RC 电路的动态响应为

$$u_C = U_S + (U_0 - U_S)e^{-\frac{t}{RC}} \tag{9-10}$$

令 $\tau = RC$，它具有时间的量纲，称为 RC 电路的时间常数，它反映了电路过渡过程进行的快慢程度。引入时间常数 τ 之后，式(9-10)可以写为

$$u_C = U_S + (U_0 - U_S)e^{-\frac{t}{\tau}} \tag{9-11}$$

电路中电流的动态响应为

$$i = C\frac{\mathrm{d}u_C}{\mathrm{d}t} = \frac{U_S}{R}e^{-\frac{t}{\tau}} - \frac{U_0}{R}e^{-\frac{t}{\tau}} \tag{9-12}$$

电阻两端电压的动态响应为

$$u_R = R \times i = (U_S - U_0)e^{-\frac{t}{\tau}} \tag{9-13}$$

由式(9-11)～式(9-13)可知，RC 电路动态响应过程中，电流、电压均按照指数规律变化，如图 9.5 所示。

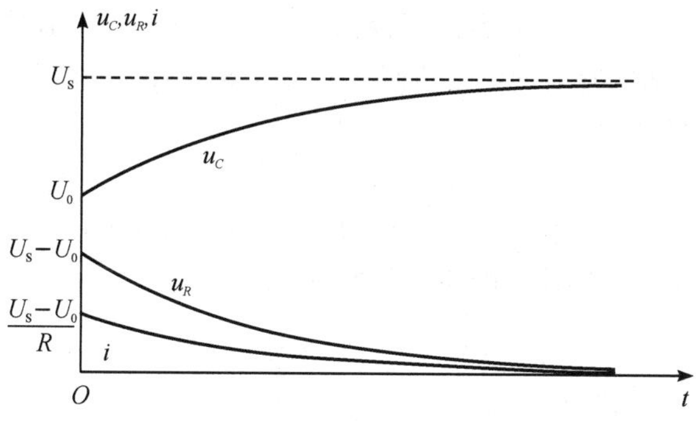

图 9.5　RC 电路全响应示意图

电路中电压、电流的变化快慢取决于电路的时间常数 τ 的大小，τ 越大，曲线形状越平缓，电压、电流的变化就越慢；τ 越小，曲线形状越陡峭，则电压、电流的变化就越快。以式(9-13)中电阻的电压为例，当 $t=\tau$ 时，有

$$u_R = (U_S - U_0)e^{-1} \approx 0.368(U_S - U_0)$$

可见，时间常数 τ 就是按指数规律衰减的量衰减到它初始值的 36.8%时所需要的时间。从图 9.5 中还可以看出，从理论上讲 $t=\infty$时，过渡过程才能完成，但是实际工程中，一般认为经过 5τ 时间后，过渡过程就已经近似完成了。仍然以式(9-13)为例，当 $t=5\tau$ 时，有

$$u_R = (U_S - U_0)e^{-5} \approx 0.006\ 74(U_S - U_0)$$

此时，u_R 已经非常接近最终值 0，可以认为电路的过渡过程已经完成。

9.2.2　*RC* 电路的零输入响应

RC 电路的零输入响应

电路中电源激励为零，只有储能元件的初始储能引起的响应称为零输入响应。RC 电路的零输入响应就是电容通过电阻放电的过程。在 RC 电路的全响应表达式，即式(9-11)～式(9-13)中将电源 U_S 置零，可得到 RC 电路的零输入响应，即

$$u_C = U_0 e^{-\frac{t}{\tau}} \tag{9-14}$$

$$i=C\frac{\mathrm{d}u_C}{\mathrm{d}t}=-\frac{U_0}{R}\mathrm{e}^{-\frac{t}{\tau}} \tag{9-15}$$

$$u_R=R\times i=-U_0\mathrm{e}^{-\frac{t}{\tau}} \tag{9-16}$$

RC 电路的零输入响应过程中，电压、电流的变化规律如图 9.6 所示。

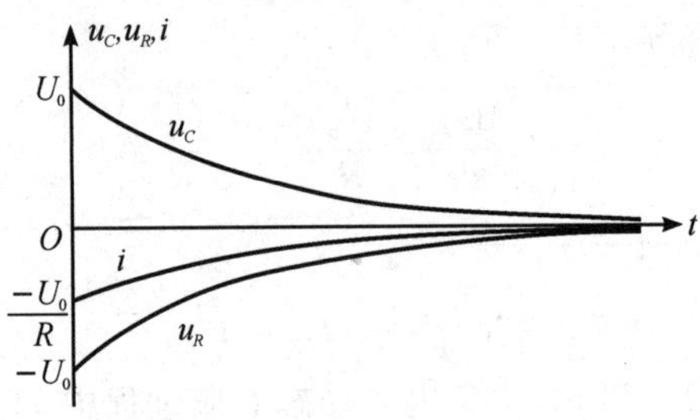

图 9.6 RC 电路零输入响应示意图

例 9.3 高压线路中的某个电容器，两端电压为 10 kV。当电容器从电路中断开后，经它本身的漏电阻放电。如电容器的电容值 $C=40\ \mu\mathrm{F}$，漏电阻 $R=100\ \mathrm{M\Omega}$，求电容器两端电压衰减至 1 kV 所需要的时间。

解 电路的时间常数

$$\tau=RC=100\times10^6\ \Omega\times40\ \mu\mathrm{F}=4000\ \mathrm{s}$$

电容从电路中断开后为零输入响应，由式(9-14)可得

$$u_C=U_0\mathrm{e}^{-\frac{t}{\tau}}=10\ \mathrm{kV}\times\mathrm{e}^{-\frac{t}{4000\ \mathrm{s}}}$$

根据题意，当 $u_C=1$ kV 时，有

$$u_C=10\ \mathrm{kV}\times\mathrm{e}^{-\frac{t}{4000\ \mathrm{s}}}=1\ \mathrm{kV}$$

解得

$$t=-4000\ \mathrm{s}\times\ln0.1\approx9210\ \mathrm{s}$$

从计算结果可知，由于电路的时间常数较大，放电持续时间很长，经过了 9210 s 即两个半小时多以后，电容器上仍有 1 kV 的高压，这是很危险的，所以在高压线路中检修具有大电容的设备时，断电后须先将它短接放电后才能开始工作。

9.2.3 *RC* 电路的零状态响应

RC 电路的零状态响应

电路中储能元件初始值为零，只有电源激励作用下的电路响应称为零状态响应。RC 电路的零状态响应就是电源向电容充电的过程。在 RC 电路的全响应表达式，即式(9-11)～式(9-13)中将电容电压的初始值 U_0 置零，可得到 RC 电路的零状态响应，即

$$u_C=U_S(1-\mathrm{e}^{-\frac{t}{\tau}}) \tag{9-17}$$

$$i=C\frac{\mathrm{d}u_C}{\mathrm{d}t}=\frac{U_S}{R}\mathrm{e}^{-\frac{t}{\tau}} \tag{9-18}$$

$$u_R=R\times i=U_S\mathrm{e}^{-\frac{t}{\tau}} \tag{9-19}$$

RC 电路的零状态响应过程中，电压、电流的变化规律如图 9.7 所示。

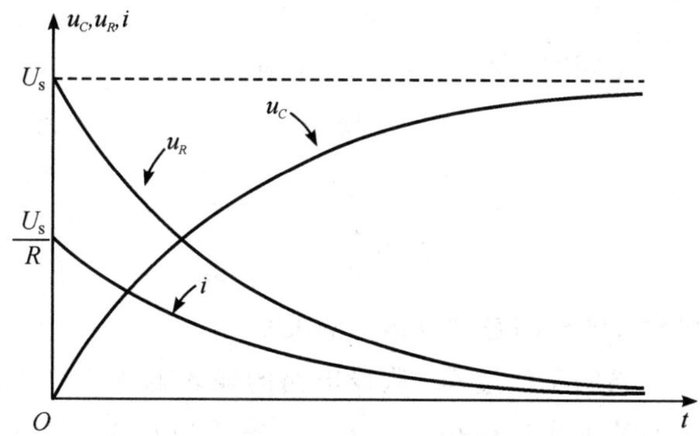

图 9.7　*RC* 电路零状态响应示意图

例 9.4　图 9.4 所示的电路中，电容原先未被充电，电源电压 $U_S=10\ \text{V}$，$R=2\ \text{k}\Omega$，$C=100\ \mu\text{F}$，在 $t=0$ 时刻开关闭合，求：

(1) 换路后的 u_C 和 i；

(2) 电容充电到 5 V 所需要的时间。

解　电路的时间常数

$$\tau=RC=2\ \text{k}\Omega\times 10\ \mu\text{F}=0.2\ \text{s}$$

(1) 开关闭合后为零状态响应，由式(9-17)和式(9-18)可得

$$u_C=U_S(1-\text{e}^{-\frac{t}{\tau}})=10\ \text{V}\times(1-\text{e}^{-\frac{t}{\tau}})=10\ \text{V}\times(1-\text{e}^{-\frac{t}{0.2\ \text{s}}})$$

$$i=\frac{U_S}{R}\text{e}^{-\frac{t}{\tau}}=0.005\ \text{A}\times\text{e}^{-\frac{t}{0.2\ \text{s}}}$$

(2) 电容充电到 5 V，即 $u_C=5\ \text{V}$ 时，有

$$u_C=10\ \text{V}\times(1-\text{e}^{-\frac{t}{0.2\ \text{s}}})=5\ \text{V}$$

解得

$$t\approx 0.14\ \text{s}$$

9.2.4　微分电路和积分电路

在电子技术中，常利用 *RC* 电路的过渡过程来构造微分电路和积分电路，用来实现微分运算和积分运算。

1. 微分电路

图 9.8 所示为一种最基本的微分电路：电容 C 和电阻 R 串联后的两端作为输入端，电阻 R 的两端作为输出端。

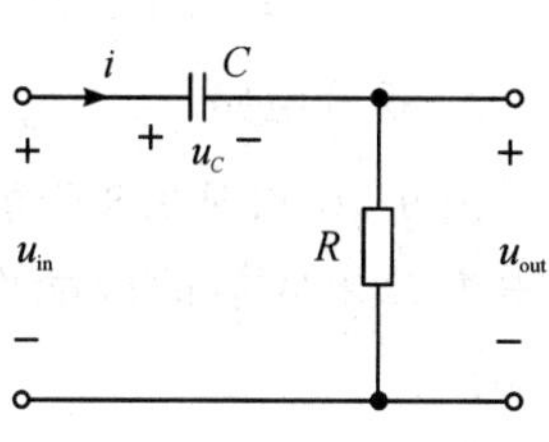

图 9.8　*RC* 微分电路

由图中可知，输出端电压为

$$u_{\text{out}}=Ri=RC\frac{\text{d}u_C}{\text{d}t}$$

输入端电压为

$$u_{in}=u_C+u_{out}$$

当电容电压远大于电阻电压期间，即 $u_C \gg u_{out}$ 时，有

$$u_{in} \approx u_C$$

所以

$$u_{out}=RC\frac{du_C}{dt}\approx RC\frac{du_{in}}{dt}$$

由此可见，输出电压和输入电压间是微分运算的关系。

下面讨论上述微分电路的工作过程。假设电路的输入电压为一矩形脉冲，脉冲宽度为 τ_a。在 $0<t<\tau_a$ 时，电路的工作过程相当于 RC 电路接通直流电源的充电过程。在 $t>\tau_a$ 时，电容便通过电阻放电，相当于 RC 电路的零输入响应过程。

当电路的时间常数 $\tau=RC$ 大于输入脉冲宽度 τ_a 时，相对于脉冲宽度而言，电容的充放电过程很慢，在时间 τ_a 内，电容上的电压变化不大，即在时间 τ_a 内，还不能形成 $u_C \gg u_{out}$ 这种情况，因此输出电压 u_{out} 与输入电压 u_{in} 的波形相似。

当电路的时间常数 $\tau=RC$ 远小于输入脉冲宽度 τ_a 时，相对于脉冲宽度而言，电容的充电放电过程很快，u_C 很快就达到了稳定值。从波形上看，输入电压 u_{in} 的每一个脉冲前沿(脉冲开始时的上升沿)，输出电压 u_{out} 为一正的尖脉冲，输入电压 u_{in} 的每一个脉冲的后沿(脉冲结束时的下降沿)，输出电压 u_{out} 为一负的尖脉冲，如图 9.9 所示。

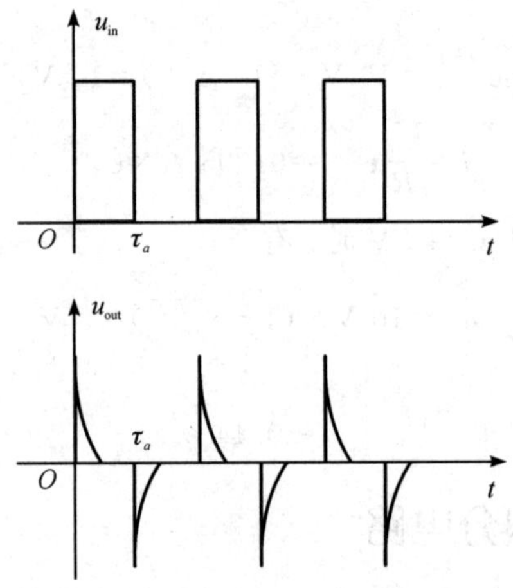

图 9.9 微分电路波形示意图

在电子系统中，常应用微分电路把矩形脉冲变换为尖脉冲作为电路的触发信号。

2. 积分电路

图 9.10 和图 9.8 所示为一种最基本的积分电路：电阻 R 和电容 C 串联后的两端作为输入端，电容 C 的两端作为输出端。

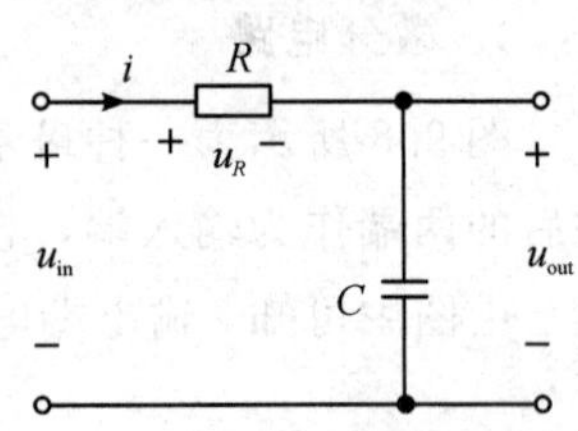

图 9.10 RC 积分电路

由图中可知，输出端电压为

$$u_{out}=\frac{1}{C}\int i\,dt=\frac{1}{C}\int\frac{u_R}{R}dt=\frac{1}{RC}\int u_R\,dt$$

输入端电压为

$$u_{in} = u_R + u_{out}$$

当电阻电压远大于电容电压期间，即 $u_R \gg u_{out}$ 时，有

$$u_{in} \approx u_R$$

所以，有

$$u_{out} = \frac{1}{RC}\int u_R \mathrm{d}t \approx \frac{1}{RC}\int u_{in} \mathrm{d}t$$

由此可见，输出电压和输入电压间是积分运算的关系。

为使在脉冲宽度 τ_a 范围内满足 $u_R \gg u_{out}$，时间常数 $\tau = RC$ 应该很大。在电子系统中，常应用积分电路把矩形脉冲变换为近似三角波，如图 9.11 所示。

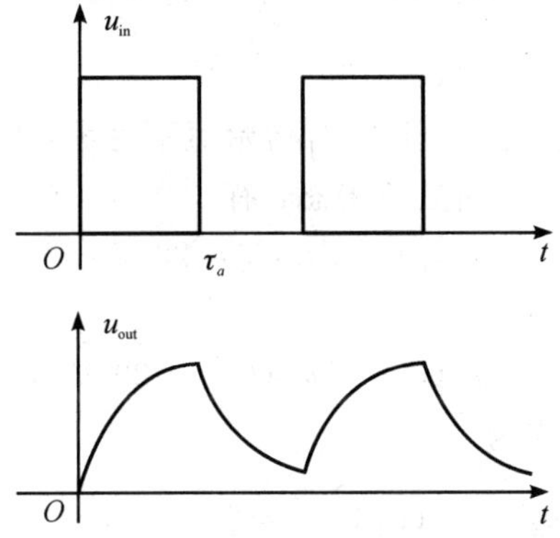

图 9.11　积分电路波形示意图

例 9.5　图 9.12 所示的电路图中，已知 $R=10\ \Omega$，$C=10\ \mu\text{F}$，$U_1=10\ \text{V}$，$U_2=20\ \text{V}$，分别求下列三种情况下电路的响应。

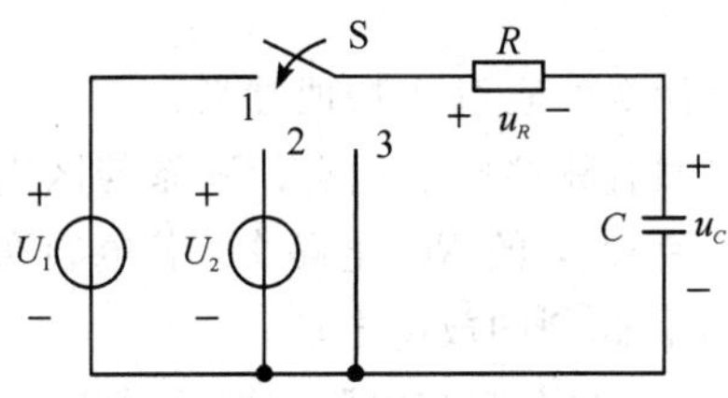

图 9.12　例 9.5 电路图

(1) $t \leqslant 0$ 时，开关 S 处于打开状态，电路已达稳定且电容无初始储能；$t=0$ 时，开关 S 闭合于“1”的位置，求电容电压 u_C。

(2) $t \leqslant 0$ 时，开关 S 闭合于“1”的位置，电路已达稳定；$t=0$ 时，开关 S 从“1”的位置闭合于“2”的位置，求电容电压 u_C。

(3) $t \leqslant 0$ 时，开关 S 闭合于“2”的位置，电路已达稳定；$t=0$ 时，开关 S 从“2”的位置闭合于“3”的位置，求电容电压 u_C。

解　电路的时间常数

$$\tau = RC = 10\ \Omega \times 10\ \mu\text{F} = 0.0001\ \text{s}$$

(1) 由已知条件知，储能元件 C 的初始值为零，换路后电源激励 $U_1=10\ \text{V}$，电路响应

为零状态响应。根据式(9-17)可得电路的响应

$$u_C=U_1(1-e^{-\frac{t}{\tau}})=10\ \text{V}\times(1-e^{-\frac{t}{0.0001\ \text{s}}})$$

(2) 由已知条件知，储能元件 C 的初始值不为零，换路后电源激励 $U_2=20$ V，电路响应为全响应。$t=0_-$ 时，电路处于稳态，有

$$u_C(0_-)=U_1=10\ \text{V}$$

根据换路定律得

$$u_C(0_+)=u_C(0_-)=10\ \text{V}$$

根据式(9-11)可得电路的响应为

$$\begin{aligned}u_C&=U_2+(u_C(0_+)-U_2)e^{-\frac{t}{\tau}}\\&=20\ \text{V}+(10\ \text{V}-20\ \text{V})e^{-\frac{t}{0.0001\ \text{s}}}\\&=(20-10e^{-\frac{t}{0.0001\ \text{s}}})\ \text{V}\end{aligned}$$

(3) 由已知条件知，电路储能元件 C 的初始值不为零，换路后电源激励为零，电路的响应为零输入响应。$t=0_-$ 时，电路处于稳态，有

$$u_C(0_-)=U_2=20\ \text{V}$$

根据换路定律得

$$u_C(0_+)=u_C(0_-)=20\ \text{V}$$

根据式(9-14)可得电路的响应为

$$u_C=u_C(0_+)e^{-\frac{t}{\tau}}=20\ \text{V}\times e^{-\frac{t}{0.0001\ \text{s}}}$$

由例 9.3 可知，求解电路的响应时，应首先确定电路属于何种响应类型，然后根据具体的电路状态代入响应公式来求解。

【思考与练习】

1. RC 电路的时间常数是什么？它有何物理意义？

2. RC 电路的动态响应类型有哪些？它们有何联系与区别？

3. 在 $C=10\ \mu\text{F}$、$u_C(0_-)=50$ V 的 RC 电路中，若电容通过 $R=5\ \text{k}\Omega$ 的电阻放电，求 $t=10$ ms 时电容两端的电压值和此刻的放电电流。

4. 将 $C=20\ \mu\text{F}$、$u_C(0_-)=0$ 的电容与电阻串联后接至 $U_S=24$ V 的电源上，要使接通电路后 10 s 时电容两端电压为 20 V，求电阻的大小。

9.3 *RL* 电路的动态响应分析

在实际工程中，除了 RC 动态电路外，还有 RL 动态电路，如铁芯线圈、电磁铁、继电器、变压器、电动机等电路。与 RC 电路类似，RL 电路的动态响应同样分为全响应、零状态响应和零输入响应。

9.3.1　*RL* 电路的全响应

RL 电路的全响应

图 9.13 所示的 *RL* 电路，换路前电路处于稳态，设流经电感的电流 $i(0_-)=I_0$，电源激励为 U_S。

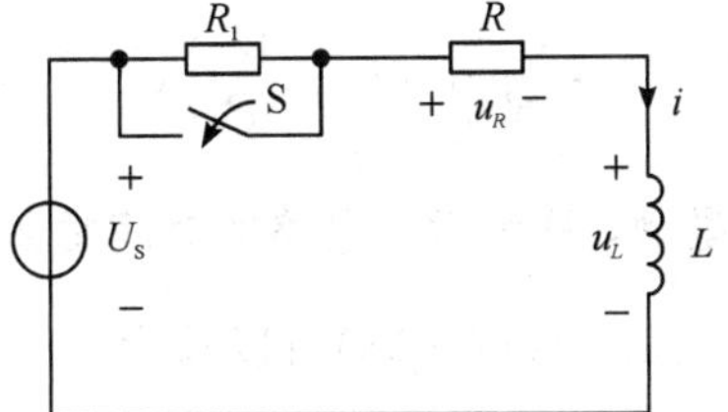

图 9.13　*RL* 电路的全响应

在 $t=0$ 时开关 S 闭合，根据基尔霍夫电压定律有

$$u_R+u_L-U_S=0\ \text{V} \tag{9-20}$$

根据元件的伏安关系有

$$\begin{cases} u_R=i\times R \\ u_L=L\dfrac{\mathrm{d}i}{\mathrm{d}t} \end{cases} \tag{9-21}$$

将式(9－21)代入式(9－20)中，可得

$$L\frac{\mathrm{d}i}{\mathrm{d}t}+Ri=U_S \tag{9-22}$$

式(9－22)为一阶非齐次线性常微分方程，它的解由特解 i'和对应的齐次微分方程的通解 i''组成，即

$$i=i'+i'' \tag{9-23}$$

可把换路后电路的稳态值作为式(9－22)的特解，即 i'，由于该值与电路的激励有关，因此称为强制分量，又称为稳态分量。由电路可知

$$i'=\frac{U_S}{R} \tag{9-24}$$

而式(9－22)对应的齐次微分方程为

$$L\frac{\mathrm{d}i}{\mathrm{d}t}+Ri=0\ \text{V} \tag{9-25}$$

其通解为

$$i''=\mathrm{A}e^{-\frac{R}{L}t} \tag{9-26}$$

式中，A 为积分常数，由初始条件决定。i''按照指数规律衰减，与电源无关，称为自由分量。自由分量随时间的变化进程是趋向于零，因此又称为暂态分量。

根据式(9－24)和式(9－26)可得式(9－22)的解为

$$i=i'+i''=\frac{U_S}{R}+\mathrm{A}e^{-\frac{R}{L}t} \tag{9-27}$$

由换路定律可知，电路的初始条件为 $i(0_+)=i(0_-)=I_0$，将其代入式(9－27)得

$$I_0=\frac{U_S}{R}+A$$

因此，可得常数 $A=I_0-\frac{U_S}{R}$。

综上所述，RL 电路的动态响应为

$$i=\frac{U_S}{R}+\left(I_0-\frac{U_S}{R}\right)e^{-\frac{R}{L}t} \tag{9-28}$$

令 $\tau=\frac{L}{R}$，它具有时间的量纲，称为 RL 电路的时间常数，它反映了电路过渡过程进行的快慢程度。引入时间常数 τ 之后，式(9-28)可以写为

$$i=\frac{U_S}{R}+\left(I_0-\frac{U_S}{R}\right)e^{-\frac{t}{\tau}} \tag{9-29}$$

电阻上电压的动态响应为

$$u_R=Ri=U_S+(RI_0-U_S)e^{-\frac{t}{\tau}} \tag{9-30}$$

电感两端电压的动态响应为

$$u_L=L\frac{di}{dt}=(U_S-RI_0)e^{-\frac{t}{\tau}} \tag{9-31}$$

由式(9-29)～式(9-31)可知，RL 电路动态响应过程中，电流、电压均按照指数规律变化，如图 9.14 所示。

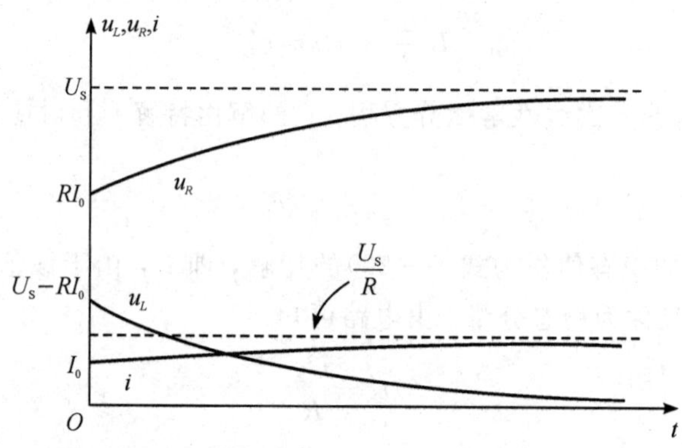

图 9.14 RL 电路全响应示意图

9.3.2 RL 电路的零输入响应

RL 电路的零输入响应

在 RL 电路的全响应表达式，即式(9-29)～式(9-31)中将电源 U_S 置零，可得到 RL 电路的零输入响应，即

$$i=I_0e^{-\frac{t}{\tau}} \tag{9-32}$$

$$u_R=RI_0e^{-\frac{t}{\tau}} \tag{9-33}$$

$$u_L=-RI_0e^{-\frac{t}{\tau}} \tag{9-34}$$

RL 电路的零输入响应过程中，电压、电流的变化规律如图 9.15 所示。

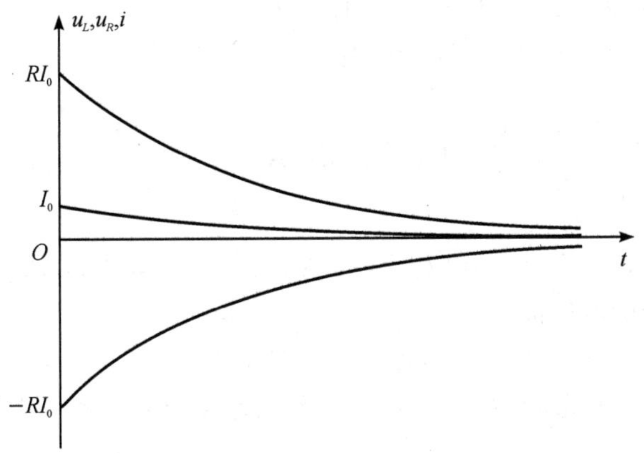

图 9.15　RL 电路零输入响应示意图

例 9.6　图 9.16 所示为电机励磁电路，已知励磁绕组的参数 $R=40\ \Omega$，$L=1.5$ H。电源电压 $U=220$ V，D 为理想续流二极管，其正向电阻为零，反向电阻为无穷大。电压表 V 内阻 $R_V=10\ \text{k}\Omega$。$t=0$ 时刻开关 S 断开。求：

(1) 求开关断开后励磁绕组中的电流；

(2) 分析续流二极管 D 的作用。

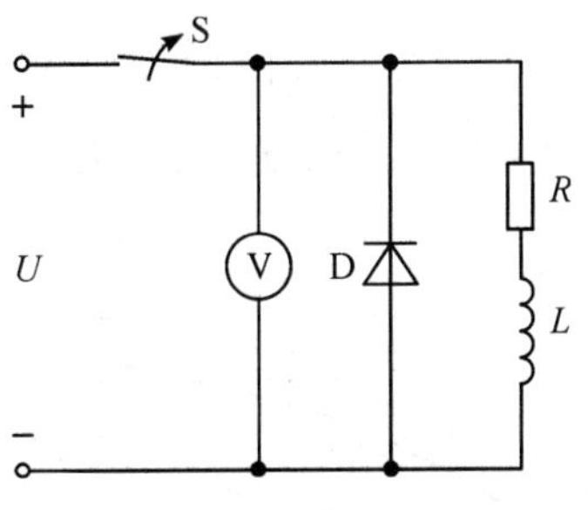

图 9.16　例 9.6 电路图

解　(1)换路前电源电压反向加在二极管 D 两端，二极管截止，此时绕组中的电流为

$$I_0=\frac{U}{R}=\frac{220\ \text{V}}{40\ \Omega}=5.5\ \text{A}$$

换路后励磁绕组产生感应电动势，使得二极管导通，电感经电阻 R 放电，根据换路定律，放电电流的初始值为

$$i(0_+)=i(0_-)=I_0=5.5\ \text{A}$$

电路的时间常数为

$$\tau=\frac{L}{R}=\frac{1.5\ \text{H}}{40\ \Omega}=0.0375\ \text{s}$$

换路后为零输入响应，根据式(9-32)，可得

$$i=I_0\text{e}^{-\frac{t}{\tau}}=5.5\ \text{A}\times\text{e}^{-\frac{t}{0.0375\ \text{s}}}$$

这个电流经过续流二极管，由于续流二极管的正向电阻为零，因此电压表无读数。

(2) 若不接续流二极管 D，换路后励磁绕组与电压表形成放电回路，其时间常数

$$\tau'=\frac{L}{R+R_V}=\frac{1.5\ \text{H}}{40\ \Omega+10\ \text{k}\Omega}=0.000\ 15\ \text{s}$$

此时放电电流为

$$i'=I_0 e^{-\frac{t}{\tau'}}=5.5\ \text{A}\times e^{-\frac{t}{0.000\ 15\ \text{s}}}$$

电压表承受的电压值为

$$U_V=-R_V\times i'=-10\ \text{k}\Omega\times 5.5\ \text{A}\times e^{-\frac{t}{0.000\ 15\ \text{s}}}=-55\ \text{kV}\times e^{-\frac{t}{0.000\ 15\ \text{s}}}$$

$t=0$ 时，电压表承受的电压最大为

$$U_{V\max}=-55\ \text{kV}$$

它足以将电压表击穿。因此，续流二极管 D 的作用是保护电压表不被感应电压击穿。

9.3.3 *RL* 电路的零状态响应

RL 电路的零状态响应

在 *RL* 电路的全响应表达式，即式(9-29)～式(9-31)中将电流的初始值 I_0 置零，可得到 *RL* 电路的零状态响应，即

$$i=\frac{U_S}{R}(1-e^{-\frac{t}{\tau}}) \tag{9-35}$$

$$u_R=U_S(1-e^{-\frac{t}{\tau}}) \tag{9-36}$$

$$u_L=U_S e^{-\frac{t}{\tau}} \tag{9-37}$$

RL 电路的零状态响应过程中，电压、电流的变化规律如图 9.17 所示。

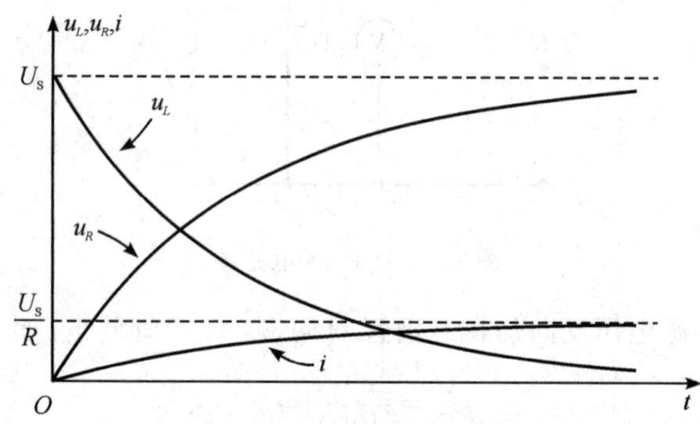

图 9.17 *RL* 电路零状态响应示意图

例 9.7 图 9.18(a)所示电路中，已知 $R_1=12\ \Omega$，$R_2=6\ \Omega$，$R_3=4\ \Omega$，$U_S=48$ V，$L=2$ H，电感的初始电流为零。$t=0$ 时，开关 S 闭合，求换路后的 i_L、u_L 和 i_2。

解 开关 S 闭合后，电路为零状态响应。先求出换路后从电感 L 两端看进去的戴维南等效电路，如图 9.18(b)所示，其中

$$U_{oc}=\frac{R_2}{R_1+R_2}U_S=\frac{6\ \Omega}{12\ \Omega+6\ \Omega}\times 48\ \text{V}=16\ \text{V}$$

$$R_0=\frac{R_1R_2}{R_1+R_2}+R_3=\frac{12\ \Omega\times 6\ \Omega}{12\ \Omega+6\ \Omega}+4\ \Omega=8\ \Omega$$

电路的时间常数为

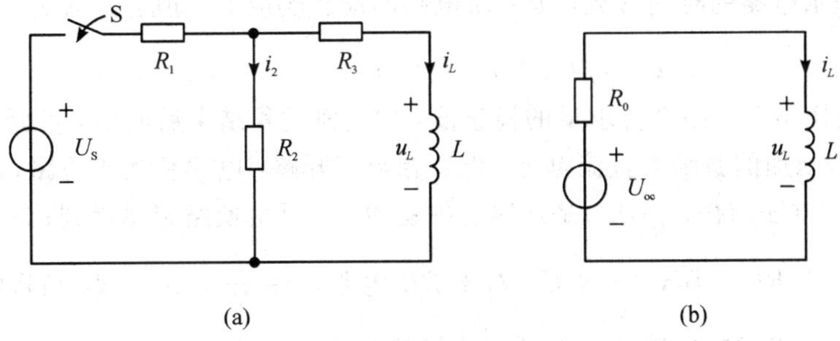

图 9.18　例 9.7 电路图

$$\tau=\frac{L}{R_0}=\frac{2\ \mathrm{H}}{8\ \Omega}=0.25\ \mathrm{s}$$

根据换路定律有

$$i_L(0_+)=i_L(0_-)=0$$

根据式(9-35)和式(9-37)可得零状态响应为

$$i_L=\frac{U_{oc}}{R_0}(1-\mathrm{e}^{-\frac{t}{\tau}})=2\ \mathrm{A}\times(1-\mathrm{e}^{-\frac{t}{0.25\ \mathrm{s}}})$$

$$u_L=U_{oc}\mathrm{e}^{-\frac{t}{\tau}}=16\ \mathrm{V}\times\mathrm{e}^{-\frac{t}{0.25\ \mathrm{s}}}$$

如图 9.18(a)所示，由基尔霍夫电压定律可得

$$R_3\times i_L+u_L-R_2\times i_2=0$$

可得

$$i_2=\frac{R_3\times i_L+u_L}{R_2}=\frac{4\ \Omega\times 2\ \mathrm{A}\times(1-\mathrm{e}^{-\frac{t}{0.25\ \mathrm{s}}})+16\ \mathrm{V}\times\mathrm{e}^{-\frac{t}{0.25\ \mathrm{s}}}}{6\ \Omega}=\frac{4}{3}\ \mathrm{A}\times(1+\mathrm{e}^{-\frac{t}{0.25\ \mathrm{s}}})$$

【思考与练习】

1. RL 电路的时间常数是什么？它有何物理意义？

2. RL 电路的动态响应类型有哪些？它们有何联系与区别？

3. 一台电机的励磁线圈的电阻为 50 Ω，当加上额定励磁电压经过 0.1 s 后，励磁电流增长到稳态值的 63.2%，求励磁线圈的电感。

9.4　一阶电路动态响应分析的三要素法

通过前面的讨论我们可以知道，一阶电路的动态响应就是电路中的电流、电压由初始值按照指数规律向新的稳态值过渡的过程。过渡过程的快慢，即指数曲线的弯曲程度由电路的时间常数决定。我们可以找出一种方法，只要知道电路的初始值、换路后的稳态值和电路的时间常数这三个要素就能直接写出一阶电路的动态响应，这就是一阶电路动态分析三要素法。

若用 $f(t)$表示一阶电路的动态响应(电流或电压)，$f(0_+)$表示其初始值，$f(\infty)$表示

其稳态值，τ 表示电路的时间常数，则一阶电路的动态响应的一般表达式为

$$f(t)=f(\infty)+[f(0_+)-f(\infty)]\times e^{-\frac{t}{\tau}} \tag{9-38}$$

式中，$f(\infty)$是换路后电路中待求量的稳态值，即过渡过程结束后的值，可画出过渡结束后的等效电路，若施加的激励为直流电源，电容相当于开路，电感相当于短路，然后可按直流电阻电路分析的方法求得；$f(0_+)$是换路后的初始值，可由换路定律得到；时间常数 τ 由电路结构决定，对于 RC 电路，$\tau=R_0C$；对于 RL 电路，$\tau=\dfrac{L}{R_0}$，其中 R_0 是将电路中所有独立电源置零后，从电容或电感两端看进去的戴维南等效电阻。

对于外施激励为正弦电源的一阶电路，也可以用三要素法求解动态响应，其一般表达式为

$$f(t)=f_\infty(t)+[f(0_+)-f_\infty(0_+)]\times e^{-\frac{t}{\tau}} \tag{9-39}$$

式中，$f_\infty(t)$为响应的稳态值，在换路后用相量法求解，其仍然为一同频率的正弦量。$f_\infty(0_+)$是稳态值 $f_\infty(t)$的初始值。

例 9.8 图 9.19 所示的电路中，$R_1=12\ \Omega$，$R_2=10\ \Omega$，$L=0.5\ \text{H}$，$U=220\ \text{V}$，电路原处于稳定状态，$t=0$ 时开关 S 闭合，求电路的响应 i_L。

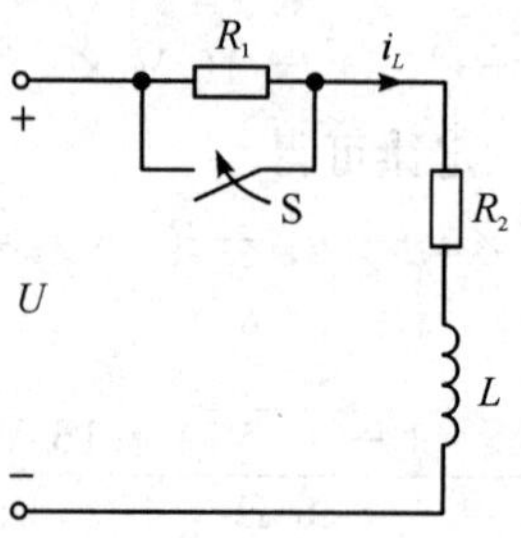

图 9.19 例 9.8 电路图

解 利用三要素法求解。

(1) 根据换路定律求出 i_L 换路后的初始值为

$$i_L(0_+)=i_L(0_-)=\frac{U}{R_1+R_2}=\frac{220\ \text{V}}{12\ \Omega+10\ \Omega}=10\ \text{A}$$

(2) 求出 i_L 的稳态值(电路过渡完成后电感看作短路)为

$$i_L(\infty)=\frac{U}{R_2}=\frac{220\ \text{V}}{10\ \Omega}=22\ \text{A}$$

(3) 求出电路的时间常数为

$$\tau=\frac{L}{R_2}=\frac{0.5\ \text{H}}{10\ \Omega}=0.05\ \text{s}$$

根据式(9-38)可得

$$\begin{aligned}i_L&=i_L(\infty)+[i_L(0_+)-i_L(\infty)]\times e^{-\frac{t}{\tau}}\\&=22\ \text{A}+(10\ \text{A}-22\ \text{A})\times e^{-\frac{t}{0.05\ \text{s}}}\\&=(22-12e^{-\frac{t}{0.05\ \text{s}}})\ \text{A}\end{aligned}$$

例 9.9　图 9.20 所示的电路图中，$R=100\ \Omega$，$C=100\ \mu\text{F}$，$u_S=100\sqrt{2}\sin(314t+30°)$ V，电容已充电至 $u_C(0_-)=10$ V。$t=0$ 时刻开关 S 闭合，求电路的响应 u_C。

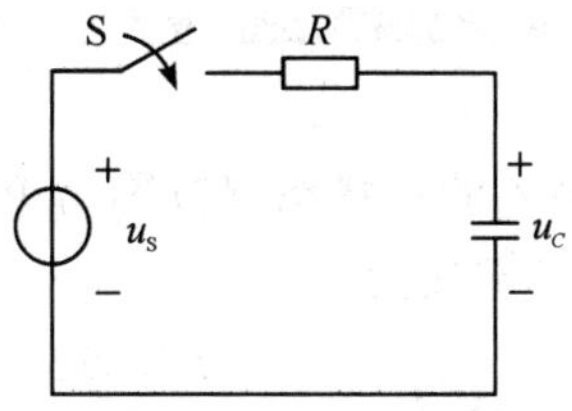

图 9.20　例 9.9 电路图

解　利用三要素法求解。

(1) 根据换路定律可得 u_C 换路后的初始值为

$$u_C(0_+)=u_C(0_-)=10\ \text{V}$$

(2) 由于是正弦电源激励，可利用相量法计算 u_C 的稳态值为

$$\dot{U}_C=\frac{\dfrac{1}{\mathrm{j}\omega C}}{R+\dfrac{1}{\mathrm{j}\omega C}}\times\dot{U}_S=\frac{1}{1+\mathrm{j}R\omega C}\times\dot{U}_S$$

$$=\frac{100\ \text{V}\angle 30°}{(1+\mathrm{j}100\times 314\times 100\times 10^{-6})\ \Omega}$$

$$=30.3\angle -42°\ \text{V}$$

可得

$$u_{C\infty}(t)=30.3\sqrt{2}\sin(314t-42°)\ \text{V}$$

以及

$$u_{C\infty}(0_+)=30.3\sqrt{2}\sin(-42°)\ \text{V}=-28.7\ \text{V}$$

(3) 求出电路的时间常数为

$$\tau=RC=100\ \Omega\times 100\times 10^{-6}\ \mu\text{F}=0.01\ \text{s}$$

根据式(9-39)可得

$$u_C=u_{C\infty}(t)+[u_C(0_+)-u_{C\infty}(0_+)]\times \mathrm{e}^{-\frac{t}{\tau}}$$

$$=30.3\sqrt{2}\sin(314t-42°)\ \text{V}+[10-(-28.7)]\times \mathrm{e}^{-\frac{t}{0.01\ \text{s}}}\ \text{V}$$

$$=30.3\sqrt{2}\sin(314t-42°)\ \text{V}+38.7\times \mathrm{e}^{-\frac{t}{0.01\ \text{s}}}\ \text{V}$$

【思考与练习】

1. 三要素法中的三要素是指哪三个要素？它们分别如何求得？

2. 当电路的激励为正弦电源时，可否利用三要素法求解一阶电路的响应？与直流激励电路有何不同？

3. 试用三要素法重新求解例 9.5。

9.5 一阶电路的阶跃响应分析

一阶电路对于单位阶跃函数输入的零状态响应称为单位阶跃响应。单位阶跃函数是一种奇异函数，如图 9.21(a)所示，可定义为

$$\varepsilon(t)=\begin{cases}0, & t<0\\1, & t>0\end{cases} \tag{9-40}$$

值得注意的是，单位阶跃函数在 $t=0$ 这一点是不连续的，它可以用来描述图 9.21(b)所示电路的开关动作，它表示在 $t=0$ 时把电路接到单位直流电压源上。阶跃函数可以作为开关的数学模型，所以有时候也称为开关函数。

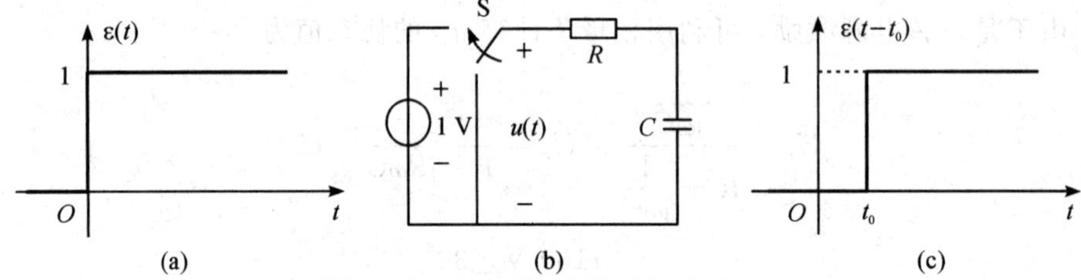

图 9.21 单位阶跃函数

定义任意时刻 t_0 起始的阶跃函数为

$$\varepsilon(t-t_0)=\begin{cases}0, & t<t_0\\1, & t>t_0\end{cases} \tag{9-41}$$

$\varepsilon(t-t_0)$可以看作 $\varepsilon(t)$在时间轴上移动 t_0 后的结果，如图 9.21(c)所示，它也称为延迟的单位阶跃函数。

单位阶跃函数还可以用来“起始”任意一个函数 $f(t)$。设 $f(t)$是对所有 t 都有定义的一个任意函数，如图 9.22(a)所示，则

$$f(t)\varepsilon(t-t_0)=\begin{cases}0, & t<t_0\\f(t), & t>t_0\end{cases} \tag{9-42}$$

它的波形如图 9.22(b)所示。

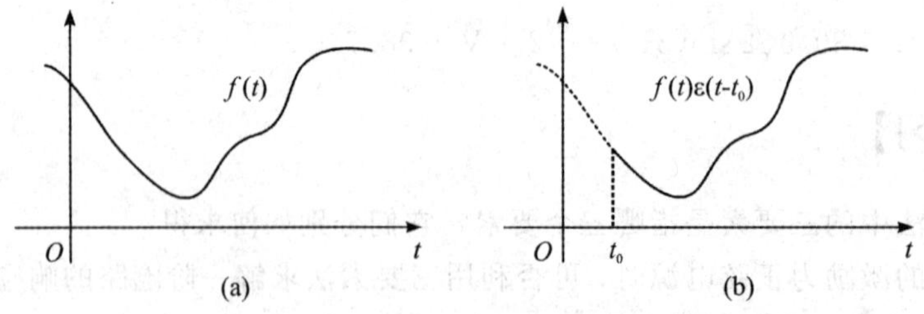

图 9.22 单位阶跃函数的起始作用

对于一个如图 9.23(a)所示幅度为 1 的矩形脉冲，可以把它看作是由两个阶跃函数组成的，即

$$f(t)=\varepsilon(t)-\varepsilon(t-t_0)$$

同理，对于一个如图 9.23(b)所示的矩形脉冲，则可写为

$$f(t)=\varepsilon(t-\tau_1)-\varepsilon(t-\tau_2)$$

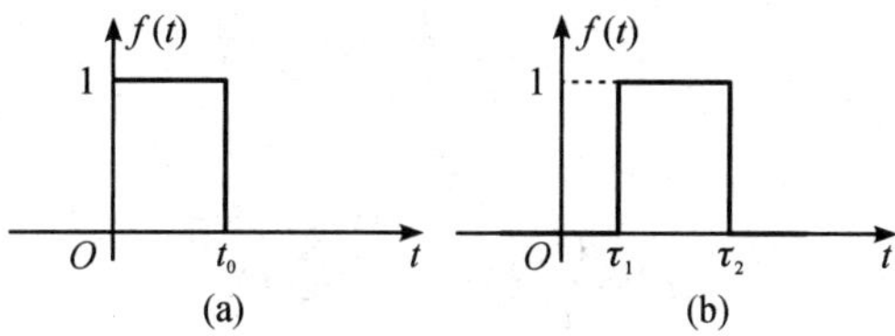

图 9.23　矩形脉冲的组成

当电路的激励为单位阶跃电压或电流时，相当于将电路在 $t=0$ 时接通电压值为 1 V 的直流电压源或电流值为 1 A 的直流电流源。因此，单位阶跃响应与直流激励响应相同。例如，RC 电路在直流电压 U_S 激励下的零状态响应为

$$u_C=U_S(1-e^{-\frac{t}{\tau}})$$

$$i=\frac{U_S}{R}e^{-\frac{t}{\tau}}$$

则 RC 电路在单位阶跃电压激励下的零状态响应为

$$u_C=(1-e^{-\frac{t}{\tau}})\varepsilon(t)$$

$$i=\frac{1}{R}e^{-\frac{t}{\tau}}\varepsilon(t)$$

如果单位阶跃激励不是在 $t=0$ 时刻，而是在 $t=t_0$ 时刻施加的，则应将电路阶跃响应中的 t 改为 $t-t_0$，即得到电路延迟的单位阶跃响应。例如，上述 RC 电路延迟的单位阶跃响应为

$$u_C=(1-e^{-\frac{t-t_0}{\tau}})\varepsilon(t-t_0)$$

$$i=\frac{1}{R}e^{-\frac{t-t_0}{\tau}}\varepsilon(t-t_0)$$

如果已知电路的单位阶跃响应，只要将单位阶跃响应乘以直流激励的值，就可求得电路在直流激励下的零状态响应。

例 9.10　图 9.24(a)所示的矩形脉冲在 $t=0$ 时刻作用于图 9.24(b)所示电路，求其零状态响应 i。

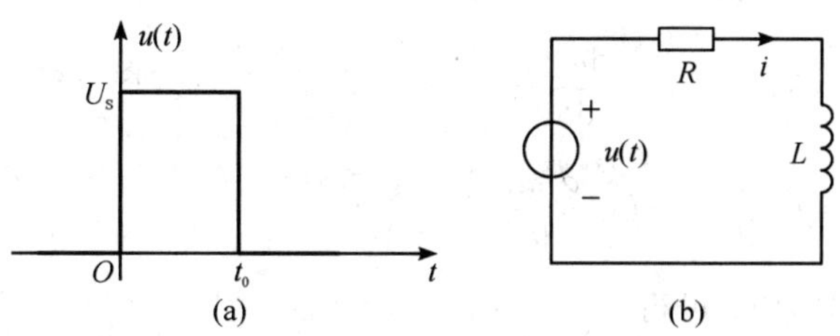

图 9.24　例 9.10 电路图

解 矩形脉冲可以分解为两个阶跃电压的代数和，即

$$u(t)=U_S\varepsilon(t)-U_S\varepsilon(t-t_0)$$

电路的时间常数为

$$\tau=\frac{L}{R}$$

$U_S\varepsilon(t)$作用时，有

$$i_1=\frac{U_S}{R}(1-e^{-\frac{t}{\tau}})\varepsilon(t)$$

$U_S\varepsilon(t-t_0)$作用时，有

$$i_2=\frac{U_S}{R}(1-e^{-\frac{t-t_0}{\tau}})\varepsilon(t-t_0)$$

电路的零状态响应为两个阶跃响应的代数和，即

$$i=\frac{U_S}{R}(1-e^{-\frac{t}{\tau}})\varepsilon(t)-\frac{U_S}{R}(1-e^{-\frac{t-t_0}{\tau}})\varepsilon(t-t_0)$$

【思考与练习】

1. 分析电路的阶跃响应有何实际意义？
2. 画出单位阶跃函数 $\varepsilon(t+t_0)$和 $\varepsilon(-t)$的波形，并且说明这两个函数的意义。

9.6 二阶电路的动态响应分析

用二阶微分方程描述的动态电路称为二阶电路。在二阶电路中，给定的初始条件应有两个，它们由储能元件的初始值决定。本书仅讨论由 RLC 串联组成的二阶电路的零输入响应。

图 9.25 所示为 RLC 串联的二阶电路，根据基尔霍夫电压定律可列出换路后的电路方程为

$$u_R+u_L-u_C=0 \tag{9-43}$$

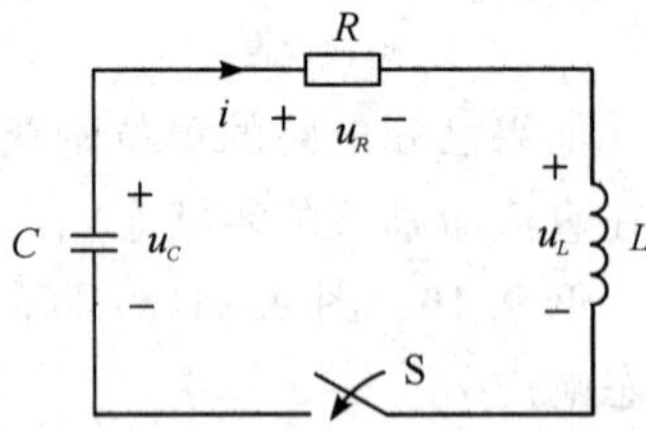

图 9.25 二阶电路零输入响应

各元件的伏安关系为

$$i=-C\frac{\mathrm{d}u_C}{\mathrm{d}t}$$

$$u_R=Ri=-RC\frac{\mathrm{d}u_C}{\mathrm{d}t}$$

$$u_L=L\frac{\mathrm{d}i}{\mathrm{d}t}=-LC\frac{\mathrm{d}^2u_C}{\mathrm{d}t^2}$$

将其代入式(9-43)中，可得

$$LC\frac{\mathrm{d}^2u_C}{\mathrm{d}t^2}+RC\frac{\mathrm{d}u_C}{\mathrm{d}t}+u_C=0 \tag{9-44}$$

此方程是以 u_C 为自变量的二阶齐次线性常微分方程。此微分方程的特征方程为

$$LCp^2+RCp+1=0$$

它是一个二次方程，两个特征根分别为

$$\begin{cases} p_1=-\dfrac{R}{2L}+\sqrt{\left(\dfrac{R}{2L}\right)^2-\dfrac{1}{LC}} \\ p_2=-\dfrac{R}{2L}-\sqrt{\left(\dfrac{R}{2L}\right)^2-\dfrac{1}{LC}} \end{cases} \tag{9-45}$$

可得电路的零输入响应为

$$u_C=A_1\mathrm{e}^{p_1t}+A_2\mathrm{e}^{p_2t} \tag{9-46}$$

式中，A_1 和 A_2 为两个积分常数，由初始条件确定。本书仅讨论

$$\begin{cases} u_C(0_+)=u_C(0_-)=U_0 \\ i(0_+)=i_L(0_+)=i_L(0_-)=0 \end{cases} \tag{9-47}$$

的情况，即已充电的电容器对没有电流的线圈放电的情况。

将式(9-47)代入式(9-46)中，可得

$$\begin{cases} A_1+A_2=U_0 \\ p_1A_1+p_2A_2=0 \end{cases} \tag{9-48}$$

解得

$$\begin{cases} A_1=\dfrac{p_2}{p_2-p_1}U_0 \\ A_2=-\dfrac{p_1}{p_2-p_1}U_0 \end{cases} \tag{9-49}$$

由于电路 RLC 的参数不同，特征根 p_1 和 p_2 可能是：① 两个不等的负实根；② 一对实部为负实数的共轭复根；③ 一对相等的负实根。下面对这三种情况加以讨论。

(1) $\left(\dfrac{R}{2L}\right)^2-\dfrac{1}{LC}>0$，即 $R>2\sqrt{\dfrac{L}{C}}$，非振荡放电过程。

在这种情况下，特征根 p_1 和 p_2 是两个不等的负实数，可得电路响应为

$$u_C=\frac{U_0}{p_2-p_1}(p_2\mathrm{e}^{p_1t}-p_1\mathrm{e}^{p_2t})$$

$$i=-C\frac{\mathrm{d}u_C}{\mathrm{d}t}=-C\frac{p_1p_2U_0}{p_2-p_1}(\mathrm{e}^{p_1t}-\mathrm{e}^{p_2t})=-\frac{U_0}{L(p_2-p_1)}(\mathrm{e}^{p_1t}-\mathrm{e}^{p_2t}) \tag{9-50}$$

$$u_L=L\frac{\mathrm{d}i}{\mathrm{d}t}=-\frac{U_0}{p_2-p_1}(p_1\mathrm{e}^{p_1t}-p_2\mathrm{e}^{p_2t})$$

上式中利用了 $p_1p_2=\dfrac{1}{LC}$ 的关系。

图 9.26 所示画出了 u_C、i 和 u_L 随时间变化的曲线。从图中可以看出，u_C 和 i 始终不改变方向，并且有 $u_C\geqslant 0$，$i\geqslant 0$，表明电容在整个过程中一直释放储存的电能，因此称为非振荡放电，又称为过阻尼放电。当 $t=0_+$ 时，$i(0_+)=0$，当 $t\to\infty$ 时放电过程结束，$i(\infty)=0$，所以在放电过程中电流必然要经历从小到大再趋于零的变化。电流达到最大值的时刻 t_m 可由 $\dfrac{\mathrm{d}i}{\mathrm{d}t}=0$ 决定

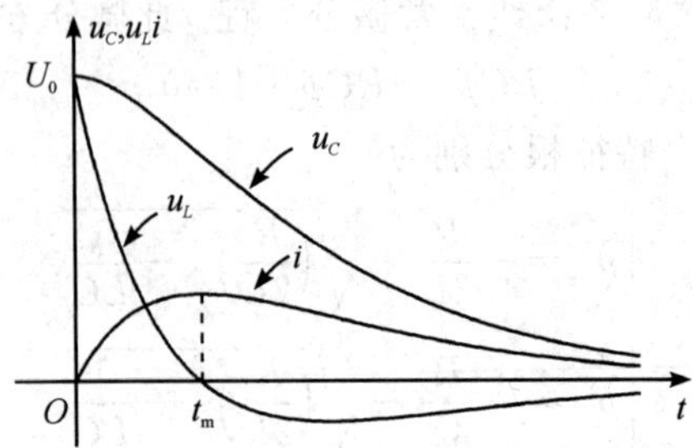

图 9.26 非振荡放电过程中 u_C、i 和 u_L 随时间变化的曲线

$$t_m=\frac{\ln\left(\frac{p_2}{p_1}\right)}{p_1-p_2}$$

$t<t_m$ 时，电感吸收能量，建立磁场；$t>t_m$ 时，电感释放能量，磁场逐渐衰减，趋向消失。$t=t_m$ 时，正是电感电压过零点。

例 9.11 图 9.27 所示的电路图中，已知 $U_S=10$ V，$C=1$ μF，$R=4$ kΩ，$L=1$ H，开关 S 原来闭合在位置 1 处。在 $t=0$ 时刻，开关 S 由位置 1 接至位置 2 处，求 u_C、u_R、u_L 和 i。

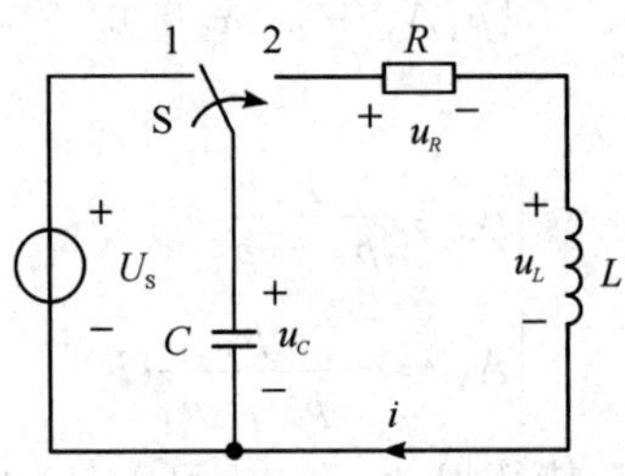

图 9.27 例 9.11 电路图

解 首先判断电路的性质。已知 $R=4$ kΩ，而 $2\sqrt{\frac{L}{C}}=2\sqrt{\frac{1}{10^{-6}}}$ Ω$=2$ kΩ$<R$，因此电路响应为非振荡放电过程。根据式(9-45)计算得特征根为

$$\begin{cases}p_1=-\frac{R}{2L}+\sqrt{\left(\frac{R}{2L}\right)^2-\frac{1}{LC}}=-268\\p_2=-\frac{R}{2L}-\sqrt{\left(\frac{R}{2L}\right)^2-\frac{1}{LC}}=-3732\end{cases}$$

根据式(9-50)以及初始条件 $U_0=u_C(0_+)=U_S$，可计算得

$$\begin{cases}u_C=(10.77\mathrm{e}^{-268t}-0.773\mathrm{e}^{-3732t})\ \mathrm{V}\\i=2.89(\mathrm{e}^{-268t}-\mathrm{e}^{-3732t})\ \mathrm{A}\\u_L=(10.77\mathrm{e}^{-3732t}-0.773\mathrm{e}^{-268t})\ \mathrm{V}\end{cases}$$

以及

$$u_R=Ri=11.56(\mathrm{e}^{-268t}-\mathrm{e}^{-3732t})\ \mathrm{V}$$

(2) $\left(\frac{R}{2L}\right)^2-\frac{1}{LC}<0$，即 $R<2\sqrt{\frac{L}{C}}$，振荡放电过程。

在这种情况下，特征根 p_1 和 p_2 是一对共轭复数，令

$$\begin{cases} \delta = \dfrac{R}{2L} \\ \omega^2 = \dfrac{1}{LC} - \left(\dfrac{R}{2L}\right)^2 \end{cases}$$

则

$$\sqrt{\left(\frac{R}{2L}\right)^2 - \frac{1}{LC}} = \sqrt{-\omega^2} = \mathrm{j}\omega$$

于是，有

$$\begin{cases} p_1 = -\delta + \mathrm{j}\omega \\ p_2 = -\delta - \mathrm{j}\omega \end{cases}$$

令

$$\begin{cases} \omega_0 = \sqrt{\delta^2 + \omega^2} \\ \beta = \arctan\left(\dfrac{\omega}{\delta}\right) \end{cases}$$

图 9.28　表示 ω_0、ω、δ 和 β 相互关系的三角形

即如图 9.28 所示，则有

$$\begin{cases} \delta = \omega_0 \cos\beta \\ \omega = \omega_0 \sin\beta \end{cases}$$

可求得

$$\begin{cases} p_1 = -\omega_0 \mathrm{e}^{-\mathrm{j}\beta} \\ p_2 = -\omega_0 \mathrm{e}^{\mathrm{j}\beta} \end{cases}$$

所以可得电容电压

$$\begin{aligned} u_C &= \frac{U_0}{p_2 - p_1}(p_2 \mathrm{e}^{p_1 t} - p_1 \mathrm{e}^{p_2 t}) \\ &= \frac{U_0}{-\mathrm{j}2\omega}\left[-\omega_0 \mathrm{e}^{\mathrm{j}\beta} \mathrm{e}^{(-\delta+\mathrm{j}\omega)t} + \omega_0 \mathrm{e}^{-\mathrm{j}\beta} \mathrm{e}^{(-\delta-\mathrm{j}\omega)t}\right] \\ &= \frac{U_0 \omega_0}{\omega} \mathrm{e}^{-\delta t}\left[\frac{\mathrm{e}^{\mathrm{j}(\omega t+\beta)} - \mathrm{e}^{-\mathrm{j}(\omega t+\beta)}}{\mathrm{j}2}\right] \\ &= \frac{U_0 \omega_0}{\omega} \mathrm{e}^{-\delta t} \sin(\omega t + \beta) \end{aligned} \tag{9-51}$$

根据 $i = -C\dfrac{\mathrm{d}u_C}{\mathrm{d}t}$，可得电流为

$$i = \frac{U_0}{\omega L} \mathrm{e}^{-\delta t} \sin(\omega t) \tag{9-52}$$

根据 $u_L = L\dfrac{\mathrm{d}i}{\mathrm{d}t}$，可得电感电压为

$$u_L = -\frac{U_0 \omega_0}{\omega} \mathrm{e}^{-\delta t} \sin(\omega t - \beta) \tag{9-53}$$

从上述 u_C、i 和 u_L 的表达式可以看出，它们的波形将呈现衰减振荡的状态，在整个动态响应过程中，它们将周期性地改变方向，储能元件也将周期性地交换能量。图 9.29 所示画出了 u_C、i 和 u_L 随时间变化的曲线。根据上述各式，还可以得出

① $\omega t=k\pi$，$k=0$，1，2，3，…为电流 i 的过零点，即电容电压 u_C 的极值点。

② $\omega t=k\pi+\beta$，$k=0$，1，2，3，…为电感电压 u_L 的过零点，也即电流 i 的极值点。

③ $\omega t=k\pi-\beta$，$k=0$，1，2，3，…为电容电压 u_C 的过零点。

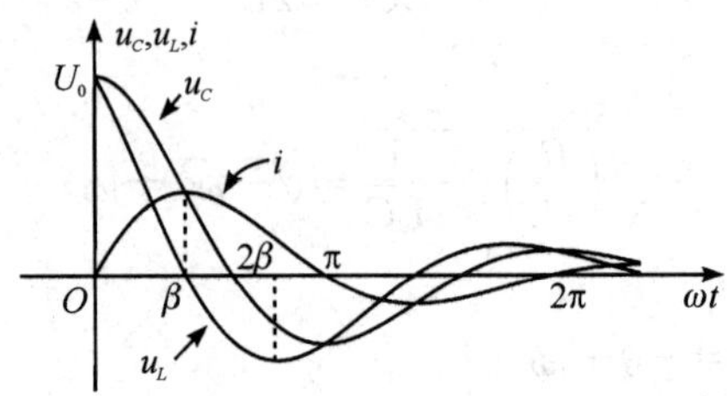

图 9.29　振荡放电过程中 u_C、i 和 u_L 随时间变化的曲线

例 9.12　在热核研究中，需要强大的脉冲磁场，它是靠强大的脉冲电流产生的。这种强大的脉冲电流可以由 RLC 放电电路产生。若已知 $U_0=15$ kV，$C=1700$ μF，$R=6\times10^{-4}$ Ω，$L=6\times10^{-9}$ H。求电路的放电电流 $i(t)$ 并求出它的最大值。

解　根据已知条件可得

$$\delta=\frac{R}{2L}=5\times10^4\ \mathrm{s^{-1}}$$

$$\omega=\sqrt{\left(\frac{R}{2L}\right)^2-\frac{1}{LC}}=\mathrm{j}3.09\times10^5\ \mathrm{rad/s}$$

$$\beta=\arctan\left(\frac{\omega}{\delta}\right)=1.4\ \mathrm{rad}$$

即特征根为共轭复数，电路响应属于振荡放电，根据式(9-52)可求得放电电流

$$i=\frac{U_0}{\omega L}\mathrm{e}^{-\delta t}\sin(\omega t)=8.09\times10^6\mathrm{e}^{-5\times10^4 t}\sin(3.09\times10^5 t)\ \mathrm{A}$$

当 $\omega t=\beta$，即 $t=\frac{\beta}{\omega}=4.56$ μs 时，放电电流达到极大值

$$\begin{aligned}i_{\max}&=8.09\times10^6\mathrm{e}^{-5\times10^4\times4.56\times10^{-6}}\sin(3.09\times10^5\times4.56\times10^{-6})\ \mathrm{A}\\&=6.36\times10^6\ \mathrm{A}\end{aligned}$$

可见该 RLC 放电电路可以达到较为可观的放电电流值。

(3) $\left(\frac{R}{2L}\right)^2-\frac{1}{LC}=0$，即 $R=2\sqrt{\frac{L}{C}}$，临界情况。

在这种情况下，特征方程具有重根：

$$p_1=p_2=-\frac{R}{2L}=-\delta$$

微分方程式(9-44)的通解为

$$u_C=(A_1+A_2t)\mathrm{e}^{-\delta t}$$

根据初始条件，可得

$$\begin{cases}A_1=U_0\\A_2=\delta U_0\end{cases}$$

所以电路的响应为

$$u_C=U_0(1+\delta t)\mathrm{e}^{-\delta t}$$

$$i=-C\frac{\mathrm{d}u_C}{\mathrm{d}t}=\frac{U_0}{L}t\mathrm{e}^{-\delta t}$$

$$u_L=L\frac{\mathrm{d}i}{\mathrm{d}t}=U_0\mathrm{e}^{-\delta t}(1-\delta t)$$

从以上各式可以看出 u_C、i 和 u_L 不作振荡变化，即具有非振荡的性质，其波形与图 9.26 相似。然而，这种过程是振荡与非振荡过程的分界线，所以 $R=2\sqrt{\frac{L}{C}}$ 时的过渡过程称为临界非振荡过程，这时的电阻称为临界电阻，并称电阻大于临界电阻的电路为过阻尼电路，小于临界电阻的电路为欠阻尼电路。

【思考与练习】

1. 根据特征根的不同对二阶电路的零输入响应的各种情况作分析比较。

2. 一个 RLC 串联放电电路原处于临界状态。欲使电路进入振荡状态，应当如何来调节电路的参数。

本章小结

1. 当电路含有储能元件(如电容、电感)，且电路的结构或元件参数发生改变时，电路的工作状态将由原来的稳态转变到另一个稳态，这种转变一般不能即时完成，需要经历一个过程，这个所经历随时间变化的电磁过程就称为过渡过程。

2. 不论产生电路中过渡过程的原因如何，在换路后的一瞬间，任何电感中的电流和任何电容上的电压都应当保持换路前一瞬间的原值不能跃变，换路以后就以此为初始值而连续变化。这个规律称为换路定律，可以表达为

$$\begin{cases}u_C(0_+)=u_C(0_-)\\ i_L(0_+)=i_L(0_-)\end{cases}$$

3. 若电路中只含有一个储能元件(电容或电感)，则电路的动态响应可用一阶微分方程描述，因此也称为一阶电路。RC 电路和 RL 电路的响应公式如表 9.1 所示。

表 9.1　RC 电路和 RL 电路的响应公式

	RC 电路	RL 电路
全响应	$u_C=U_S+(U_0-U_S)\mathrm{e}^{-\frac{t}{\tau}}$ $i=\frac{U_S}{R}\mathrm{e}^{-\frac{t}{\tau}}-\frac{U_0}{R}\mathrm{e}^{-\frac{t}{\tau}}$ $u_R=(U_S-U_0)\mathrm{e}^{-\frac{t}{\tau}}$	$i=\frac{U_S}{R}+\left(I_0-\frac{U_S}{R}\right)\mathrm{e}^{-\frac{t}{\tau}}$ $u_R=U_S+(RI_0-U_S)\mathrm{e}^{-\frac{t}{\tau}}$ $u_L=(U_S-RI_0)\mathrm{e}^{-\frac{t}{\tau}}$

续表

	RC 电路	RL 电路
零输入响应	$u_C=U_0\mathrm{e}^{-\frac{t}{\tau}}$ $i=-\frac{U_0}{R}\mathrm{e}^{-\frac{t}{\tau}}$ $u_R=-U_0\mathrm{e}^{-\frac{t}{\tau}}$	$i=I_0\mathrm{e}^{-\frac{t}{\tau}}$ $u_R=RI_0\mathrm{e}^{-\frac{t}{\tau}}$ $u_L=-RI_0\mathrm{e}^{-\frac{t}{\tau}}$
零状态响应	$u_C=U_S\left(1-\mathrm{e}^{-\frac{t}{\tau}}\right)$ $i=\frac{U_S}{R}\mathrm{e}^{-\frac{t}{\tau}}$ $u_R=U_S\mathrm{e}^{\frac{t}{\tau}}$	$i=\frac{U_S}{R}\left(1-\mathrm{e}^{-\frac{t}{\tau}}\right)$ $u_R=U_S\left(1-\mathrm{e}^{-\frac{t}{\tau}}\right)$ $u_L=U_S\mathrm{e}^{-\frac{t}{\tau}}$

式中，$\tau=RC$ 或 $\tau=\frac{L}{R}$，它具有时间的量纲，称为一阶电路的时间常数，它反映了电路过渡过程进行的快慢程度。

4. 若用 $f(t)$表示一阶电路的动态响应(电流或电压)，$f(0_+)$表示其初始值，$f(\infty)$表示其稳态值，τ 表示电路的时间常数，则一阶电路的动态响应的一般表达式为

$$f(t)=f(\infty)+[f(0_+)-f(\infty)]\times\mathrm{e}^{-\frac{t}{\tau}}$$

这就是一阶电路动态分析三要素法。

5. 单位阶跃函数是一种奇异函数，定义为

$$\varepsilon(t)=\begin{cases}0, & t<0\\1, & t>0\end{cases}$$

延迟的单位阶跃函数定义为

$$\varepsilon(t-t_0)=\begin{cases}0, & t<t_0\\1, & t>t_0\end{cases}$$

电路对单位阶跃函数的零状态响应称为单位阶跃响应，如 RC 电路的单位阶跃响应为

$$u_C=(1-\mathrm{e}^{-\frac{t}{\tau}})\varepsilon(t)$$

$$u_C=(1-\mathrm{e}^{-\frac{t-t_0}{\tau}})\varepsilon(t-t_0)$$

6. 用二阶微分方程描述的动态电路称为二阶电路。例如，RLC 串联电路，其电路方程为

$$LC\frac{\mathrm{d}^2u_C}{\mathrm{d}t^2}+RC\frac{\mathrm{d}u_C}{\mathrm{d}t}+u_C=0$$

特征方程为

$$LCp^2+RCp+1=0$$

特征根为

$$\begin{cases}p_1=-\dfrac{R}{2L}+\sqrt{\left(\dfrac{R}{2L}\right)^2-\dfrac{1}{LC}}\\[2ex] p_2=-\dfrac{R}{2L}-\sqrt{\left(\dfrac{R}{2L}\right)^2-\dfrac{1}{LC}}\end{cases}$$

定义

$$\begin{cases}\delta=\dfrac{R}{2L}\\[2ex] \omega^2=\dfrac{1}{LC}-\left(\dfrac{R}{2L}\right)^2\end{cases},\qquad \begin{cases}\omega_0=\sqrt{\delta^2+\omega^2}\\[2ex] \beta=\arctan\left(\dfrac{\omega}{\delta}\right)\end{cases}$$

按特征根的三种不同情况，电路的响应有三种类型：

(1) $\left(\dfrac{R}{2L}\right)^2-\dfrac{1}{LC}>0$，即 $R>2\sqrt{\dfrac{L}{C}}$，电路过阻尼，非振荡放电，响应为

$$\begin{cases}u_C=\dfrac{U_0}{p_2-p_1}(p_2e^{p_1t}-p_1e^{p_2t})\\[2ex] i=-\dfrac{U_0}{L(p_2-p_1)}(e^{p_1t}-e^{p_2t})\\[2ex] u_L=-\dfrac{U_0}{p_2-p_1}(p_1e^{p_1t}-p_2e^{p_2t})\end{cases}$$

(2) $\left(\dfrac{R}{2L}\right)^2-\dfrac{1}{LC}<0$，即 $R<2\sqrt{\dfrac{L}{C}}$，电路欠阻尼，振荡放电，响应为

$$\begin{cases}u_C=\dfrac{U_0\omega_0}{\omega}e^{-\delta t}\sin(\omega t+\beta)\\[2ex] i=\dfrac{U_0}{\omega L}e^{-\delta t}\sin(\omega t)\\[2ex] u_L=-\dfrac{U_0\omega_0}{\omega}e^{-\delta t}\sin(\omega t-\beta)\end{cases}$$

(3) $\left(\dfrac{R}{2L}\right)^2-\dfrac{1}{LC}=0$，即 $R=2\sqrt{\dfrac{L}{C}}$，电路临界阻尼，响应为

$$\begin{cases}u_C=U_0(1+\delta t)e^{-\delta t}\\[2ex] i=\dfrac{U_0}{L}te^{-\delta t}\\[2ex] u_L=U_0e^{-\delta t}(1-\delta t)\end{cases}$$

习　题

1. 图 9.30 所示的电路图中，设电容无初始储能，开关在 $t=0$ 时刻闭合，求换路后瞬间电路中各元件电压和电流的初始值。

2. 图 9.31 所示的电路图中，开关 S 闭合在“1”已久，在 $t=0$ 时刻将开关 S 掷于“2”，求 $t=0_+$ 时刻的 $i_L(0_+)$、$u_R(0_+)$和 $u_L(0_+)$。

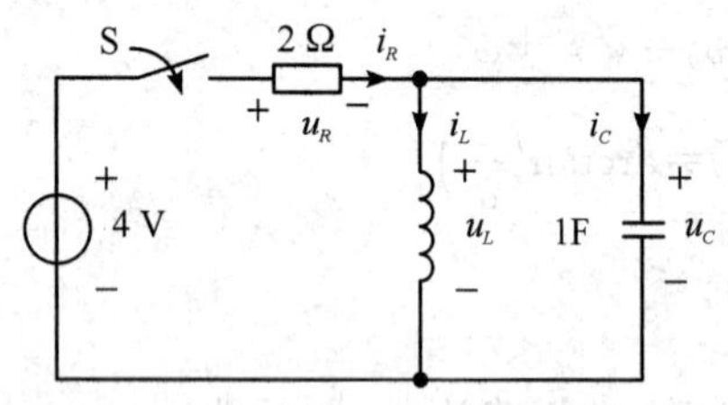

图 9.30　习题 1 电路图

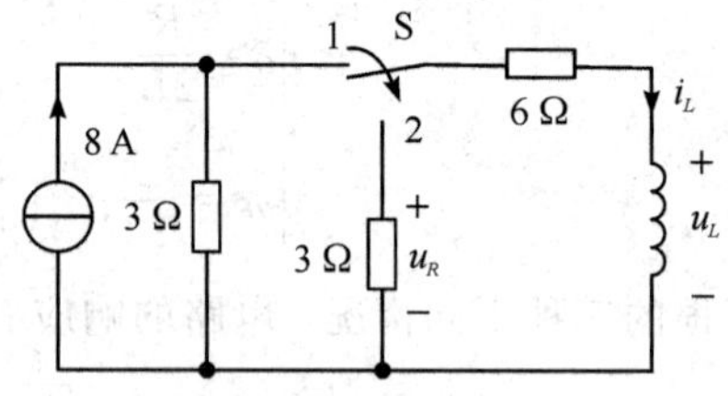

图 9.31　习题 2 电路图

3. 求图 9.32 所示的各个电路的时间常数。

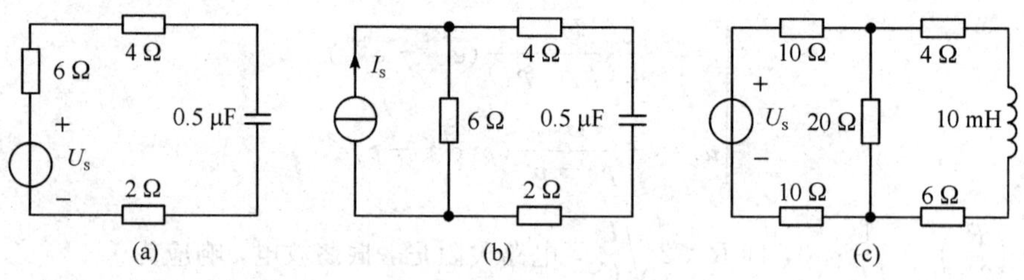

图 9.32　习题 3 电路图

4. 初始电压为 100 V 的电容器，其电容值为 100 μF，经过电阻 R 放电，经过 5 s 电容器上的电压值变为 40 V，求再经过 10 s 电容器上的电压值，并求出 R 的值。

5. 某电感线圈被短路后经过 0.1 s 电流衰减为初始值的 35%。若该线圈串联一个 5 Ω 的电阻，经 0.05 s 电流衰减为初始值的 35%，求该线圈的参数。

6. 图 9.33 所示的电路已处于稳态，$t=0$ 时刻开关 S 闭合。求电流 i_C、i_L 和 i。

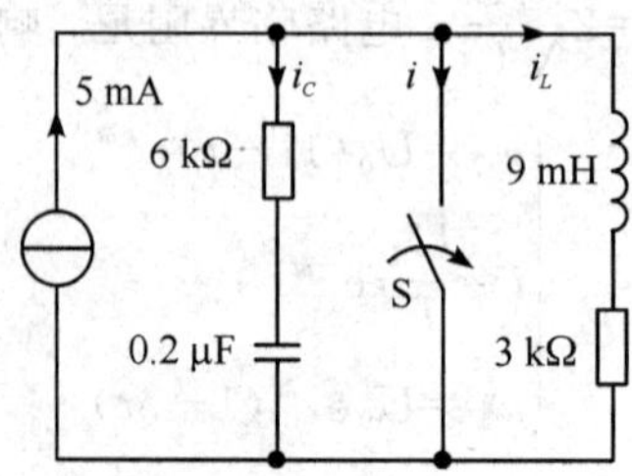

图 9.33　习题 6 电路图

7. 图 9.34 所示的电路已处于稳态，$t=0$ 时刻开关 S 闭合，求 i_L 和 u_L。

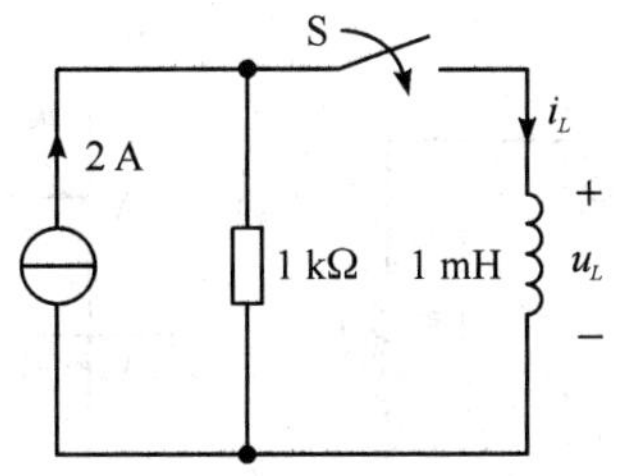

图 9.34　习题 7 电路图

8. 图 9.35 所示的电路已处于稳态，$t=0$ 时刻开关 S 闭合，求电流 i。

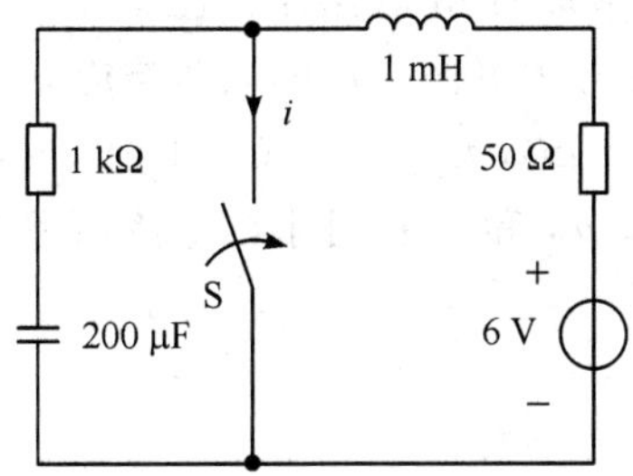

图 9.35　习题 8 电路图

9. 图 9.36 所示的电路已处于稳态，$t=0$ 时刻开关 S 闭合，求电流 i_L 和电压 u_R。

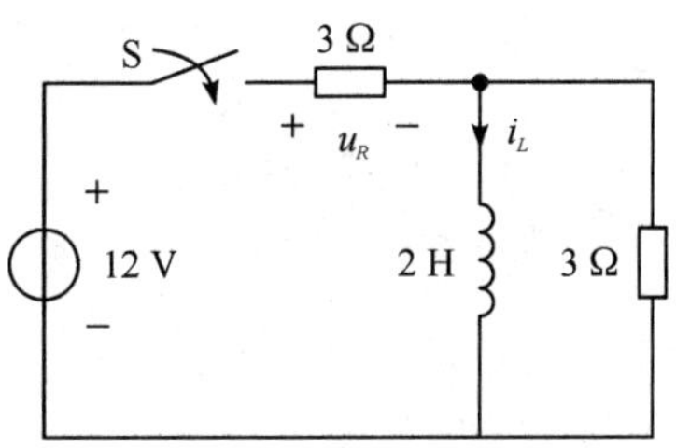

图 9.36　习题 9 电路图

10. 图 9.37 所示的电路原处于稳态。当 U_S 为何值时，开关 S 闭合后电路不出现过渡过程？若 $U_S=50$ V，求换路后的响应 u_C。

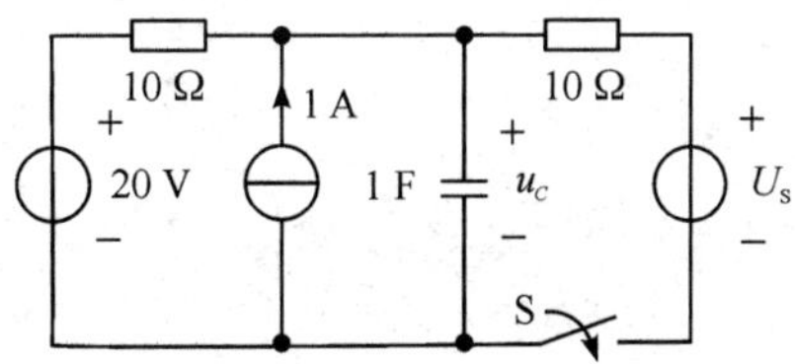

图 9.37　习题 10 电路图

11. 将 $R=200\ \Omega$，$C=100\ \mu$F 的串联电路接到 $u_S=220\sqrt{2}\sin(314t+30°)$ V 的电压源，电容初始未充电。求电路的响应 u_C、i 和 u_R。

12. 图 9.38(a)所示的电路中，设电感初始储能为零。若电源电压 u_S 的波形如图 9.38(b)所示，求电路的响应 i_L。

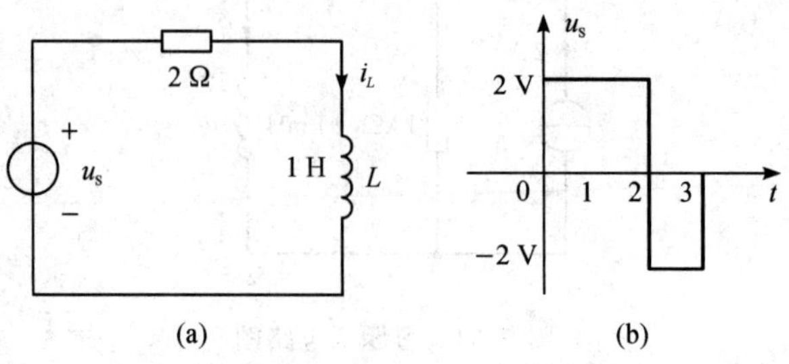

图 9.38　习题 12 电路图

13. 图 9.25 所示的 RLC 串联放电电路中，已知 $R=1\ \text{k}\Omega$，$L=1\ \text{H}$，$C=1\ \mu\text{F}$，$u_C(0_-)=100\ \text{V}$，$i(0_-)=0$。求开关 S 闭合后的电路响应 u_C、u_L、u_R 和 i。

14. 在上题中，若已知 $R=4\ \text{k}\Omega$，$L=1\ \text{H}$，$C=1\ \mu\text{F}$，$u_C(0_-)=10\ \text{V}$，$i(0_-)=0$。求开关 S 闭合后的电路响应 u_C、u_L、u_R 和 i，并且求出电流出现最大值的时间 t_m 和电流最大值 i_{max}。

第 10 章 二端口网络

本章介绍二端口网络及其分析方法。首先介绍二端口的概念、导纳参数、阻抗参数、传输参数和混合参数以及参数之间相互转换的关系；然后介绍二端口等效的概念和二端口等效变换的方法；最后介绍二端口的级联、串联和并联。

10.1 二端口的概念

前面讨论的电路分析主要属于这样一类问题：在一个电路及其输入已经给定的情况下，如何计算一条或多条支路的电压和电流。如果一个复杂的电路只有两个端子向外连接，且人们仅对外接电路中的情况感兴趣，则可将该电路视为一个一端口网络，并可以使用戴维南或诺顿等效电路替代，然后计算其电压和电流。在工程实际中常常涉及两对端子之间的关系，如变压器、滤波器、放大器、反馈网络等，如图 10.1(a)、(b)、(c)所示。对于这些电路，都可以把两对端子之间的电路概括在一个方框中，如图 10.1(d)所示。一对端子 1-1′为输入端子，另一对端子 2-2′为输出端子。

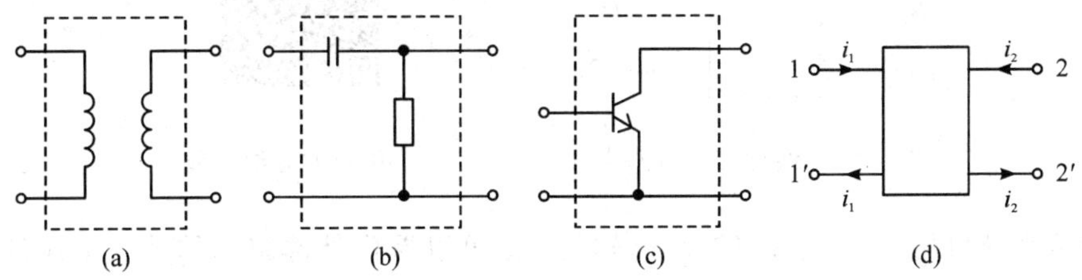

图 10.1 二端口示意图

如果这两对端子满足条件，即对于所有时间 t，从端子 1 流入方框的电流等于从端子 1′流出的电流，同时，从端子 2 流入方框的电流等于从端子 2′流出的电流，这种电路称为二端口网络，简称二端口。若向外伸出的 4 个端子上的电流无上述限制，则称为四端网络。本章仅讨论二端口。

用二端口分析电路时，人们通常仅对二端口处的电流、电压之间的关系感兴趣，这种相互关系可以通过一些参数表示，而这些参数只取决于构成二端口本身的元件参数及它们的连接方式。一旦确定表征这个二端口的参数后，当一个端口的电压、电流发生变化时，要找出另外一个端口上的电压、电流就比较容易了。同时，还可以利用这些参数比较不同的二端口在传递电能和信号方面的性能，从而评价它们的质量。

一个任意复杂的二端口还可以看作由若干简单的二端口组成。如果已知这些简单的二端口的参数，那么根据它们与复杂二端口的关系就可以直接求出后者的参数，从而找出后者在两个端口处的电压和电流关系，而不再涉及原来复杂电路内部的任何计算。

本章介绍的二端口是由线性的电阻、电感(包括耦合电感)、电容和线性受控源组成的，并规定不包含任何独立电源，也没有与外界耦合的互感或受控源。在分析中按照正弦稳态电路考虑，采用相量法。

【思考与练习】

1. 什么是二端口？二端网络与二端口有何不同？
2. 任何与外界有四个端子连接的电路称为二端口，这种说法是否正确？为什么？

10.2 二端口的导纳参数和阻抗参数

二端口的端口外特性可以用导纳参数或阻抗参数来描述。

10.2.1 二端口的导纳参数

图 10.2 所示为一线性二端口网络，端口 1-1′和 2-2′处的电流相量和电压相量的参考方向如图所示。

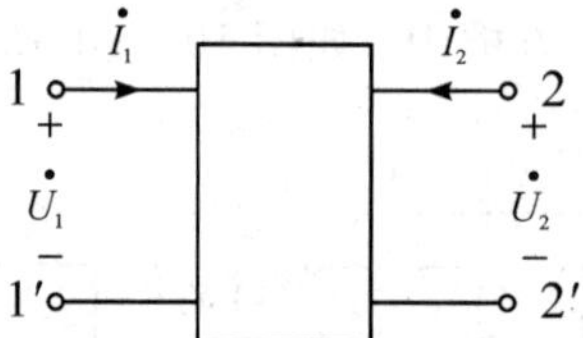

图 10.2 线性二端口网络

二端口的导纳参数

假设两个端口的电压 $\dot{U}_1$ 和 $\dot{U}_2$ 是已知的，则可以看作外部施加的独立电压源。这样，根据叠加定理，$\dot{I}_1$ 和 $\dot{I}_2$ 应分别等于各个独立电压源单独作用时产生的电流的代数和，即

$$\begin{cases}\dot{I}_1 = Y_{11}\dot{U}_1 + Y_{12}\dot{U}_2 \\ \dot{I}_2 = Y_{21}\dot{U}_1 + Y_{22}\dot{U}_2\end{cases} \tag{10-1}$$

式(10-1)还可以写成如下的矩阵形式：

$$\begin{bmatrix}\dot{I}_1 \\ \dot{I}_2\end{bmatrix} = \begin{bmatrix}Y_{11} & Y_{12} \\ Y_{21} & Y_{22}\end{bmatrix}\begin{bmatrix}\dot{U}_1 \\ \dot{U}_2\end{bmatrix} = \boldsymbol{Y}\begin{bmatrix}\dot{U}_1 \\ \dot{U}_2\end{bmatrix}$$

其中：

$$\boldsymbol{Y} = \begin{bmatrix}Y_{11} & Y_{12} \\ Y_{21} & Y_{22}\end{bmatrix}$$

称为二端口的 Y 参数矩阵，而 Y_{11}、Y_{12}、Y_{21} 和 Y_{22} 为复常数，称为二端口的 Y 参数。不难看出，Y 参数属于导纳性质，可以按下述方法计算或通过实验测量求得：如果在端口 1-1′上外施电压 $\dot{U}_1$，而把端口 2-2′短路，即 $\dot{U}_2=0$，二端口的工作情况如图 10.3(a)所示，由式(10－1)可得

$$\begin{cases} Y_{11}=\left.\dfrac{\dot{I}_1}{\dot{U}_1}\right|_{\dot{U}_2=0} \\ Y_{21}=\left.\dfrac{\dot{I}_2}{\dot{U}_1}\right|_{\dot{U}_2=0} \end{cases}$$

其中：Y_{11} 表示端口 2-2′短路时端口 1-1′处的输入导纳；Y_{21} 表示端口 2-2′短路时端口 2-2′与端口 1-1′之间的转移导纳，这是因为 Y_{21} 是 $\dot{I}_2$ 与 $\dot{U}_1$ 的比值，它表示一个端口的电流与另一个端口的电压之间的关系。

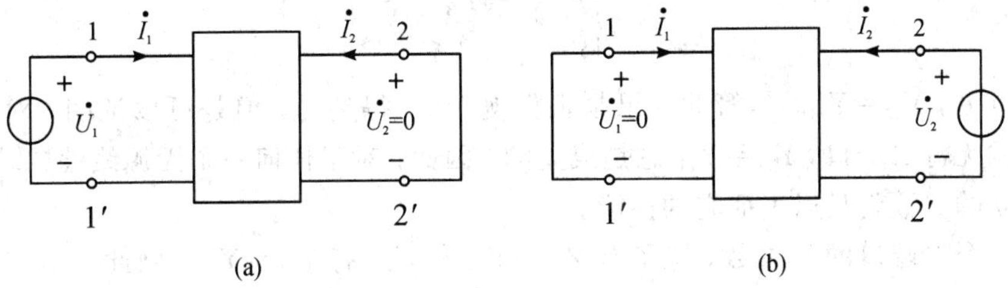

图 10.3　导纳参数的短路测定

同理，在端口 2-2′外施加电压 $\dot{U}_2$，而把端口 1-1′短路，即 $\dot{U}_1=0$，如图 10.3(b)所示，由式(10－1)可得

$$\begin{cases} Y_{12}=\left.\dfrac{\dot{I}_1}{\dot{U}_2}\right|_{\dot{U}_1=0} \\ Y_{22}=\left.\dfrac{\dot{I}_2}{\dot{U}_2}\right|_{\dot{U}_1=0} \end{cases}$$

其中：Y_{12} 是端口 1-1′与端口 2-2′之间的转移导纳；Y_{22} 是端口 2-2′的输入导纳。由于 Y 参数都是在一个端口短路的情况下通过计算或测量求得的，因此又称为短路导纳参数，如 Y_{11} 就称为端口 1-1′的短路输入导纳。

例 10.1　求图 10.4(a)所示二端口网络的 Y 参数。

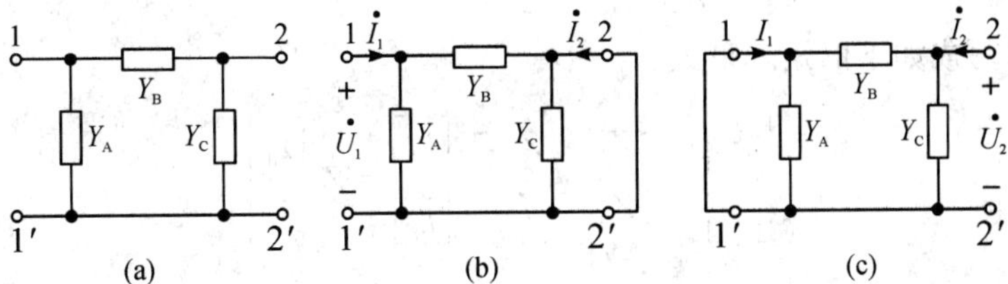

图 10.4　例 10.1 电路图

解　这个二端口是一个 π 形电路，将它的端口 2-2′短路，在端口 1-1′上外施电压 $\dot{U}_1$，如图 10.4(b)所示，这时可求得

$$\begin{cases}\dot{I}_1=\dot{U}_1(Y_A+Y_B)\\ -\dot{I}_2=\dot{U}_1Y_B\end{cases}$$

根据 Y 参数的定义可求得

$$\begin{cases}Y_{11}=\left.\dfrac{\dot{I}_1}{\dot{U}_1}\right|_{\dot{U}_2=0}=Y_A+Y_B\\ Y_{21}=\left.\dfrac{\dot{I}_2}{\dot{U}_1}\right|_{\dot{U}_2=0}=-Y_B\end{cases}$$

同理，把端口 1-1′短路，在端口 2-2′上外施电压 $\dot{U}_2$，如图 10.4(c)所示，可求得

$$\begin{cases}Y_{12}=-Y_B\\ Y_{22}=Y_B+Y_C\end{cases}$$

由此可见，$Y_{12}=Y_{21}$。尽管此结果是根据例 10.1 得到的，但是可以证明，对于任何不含受控源的无源二端口，$Y_{12}=Y_{21}$ 总是成立的。因此，对于任何一个无源线性二端口，只需要 3 个独立的参数就足以表征它的性能。

如果一个二端口的 Y 参数，除了有 $Y_{12}=Y_{21}$ 外，还有 $Y_{11}=Y_{22}$，则此二端口的两个端口 1-1′和 2-2′互换位置后与外电路连接，其外部特性不会有任何变化。也就是说，这种二端口从任一端口看过去，它的电气特性是相同的，称为对称二端口。显然，结构上对称的二端口一定是对称二端口。例如，图 10.4(a)中的 π 形电路，如果 $Y_A=Y_C$，它在结构上就是对称的，这时就有 $Y_{11}=Y_{22}$。但是电气上对称并不意味着结构上对称。显然，对于对称二端口的 Y 参数，只有 2 个是独立的。

10.2.2　二端口的阻抗参数

二端口的阻抗参数

假设图 10.2 所示二端口的电流 $\dot{I}_1$ 和 $\dot{I}_2$ 是已知的，则可以看作外部施加的独立电流源。根据叠加定理，$\dot{U}_1$ 和 $\dot{U}_2$ 应分别等于各个独立电流源单独作用时产生的电压的代数和，即

$$\begin{cases}\dot{U}_1=Z_{11}\dot{I}_1+Z_{12}\dot{I}_2\\ \dot{U}_2=Z_{21}\dot{I}_1+Z_{22}\dot{I}_2\end{cases}\tag{10-2}$$

式(10-2)可以写成如下的矩阵形式：

$$\begin{bmatrix}\dot{U}_1\\ \dot{U}_2\end{bmatrix}=\begin{bmatrix}Z_{11} & Z_{12}\\ Z_{21} & Z_{22}\end{bmatrix}\begin{bmatrix}\dot{I}_1\\ \dot{I}_2\end{bmatrix}=\boldsymbol{Z}\begin{bmatrix}\dot{I}_1\\ \dot{I}_2\end{bmatrix}$$

其中：

$$\boldsymbol{Z}=\begin{bmatrix} Z_{11} & Z_{12} \\ Z_{21} & Z_{22} \end{bmatrix}$$

称为二端口的 Z 参数矩阵，而 Z_{11}、Z_{12}、Z_{21} 和 Z_{22} 为复常数，称为二端口的 Z 参数。不难看出，Z 参数属于阻抗性质，可以按下述方法计算或通过实验测量求得：将端口 2-2′开路，即 $\dot{I}_2=0$，只在端口 1-1′施加一个电流源 $\dot{I}_1$，如图 10.5(a)所示，由式(10－2)可得

$$\begin{cases} Z_{11}=\left.\dfrac{\dot{U}_1}{\dot{I}_1}\right|_{\dot{I}_2=0} \\ Z_{21}=\left.\dfrac{\dot{U}_2}{\dot{I}_1}\right|_{\dot{I}_2=0} \end{cases}$$

所以 Z_{11} 称为端口 2-2′开路时端口 1-1′的开路输入阻抗，Z_{21} 称为端口 2-2′开路时端口 2-2′与端口 1-1′之间的转移阻抗。

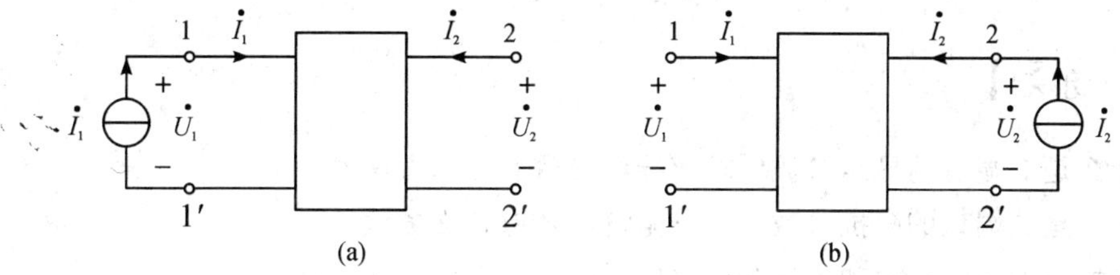

图 10.5　阻抗参数的开路测定

同理，将端口 1-1′开路，即 $\dot{I}_1=0$，只在端口 2-2′施加一个电流源 $\dot{I}_2$，如图 10.5(b)所示，由式(10－2)可得

$$\begin{cases} Z_{12}=\left.\dfrac{\dot{U}_1}{\dot{I}_2}\right|_{\dot{I}_1=0} \\ Z_{22}=\left.\dfrac{\dot{U}_2}{\dot{I}_2}\right|_{\dot{I}_1=0} \end{cases}$$

即 Z_{12} 是端口 1-1′开路时端口 1-1′和端口 2-2′之间的开路转移阻抗，Z_{22} 是端口 1-1′开路时端口 2-2′的开路阻抗。

同理可以证明，对于任何不含受控源的无源二端口，$Z_{12}=Z_{21}$ 总是成立的。因此，对于任何一个无源线性二端口，Z 参数只有 3 个是独立的。对于对称的二端口，$Z_{11}=Z_{22}$，所以只有 2 个参数是独立的。

例 10.2　求图 10.6 所示空芯变压器的 Z 参数。

解　根据基尔霍夫电压定律写出空芯变压器原边和副边回路的方程：

$$\begin{cases} \dot{U}_1=(R_1+\mathrm{j}\omega L_1)\dot{I}_1+\mathrm{j}\omega M\dot{I}_2 \\ \dot{U}_2=\mathrm{j}\omega M\dot{I}_1+(R_2+\mathrm{j}\omega L_2)\dot{I}_2 \end{cases}$$

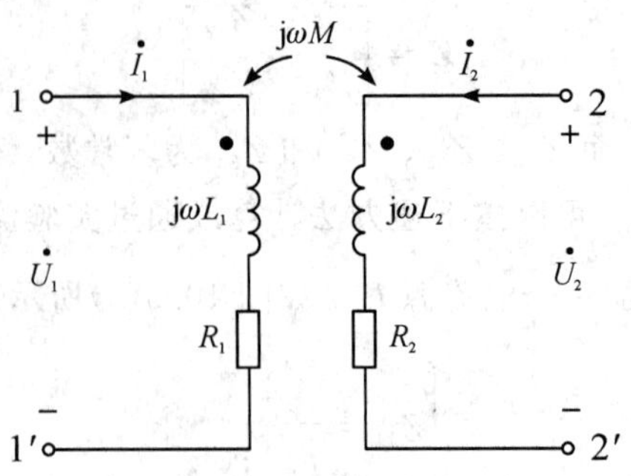

图 10.6 例 10.2 电路图

与式(10－2)比较，得空芯变压器的 Z 参数为

$$\begin{cases} Z_{11}=R_1+\mathrm{j}\omega L_1 \\ Z_{12}=Z_{21}=\mathrm{j}\omega M \\ Z_{22}=R_2+\mathrm{j}\omega L_2 \end{cases}$$

【思考与练习】

1. 什么是二端口的导纳参数？求解导纳参数有什么方法？
2. 什么是二端口的阻抗参数？求解阻抗参数有什么方法？
3. 二端口的导纳参数和阻抗参数之间有什么关系？
4. 什么是对称二端口？对称二端口的参数有什么特点？

10.3 二端口的传输参数和混合参数

在许多工程实际问题中，往往希望找到一个端口的电流、电压与另一端口的电流、电压之间的直接关系，如放大器、滤波器的输入和输出之间的关系，传输线的始端和终端之间的关系。另外，有些二端口并不同时存在阻抗矩阵和导纳矩阵表达式，或既无阻抗矩阵表达式，又无导纳矩阵表达式。这意味着某些二端口宜用除 Y 参数和 Z 参数以外的其他形式的参数描述其外特性。本节介绍二端口的传输参数和混合参数。

10.3.1 二端口的传输参数

二端口的
传输参数

对于图 10.2 所示的二端口，将式(10－1)中的 $\dot{U}_2$ 和 $\dot{I}_2$ 看作已知量，$\dot{U}_1$ 和 $\dot{I}_1$ 看作待求量，可解得

$$\begin{cases} \dot{U}_1=-\dfrac{Y_{22}}{Y_{21}}\dot{U}_2+\dfrac{1}{Y_{21}}\dot{I}_2 \\ \dot{I}_1=\left(Y_{12}-\dfrac{Y_{11}Y_{22}}{Y_{21}}\right)\dot{U}_2+\dfrac{Y_{11}}{Y_{21}}\dot{I}_2 \end{cases}$$

将上式写成如下形式：

$$\begin{cases}\dot{U}_1=A\dot{U}_2-B\dot{I}_2\\ \dot{I}_1=C\dot{U}_2-D\dot{I}_2\end{cases}\tag{10-3}$$

式中：

$$\begin{cases}A=-\dfrac{Y_{22}}{Y_{21}}, & B=-\dfrac{1}{Y_{21}}\\ C=Y_{12}-\dfrac{Y_{11}Y_{22}}{Y_{21}}, & D=-\dfrac{Y_{11}}{Y_{21}}\end{cases}\tag{10-4}$$

这样就把端口1-1′的电流$\dot{I}_1$、电压$\dot{U}_1$用端口2-2′的电流$\dot{I}_2$、电压$\dot{U}_2$通过A、B、C、D四个参数表示了出来。A、B、C、D称为二端口的传输参数或T参数，它们的具体含义为

$$\begin{cases}A=\dfrac{\dot{U}_1}{\dot{U}_2}\Bigg|_{\dot{I}_2=0}, & B=\dfrac{\dot{U}_1}{-\dot{I}_2}\Bigg|_{\dot{U}_2=0}\\ C=\dfrac{\dot{I}_1}{\dot{U}_2}\Bigg|_{\dot{I}_2=0}, & D=\dfrac{\dot{I}_1}{-\dot{I}_2}\Bigg|_{\dot{U}_2=0}\end{cases}$$

由此可见，A是两个电压的比值，是一个无量纲的数值；B是短路转移阻抗；C是开路转移导纳；D是两个电流的比值，也是一个无量纲的数值。

由于无源线性二端口有$Y_{12}=Y_{21}$，从式(10-4)中可以得到如下约束关系：

$$AD-BC=\frac{Y_{11}Y_{22}}{Y_{21}^2}+\frac{1}{Y_{21}}\times\frac{Y_{12}Y_{21}-Y_{11}Y_{22}}{Y_{21}}=\frac{Y_{12}}{Y_{21}}=1$$

因此，A、B、C、D这4个参数中只有3个是独立的。对于对称的二端口，由于$Y_{11}=Y_{22}$，因此由式(10-4)可得$A=D$。

式(10-3)写成矩阵形式，有

$$\begin{bmatrix}\dot{U}_1\\ \dot{I}_1\end{bmatrix}=\begin{bmatrix}A & B\\ C & D\end{bmatrix}\begin{bmatrix}\dot{U}_2\\ -\dot{I}_2\end{bmatrix}=\boldsymbol{T}\begin{bmatrix}\dot{U}_2\\ -\dot{I}_2\end{bmatrix}$$

其中：

$$\boldsymbol{T}=\begin{bmatrix}A & B\\ C & D\end{bmatrix}$$

称为传输参数矩阵或T参数矩阵。引用上式时，要注意式中电流$\dot{I}_2$前面的负号。

例10.3　求图10.7(a)所示二端口的T参数。

解　根据T参数的定义，在求A和C时，把端口2-2′开路，$\dot{I}_2=0$，在端口2-2′外施电压$\dot{U}_2$，如图10.7(a)所示，此时有

$$\begin{cases}\dot{U}_1=R_1\dot{I}_1+\dot{U}_2\\ \dot{I}_1=\mu\dot{U}_1\end{cases}$$

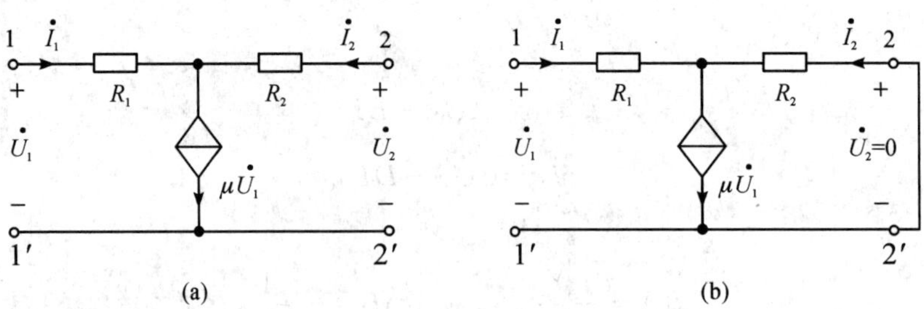

图 10.7 例 10.3 电路图

于是，有

$$A=\left.\frac{\dot{U}_1}{\dot{U}_2}\right|_{\dot{I}_2=0}=\frac{1}{1-R_1\mu},\ C=\left.\frac{\dot{I}_1}{\dot{U}_2}\right|_{\dot{I}_2=0}=\frac{\mu}{1-R_1\mu}$$

同样，把端口 2-2′短路，$\dot{U}_2=0$，在端口 2-2′输入电流 $\dot{I}_2$，如图 10.7(b)所示，此时，有

$$\begin{cases}\dot{U}_1=R_1\dot{I}_1-R_2\dot{I}_2\\ \dot{I}_1+\dot{I}_2=\mu\dot{U}_1\end{cases}$$

于是，有

$$B=\left.\frac{\dot{U}_1}{-\dot{I}_2}\right|_{\dot{U}_2=0}=\frac{R_1+R_2}{1-R_1\mu},\ D=\left.\frac{\dot{I}_1}{-\dot{I}_2}\right|_{\dot{U}_2=0}=\frac{1+R_2\mu}{1-R_1\mu}$$

10.3.2 二端口的混合参数

二端口的混合参数

对于图 10.2 所示的二端口，将式(10-1)中的 $\dot{I}_1$ 和 $\dot{U}_2$ 看作已知量，$\dot{U}_1$ 和 $\dot{I}_2$ 看作待求量，可解得

$$\begin{cases}\dot{U}_1=\dfrac{1}{Y_{11}}\dot{I}_1-\dfrac{Y_{12}}{Y_{11}}\dot{U}_2\\ \dot{I}_2=\dfrac{Y_{21}}{Y_{11}}\dot{U}_1+\left(Y_{22}-\dfrac{Y_{12}Y_{21}}{Y_{11}}\right)\dot{U}_2\end{cases}$$

将上式写成如下形式：

$$\begin{cases}\dot{U}_1=H_{11}\dot{I}_1+H_{12}\dot{U}_2\\ \dot{I}_2=H_{21}\dot{I}_1+H_{22}\dot{U}_2\end{cases}\tag{10-5}$$

式中：

$$\begin{cases}H_{11}=\dfrac{1}{Y_{11}},\quad H_{12}=-\dfrac{Y_{12}}{Y_{11}}\\ H_{21}=\dfrac{Y_{21}}{Y_{11}},\quad H_{22}=Y_{22}-\dfrac{Y_{12}Y_{21}}{Y_{11}}\end{cases}\tag{10-6}$$

称为二端口的混合参数或 H 参数。在晶体管电路中，H 参数获得了广泛的应用。H 参数的具体含义为

$$\begin{cases} H_{11}=\left.\dfrac{\dot{U}_1}{\dot{I}_1}\right|_{\dot{U}_2=0}, & H_{12}=\left.\dfrac{\dot{U}_1}{\dot{U}_2}\right|_{\dot{I}_1=0} \\ H_{21}=\left.\dfrac{\dot{I}_2}{\dot{I}_1}\right|_{\dot{U}_2=0}, & H_{22}=\left.\dfrac{\dot{I}_2}{\dot{U}_2}\right|_{\dot{I}_1=0} \end{cases}$$

由此可见，H_{11} 和 H_{21} 有短路参数的性质，H_{12} 和 H_{22} 有开路参数的性质。不难看出，$H_{11}=\dfrac{1}{Y_{11}}$，$H_{22}=\dfrac{1}{Z_{22}}$，H_{12} 为两个电压的比值，H_{21} 为两个电流的比值。

由于无源线性二端口有 $Y_{12}=Y_{21}$，从式(10-6)中可以得到如下约束关系：

$$H_{12}=-H_{21}$$

因此，H 参数中只有 3 个是独立的。对于对称的二端口，由于 $Y_{11}=Y_{22}$，因此由式(10-6)，还将有约束关系

$$H_{11}H_{22}-H_{12}H_{21}=1$$

式(10-5)写成矩阵形式，有

$$\begin{bmatrix}\dot{U}_1\\ \dot{I}_2\end{bmatrix}=\begin{bmatrix}H_{11} & H_{12}\\ H_{21} & H_{22}\end{bmatrix}\begin{bmatrix}\dot{I}_1\\ \dot{U}_2\end{bmatrix}=\boldsymbol{H}\begin{bmatrix}\dot{I}_1\\ \dot{U}_2\end{bmatrix}$$

其中：

$$\boldsymbol{H}=\begin{bmatrix}H_{11} & H_{12}\\ H_{21} & H_{22}\end{bmatrix}$$

称为混合参数矩阵或 H 参数矩阵。

图 10.8 所示为一只晶体管在小信号工作条件下的微变等效电路。

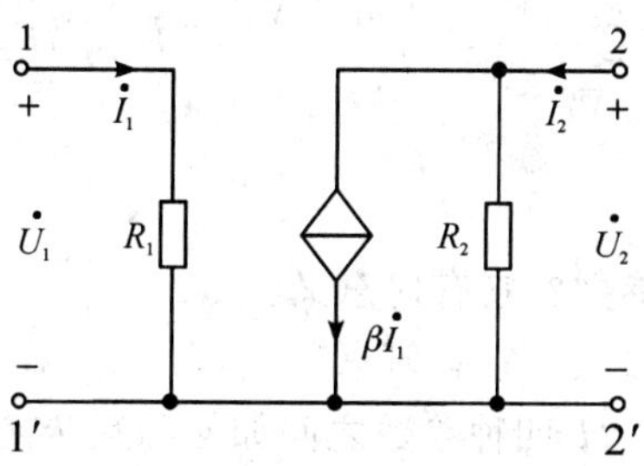

图 10.8　晶体管的微变等效电路

根据 H 参数的定义，不难求得

$$\begin{cases} H_{11}=\left.\dfrac{\dot{U}_1}{\dot{I}_1}\right|_{\dot{U}_2=0}=R_1, & H_{12}=\left.\dfrac{\dot{U}_1}{\dot{U}_2}\right|_{\dot{I}_1=0}=0 \\ H_{21}=\left.\dfrac{\dot{I}_2}{\dot{I}_1}\right|_{\dot{U}_2=0}=\beta, & H_{22}=\left.\dfrac{\dot{I}_2}{\dot{U}_2}\right|_{\dot{I}_1=0}=\dfrac{1}{R_2} \end{cases}$$

Y、Z、T、H 参数之间的相互转换关系不难根据以上的基本方程推导出来，表 10.1 总结了这些转换关系。

表 10.1 二端口网络四种参数的转换关系

参数	Z 参数	Y 参数	H 参数	T 参数
Z 参数	$\begin{matrix} Z_{11} & Z_{12} \\ Z_{21} & Z_{22} \end{matrix}$	$\begin{matrix} \frac{Y_{22}}{\Delta_Y} & -\frac{Y_{12}}{\Delta_Y} \\ -\frac{Y_{21}}{\Delta_Y} & \frac{Y_{11}}{\Delta_Y} \end{matrix}$	$\begin{matrix} \frac{\Delta_H}{H_{12}} & \frac{H_{12}}{H_{22}} \\ -\frac{H_{21}}{H_{22}} & \frac{1}{H_{22}} \end{matrix}$	$\begin{matrix} \frac{A}{C} & \frac{\Delta_T}{C} \\ \frac{1}{C} & \frac{D}{C} \end{matrix}$
Y 参数	$\begin{matrix} \frac{Z_{22}}{\Delta_Z} & -\frac{Z_{12}}{\Delta_Z} \\ -\frac{Z_{21}}{\Delta_Z} & \frac{Z_{11}}{\Delta_Z} \end{matrix}$	$\begin{matrix} Y_{11} & Y_{12} \\ Y_{21} & Y_{22} \end{matrix}$	$\begin{matrix} \frac{1}{H_{11}} & -\frac{H_{12}}{H_{11}} \\ \frac{H_{21}}{H_{11}} & \frac{\Delta_H}{H_{11}} \end{matrix}$	$\begin{matrix} \frac{D}{B} & -\frac{\Delta_T}{B} \\ -\frac{1}{B} & \frac{A}{B} \end{matrix}$
H 参数	$\begin{matrix} \frac{\Delta_Z}{Z_{22}} & \frac{Z_{12}}{Z_{22}} \\ -\frac{Z_{21}}{Z_{22}} & \frac{1}{Z_{22}} \end{matrix}$	$\begin{matrix} \frac{1}{Y_{11}} & -\frac{Y_{12}}{Y_{11}} \\ \frac{Y_{21}}{Y_{11}} & \frac{\Delta_Y}{Y_{11}} \end{matrix}$	$\begin{matrix} H_{11} & H_{12} \\ H_{21} & H_{22} \end{matrix}$	$\begin{matrix} \frac{B}{D} & \frac{\Delta_T}{D} \\ -\frac{1}{D} & \frac{C}{D} \end{matrix}$
T 参数	$\begin{matrix} \frac{Z_{11}}{Z_{21}} & \frac{\Delta_Z}{Z_{21}} \\ \frac{1}{Z_{21}} & \frac{Z_{22}}{Z_{21}} \end{matrix}$	$\begin{matrix} -\frac{Y_{22}}{Y_{21}} & -\frac{1}{Y_{21}} \\ -\frac{\Delta_Y}{Y_{21}} & -\frac{Y_{11}}{Y_{21}} \end{matrix}$	$\begin{matrix} -\frac{\Delta_H}{H_{21}} & -\frac{H_{11}}{H_{21}} \\ -\frac{H_{22}}{H_{21}} & -\frac{1}{H_{21}} \end{matrix}$	$\begin{matrix} A & B \\ C & D \end{matrix}$

表 10.1 中：

$$\Delta_Z=\begin{vmatrix} Z_{11} & Z_{12} \\ Z_{21} & Z_{22} \end{vmatrix},\ \Delta_Y=\begin{vmatrix} Y_{11} & Y_{12} \\ Y_{21} & Y_{22} \end{vmatrix},\ \Delta_H=\begin{vmatrix} H_{11} & H_{12} \\ H_{21} & H_{22} \end{vmatrix},\ \Delta_T=\begin{vmatrix} A & B \\ C & D \end{vmatrix}$$

【思考与练习】

1. 什么是二端口的传输参数？它有何意义？
2. 什么是二端口的混合参数？它有何意义？
3. 二端口网络 Y、Z、T、H 四种参数之间如何相互转换？

10.4 二端口的等效电路

根据前面讨论我们已经知道，任何给定的无源线性二端口都可以用 3 个参数表征其外部特性，而任何复杂的无源线性二端网络(一端口)都可以用一个等效阻抗表征它的外部特性。因此，只要找到一个具有 3 个阻抗(或导纳)的简单二端口，如果这个二端口与给定的复杂二端口的参数分别相等，则这两个二端口的外部特性也就完全相同，即它们是等效的。由 3 个阻抗(或导纳)组成的二端口只有两种形式，即 T 形(星形)和 π 形(三角形)，分别如图 10.9(a)、(b)所示。

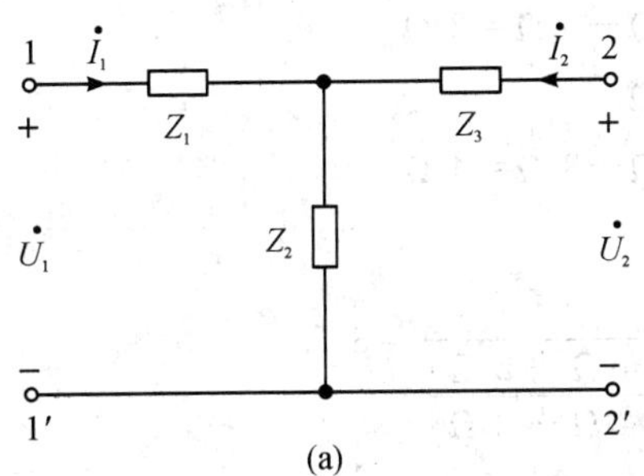

(a)

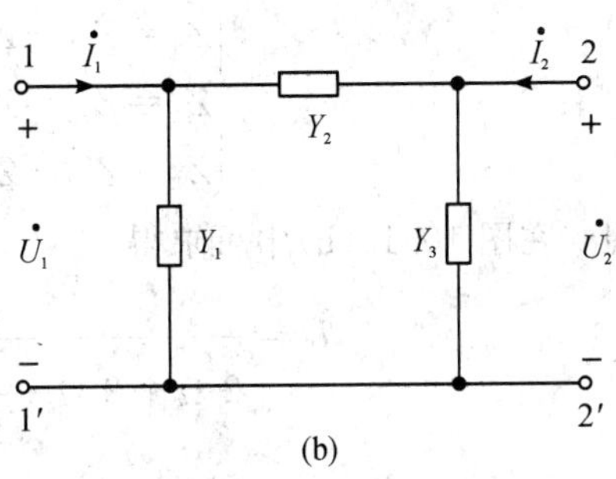

(b)

图 10.9　二端口的等效电路

如果给定二端口的 Z 参数，则要确定此二端口的等效 T 形电路中的 Z_1、Z_2、Z_3 的值，可先根据图 10.9(a)写出方程

$$\begin{cases}\dot{U}_1 = Z_1\dot{I}_1 + Z_2(\dot{I}_1 + \dot{I}_2) \\ \dot{U}_2 = Z_2(\dot{I}_1 + \dot{I}_2) + Z_3\dot{I}_2\end{cases} \tag{10-7}$$

而由 Z 参数表示的二端口方程式(10-2)中，有 $Z_{12}=Z_{21}$，可以将式(10-2)改写为

$$\begin{cases}\dot{U}_1 = (Z_{11} - Z_{12})\dot{I}_1 + Z_{12}(\dot{I}_1 + \dot{I}_2) \\ \dot{U}_2 = Z_{21}(\dot{I}_1 + \dot{I}_2) + (Z_{22} - Z_{12})\dot{I}_2\end{cases} \tag{10-8}$$

比较式(10-7)与式(10-8)可知

$$Z_1 = Z_{11} - Z_{12},\ Z_2 = Z_{12} = Z_{21},\ Z_3 = Z_{22} - Z_{12} \tag{10-9}$$

如果二端口给定的是 Y 参数，宜先求出其等效 π 形电路中的 Y_1、Y_2、Y_3 的值。为此针对图 10.9(b)所示电路，按求 T 形电路的方法可得

$$Y_1 = Y_{11} + Y_{12},\ Y_2 = -Y_{12} = -Y_{21},\ Y_3 = Y_{22} + Y_{12} \tag{10-10}$$

如果给定二端口的其他参数，则可查表 10-1，把其他参数变换成 Z 参数或 Y 参数，然后由式(10-9)或式(10-10)求得 T 形等效电路或 π 形等效电路的参数值。

对于对称二端口，由于 $Z_{11}=Z_{22}$，$Y_{11}=Y_{22}$，因此它的 T 形等效电路或 π 形等效电路也一定是对称的，这时应有 $Y_1=Y_3$，$Z_1=Z_3$。

例 10.4　图 10.10(a)所示的二端口其 Z 参数为 $Z_{11}=5\ \Omega$，$Z_{12}=Z_{21}=3\ \Omega$，$Z_{22}=7\ \Omega$，求图中的 I_1 和 U_2。

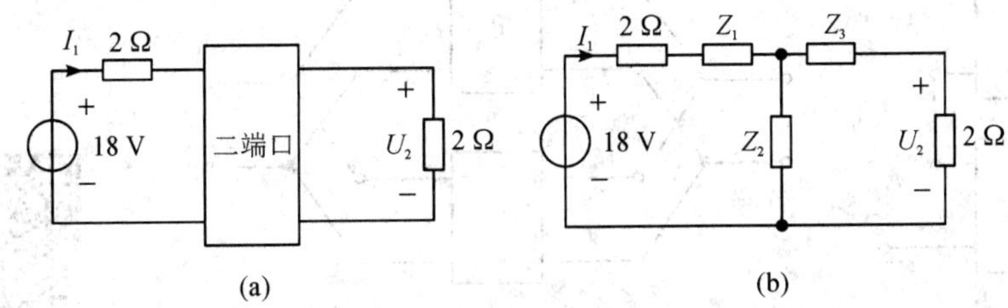

图 10.10　例 10.4 电路图

解　将图 10.10(a)中的二端口用 T 形等效电路代替，得到如图 10.10(b)所示的电路。根据式(10-9)可得 T 形等效电路的阻抗参数为

$$\begin{cases} Z_1 = Z_{11} - Z_{12} = 5\ \Omega - 3\ \Omega = 2\ \Omega \\ Z_2 = Z_{12} = Z_{21} = 3\ \Omega \\ Z_3 = Z_{22} - Z_{21} = 7\ \Omega - 3\ \Omega = 4\ \Omega \end{cases}$$

由此可见，在图 10.10(b)中可求得

$$I_1 = \frac{18\ \text{V}}{2\ \Omega + 2\ \Omega + \dfrac{3\ \Omega \times (4\ \Omega + 2\ \Omega)}{3\ \Omega + 4\ \Omega + 2\ \Omega}} = 3\ \text{A}$$

$$U_2 = 3\ \text{A} \times \frac{3\ \Omega}{3\ \Omega + 4\ \Omega + 2\ \Omega} \times 2\ \Omega = 2\ \text{V}$$

【思考与练习】

1. 已知某二端口的 Y 参数矩阵为 $\begin{bmatrix} 5 & -2 \\ -2 & 3 \end{bmatrix}$ S，求其 π 形等效电路。

2. 已知某二端口的 Z 参数矩阵为 $\begin{bmatrix} 3 & 1 \\ 1 & 3 \end{bmatrix}$ Ω，求其 T 形等效电路。

10.5 二端口的连接

如果把一个复杂的二端口看成是由若干简单的二端口按某种方式连接而成的，这将使电路分析得到简化。二端口基本的连接方式有三种，即级联、串联和并联，分别如图 10.11 (a)、(b)、(c)所示。在二端口的连接问题上，人们感兴趣的是复合二端口的参数与部分二端口的参数之间的关系。

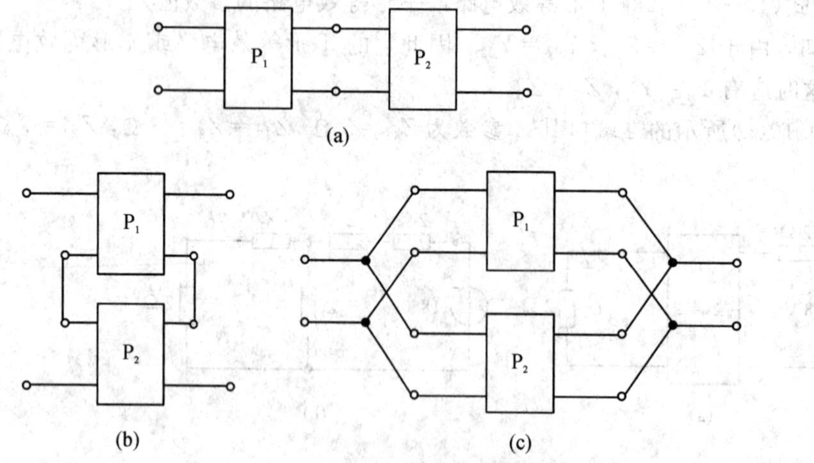

图 10.11 二端口的连接

二端口的连接

当两个无源线性二端口 P_1 和 P_2 按级联方式连接后，它们构成一个复合二端口，如图 10.12 所示。

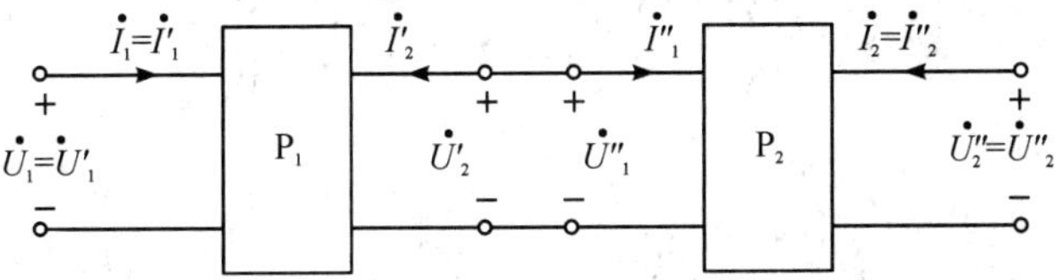

图 10.12　二端口的级联

设二端口 P_1 和 P_2 的 T 参数矩阵分别为

$$\boldsymbol{T}'=\begin{bmatrix}A' & B'\\C' & D'\end{bmatrix},\ \boldsymbol{T}''=\begin{bmatrix}A'' & B''\\C'' & D''\end{bmatrix}$$

则有

$$\begin{bmatrix}\dot{U}'_1\\\dot{I}'_1\end{bmatrix}=\boldsymbol{T}'\begin{bmatrix}\dot{U}'_2\\-\dot{I}'_2\end{bmatrix},\quad\begin{bmatrix}\dot{U}''_1\\\dot{I}''_1\end{bmatrix}=\boldsymbol{T}''\begin{bmatrix}\dot{U}''_2\\-\dot{I}''_2\end{bmatrix}$$

由于 $\dot{U}_1=\dot{U}'_1$，$\dot{U}'_2=\dot{U}''_1$，$\dot{U}''_2=\dot{U}_2$，$\dot{I}_1=\dot{I}'_1$，$\dot{I}'_2=-\dot{I}''_1$ 以及 $\dot{I}''_2=\dot{I}_2$，所以有

$$\begin{bmatrix}\dot{U}_1\\\dot{I}_1\end{bmatrix}=\begin{bmatrix}\dot{U}'_1\\\dot{I}'_1\end{bmatrix}=\boldsymbol{T}'\begin{bmatrix}\dot{U}'_2\\-\dot{I}'_2\end{bmatrix}=\boldsymbol{T}'\begin{bmatrix}\dot{U}''_1\\\dot{I}''_1\end{bmatrix}=\boldsymbol{T}'\boldsymbol{T}''\begin{bmatrix}\dot{U}''_2\\-\dot{I}''_2\end{bmatrix}=\boldsymbol{T}'\boldsymbol{T}''\begin{bmatrix}\dot{U}_2\\-\dot{I}_2\end{bmatrix}=\boldsymbol{T}\begin{bmatrix}\dot{U}_2\\-\dot{I}_2\end{bmatrix}$$

其中，$\boldsymbol{T}$ 为复合二端口的 T 参数矩阵，它与二端口 P_1 和 P_2 的 T 参数矩阵的关系为

$$\boldsymbol{T}=\boldsymbol{T}'\boldsymbol{T}'' \tag{10-11}$$

即

$$\boldsymbol{T}=\begin{bmatrix}A' & B'\\C' & D'\end{bmatrix}\begin{bmatrix}A'' & B''\\C'' & D''\end{bmatrix}=\begin{bmatrix}A'A''+B'C'' & A'B''+B'D''\\C'A''+D'C'' & C'B''+D'D''\end{bmatrix} \tag{10-12}$$

当两个二端口 P_1 和 P_2 按并联方式连接时，如图 10.13 所示，两个二端口的输入电压相同且输出电压也相同，即有 $\dot{U}'_1=\dot{U}''_1=\dot{U}_1$，$\dot{U}'_2=\dot{U}''_2=\dot{U}_2$。

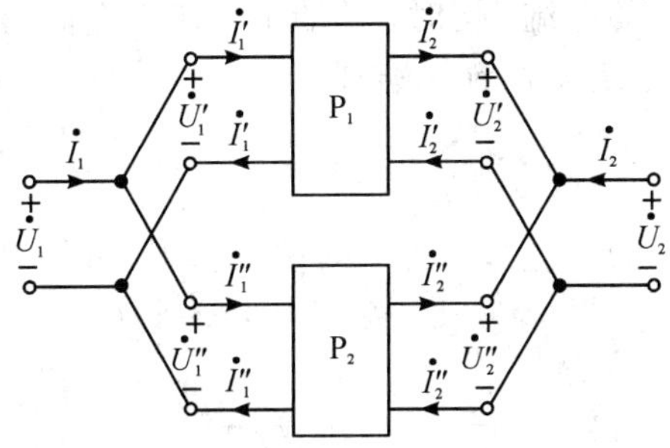

图 10.13　二端口的并联

并联复合二端口的总端口电流为

$$\dot{I}_1=\dot{I}'_1+\dot{I}''_1$$

$$\dot{I}_2=\dot{I}'_2+\dot{I}''_2$$

若设 P_1 和 P_2 的 Y 参数矩阵分别为

$$\boldsymbol{Y}'=\begin{bmatrix}Y'_{11} & Y'_{12}\\ Y'_{21} & Y'_{22}\end{bmatrix},\quad \boldsymbol{Y}''=\begin{bmatrix}Y''_{11} & Y''_{12}\\ Y''_{21} & Y''_{22}\end{bmatrix}$$

则应有

$$\begin{bmatrix}\dot{I}_1\\ \dot{I}_2\end{bmatrix}=\begin{bmatrix}\dot{I}'_1\\ \dot{I}'_2\end{bmatrix}+\begin{bmatrix}\dot{I}''_1\\ \dot{I}''_2\end{bmatrix}=\boldsymbol{Y}'\begin{bmatrix}\dot{U}'_1\\ \dot{U}'_2\end{bmatrix}+\boldsymbol{Y}''\begin{bmatrix}\dot{U}''_1\\ \dot{U}''_2\end{bmatrix}=(\boldsymbol{Y}'+\boldsymbol{Y}'')\begin{bmatrix}\dot{U}_1\\ \dot{U}_2\end{bmatrix}=\boldsymbol{Y}\begin{bmatrix}\dot{U}_1\\ \dot{U}_2\end{bmatrix}$$

其中，$\boldsymbol{Y}$ 为复合二端口的 Y 参数矩阵，它与二端口 P_1 和 P_2 的 Y 参数矩阵的关系为

$$\boldsymbol{Y}=\boldsymbol{Y}'+\boldsymbol{Y}'' \tag{10-13}$$

当两个二端口按串联的方式连接时，用类似的方法不难得出，复合二端口的 Z 参数矩阵与串联的两个二端口的 Z 参数矩阵的关系为

$$\boldsymbol{Z}=\boldsymbol{Z}'+\boldsymbol{Z}'' \tag{10-14}$$

【思考与练习】

1. 两个二端口级联时，若连接的前后顺序发生改变，复合二端口的传输矩阵是否改变？为什么？

2. 二端口的级联和串联有何区别？

3. 三个 Z 参数矩阵分别为 Z_1、Z_2 和 Z_3 的二端口，求其串联复合二端口的 Z 参数矩阵。

4. 三个 Y 参数矩阵分别为 Y_1、Y_2 和 Y_3 的二端口，求其并联复合二端口的 Y 参数矩阵。

本章小结

1. 一个电路有对外连接的两对端子 1-1′和 2-2′，如果对于所有时间 t，从端子 1 流入方框的电流等于从端子 1′流出的电流，同时，从端子 2 流入方框的电流等于从端子 2′流出的电流，这种电路称为二端口网络，简称二端口。

2. 二端口的 Y 参数为

$$\begin{cases}Y_{11}=\left.\dfrac{\dot{I}_1}{\dot{U}_1}\right|_{\dot{U}_2=0}, & Y_{12}=\left.\dfrac{\dot{I}_1}{\dot{U}_2}\right|_{\dot{U}_1=0}\\[2ex] Y_{21}=\left.\dfrac{\dot{I}_2}{\dot{U}_1}\right|_{\dot{U}_2=0}, & Y_{22}=\left.\dfrac{\dot{I}_2}{\dot{U}_2}\right|_{\dot{U}_1=0}\end{cases}$$

3. 二端口的 Z 参数为

$$\begin{cases}Z_{11}=\left.\dfrac{\dot{U}_1}{\dot{I}_1}\right|_{\dot{I}_2=0}, & Z_{12}=\left.\dfrac{\dot{U}_1}{\dot{I}_2}\right|_{\dot{I}_1=0}\\[2ex] Z_{21}=\left.\dfrac{\dot{U}_2}{\dot{I}_1}\right|_{\dot{I}_2=0}, & Z_{22}=\left.\dfrac{\dot{U}_2}{\dot{I}_2}\right|_{\dot{I}_1=0}\end{cases}$$

4. 二端口的 T 参数为

$$\begin{cases} A=\left.\dfrac{\dot{U}_1}{\dot{U}_2}\right|_{\dot{I}_2=0}, & B=\left.\dfrac{\dot{U}_1}{-\dot{I}_2}\right|_{\dot{U}_2=0} \\ C=\left.\dfrac{\dot{I}_1}{\dot{U}_2}\right|_{\dot{I}_2=0}, & D=\left.\dfrac{\dot{I}_1}{-\dot{I}_2}\right|_{\dot{U}_2=0} \end{cases}$$

5. 二端口的 H 参数为

$$\begin{cases} H_{11}=\left.\dfrac{\dot{U}_1}{\dot{I}_1}\right|_{\dot{U}_2=0}, & H_{12}=\left.\dfrac{\dot{U}_1}{\dot{U}_2}\right|_{\dot{I}_1=0} \\ H_{21}=\left.\dfrac{\dot{I}_2}{\dot{I}_1}\right|_{\dot{U}_2=0}, & H_{22}=\left.\dfrac{\dot{I}_2}{\dot{U}_2}\right|_{\dot{I}_1=0} \end{cases}$$

6. 无源线性二端口可以等效为三个阻抗组成的 T 形(星形)电路或三个导纳组成的 π 形(三角形)电路。

7. 二端口基本的连接方式有 3 种：级联、串联和并联。对于级联二端口，其复合二端口的 T 参数矩阵满足 $\boldsymbol{T}=\boldsymbol{T}'\boldsymbol{T}''$；对于串联二端口，其复合二端口的 Z 参数矩阵满足 $\boldsymbol{Z}=\boldsymbol{Z}'+\boldsymbol{Z}''$；对于并联二端口，其复合二端口的 Y 参数矩阵满足 $\boldsymbol{Y}=\boldsymbol{Y}'+\boldsymbol{Y}''$。

习　题

1. 求图 10.14 所示各二端口的 Y 参数。

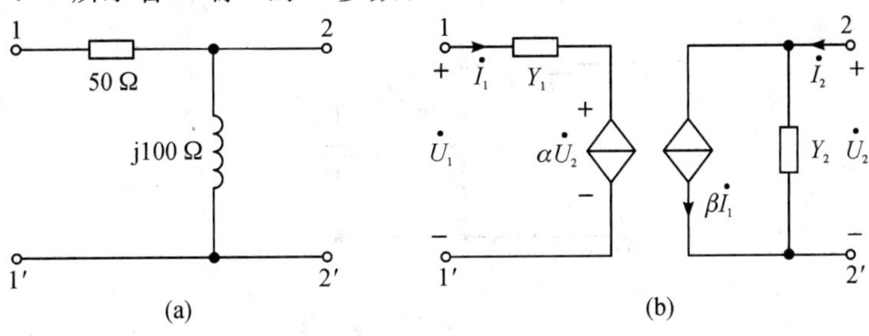

图 10.14　习题 1 电路图

2. 求图 10.15 所示各二端口的 Z 参数。

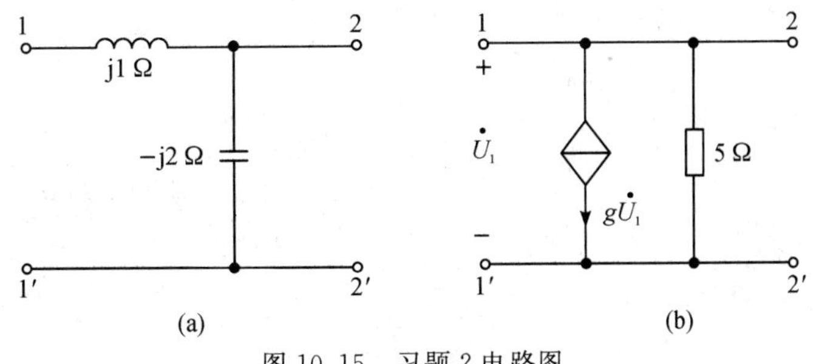

图 10.15　习题 2 电路图

3. 求图 10.16 所示各二端口的 T 参数。

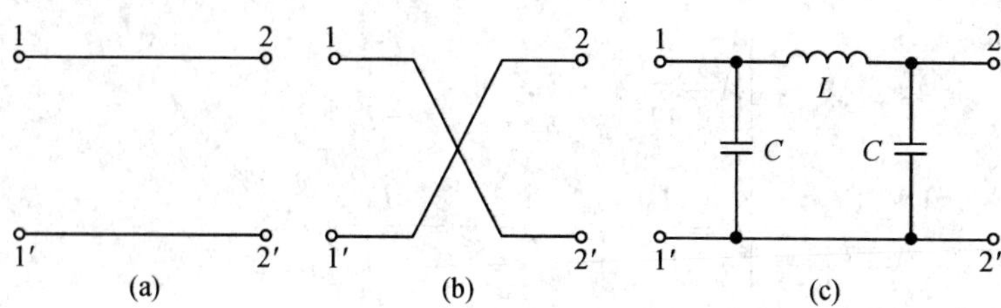

图 10.16　习题 3 电路图

4. 求图 10.17 所示各二端口的 H 参数。

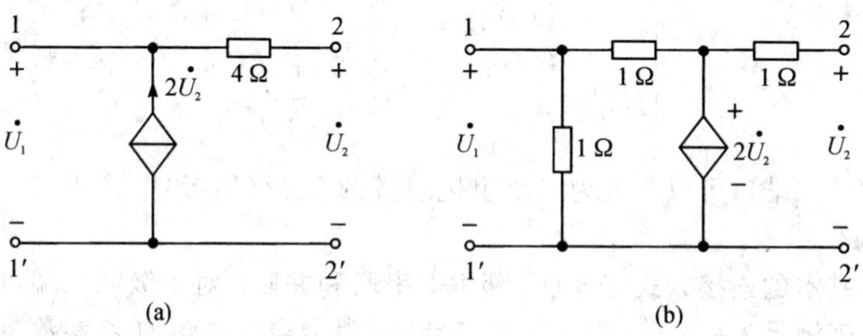

图 10.17　习题 4 电路图

5. 已知二端口的 Y 参数为 $Y_{11}=0.5$ S，$Y_{12}=-0.4$ S，$Y_{21}=-0.4$ S，$Y_{2}=0.6$ S，求该二端口的 Z 参数、T 参数和 H 参数。

6. 已知一无源线性二端口在某频率下的 T 参数为 $A=17$，$B=(3+\mathrm{j}4)$ Ω，$C=(6-\mathrm{j}8)$ Ω。求它的等效 T 形电路和等效 π 形电路的参数。

7. 利用二端口级联的公式求图 10.18 所示二端口的 T 参数。

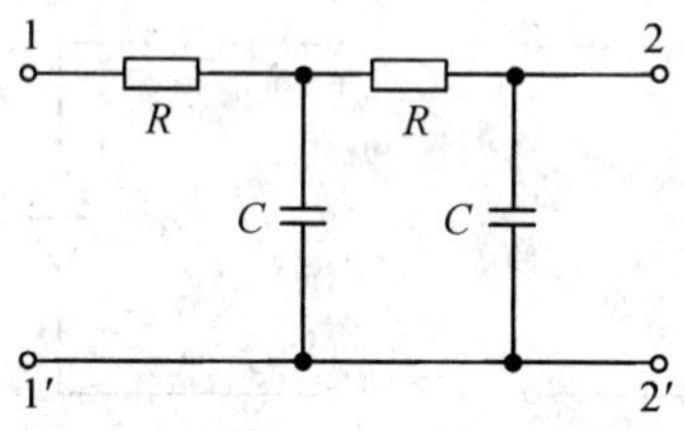

图 10.18　习题 7 电路图

参 考 文 献

[1] 邱关源. 电路[M]. 5版. 北京：高等教育出版社，2006.

[2] NILSSON J W, RIEDEL S A. 电路[M]. 10版. 周玉坤，冼立勤，李莉，等译. 北京：电子工业出版社，2015.

[3] 王俊鹍，张洪. 电路基础[M]. 3版. 北京：人民邮电出版社，2013.

[4] 童建华. 电路基础与仿真实验[M]. 北京：人民邮电出版社，2008.